闻章◎著

# 把握未知的
# 命运

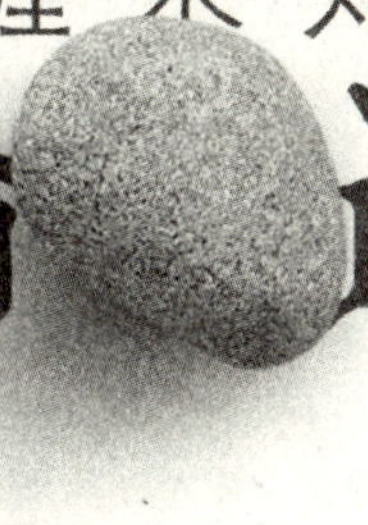

中国发展出版社

**图书在版编目（CIP）数据**

把握未知的命运/闻章著. —北京：中国发展出版社，2009.10

ISBN 978－7－80234－483－9

Ⅰ. 把…　Ⅱ. 闻…　Ⅲ. 人生哲学—通俗读物　Ⅳ. B821－49

中国版本图书馆 CIP 数据核字（2009）第 186593 号

书　　名：把握未知的命运
著作责任者：闻　章
出版发行：中国发展出版社
（北京市西城区百万庄大街 16 号 8 层　100037）
标准书号：ISBN 978－7－80234－483－9
经 销 者：各地新华书店
印 刷 者：北京东海印刷有限公司
开　　本：670×990mm　1/16
印　　张：20
字　　数：260 千字
版　　次：2009 年 10 月第 1 版
印　　次：2009 年 10 月第 1 次印刷
印　　数：1—6000 册
定　　价：32.00 元
咨询电话：（010）68990642　68990692
购书热线：（010）68990682　68990686
网　　址：http：//www.develpress.com.cn
电子邮件：fazhanreader@163.com
fazhan02@drc.gov.cn

# 自　序

这是一本有关命运的书，也是一本有关心灵的书。

像鱼活在水里一样，人活在命运里。与鱼不同的是，人不在命运之外，人即是命运本身。谁都想有个好的命运，但命运却总喜欢跟人开玩笑，你想要的，不一定给你，你不想要的不一定不给你。你越是不服气越是挣扎好像就越不行。因此人就有了烦恼，烦恼不是一种，而是多种，用佛陀的话说是八万四千，种种烦恼，无量无边。人就在这烦恼中活着，活出好多烦恼来。

正因为命运不可能外在于人，因此命运是不可选择的。它不可能像挑西瓜那样，拣自己喜欢的抱走。人的命运这样或者那样，好或者不好，都有很深的内在原因。这原因我们看不见，但却在起着决定性的作用。为什么看不到呢？因为我们智慧不够。为什么智慧不够，因为心灵有染污。就好比浊水不能映物、绠短不能汲深一样。因此有一句话说“菩萨畏因，众生畏果”，菩萨深知因果道理，因此不造因，无因自然无果；我们凡夫不懂因果，不信因果，因此起心动念没有敬畏之心，只凭欲望做事；及到果报来时才知恐惧，甚至连恐惧也不知，仍旧我行我素。无知者无畏，真是一点儿不错。

命运是不可选择的，那么能不能改变呢？如果说不能改变，依据的是什么？如果能够改变，依据的又是什么？若说不能改变，人活着还有多大的意义？若说能够改变，又怎么改变？有没有具体方法呢？这一切都是问题。

在此书中，说这说那，都是在说这件事。试图让每位读者能够从喧嚣浮躁的生活中闲下一霎，静一静心，观察包括自己在内的人生世界，看旦夕祸福，生死流转，从而悟取人生真谛，找到人生的努力方向。有了方向，人生肯定就不一样了。原来贫穷者，定然变得富有；原来低贱者，定然变得高贵；原来懒散者，定然变得精进；原来死板者，定然变得活泼；原来低俗者，定然变得高雅；原来痛苦者，定然变得快乐。你不信么？读了此书，你就会信了。

这一切都源于心态的变化，心态变了，一切都会变。到那时，你就会发现，人生原来如此简单，快乐原来如此容易得到，烦恼原来可以轻易转化，富贵也会如影随形般地追着我们。真就像佛陀说的“一切烦恼皆是菩提”，烦恼是让我们生智慧的，就像朽木糟糠生香菇一样。如果烦恼不能生智慧，还有什么能生智慧呢？阳光来了，阴影消了；有了智慧，愚痴灭了。有智慧的人生是多么令人向往。智慧就是仙人那根能够点石成金的手指，有了这个，能不富贵么？

虽然在说这件事，但不一定说得透彻。说得不透彻不是另有原因，而是因为我自己不透彻。但我自己不透彻，不等于你不透彻；你若是透彻，就能从我这不透彻中读出透彻来。这就是虽不一定透彻却还要说的缘由。

# 目　录

**祥云朵朵**

# 命运之门慢慢敲

命运，有……还是没有呢
掉在地上的命运，是谁的
在你忘记它时它就来了
谁是命运的主宰
原来自己是卦师
《周易》是怎么占卜的
人是很会虐待自己的动物
在命运中获得自由

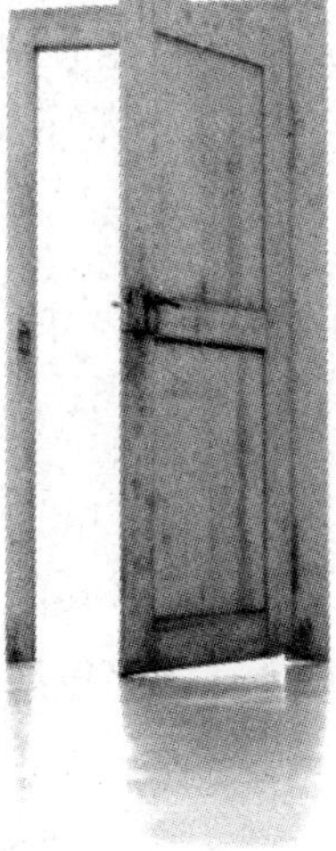

# 命运，有……还是没有呢

一位朋友问我：有没有命运这回事？

怎么回答他？我若说有，命运不是一只陶罐，拿不出来给他看。我若说没有，我更没有“没有”拿给他看。我如果能够把“没有”拿给他看，那“没有”还是没有么？因此，我只能学着小沈阳的口吻，反问一句：“有……还是没有呢？”

我的意思和小沈阳的意思一样：你的意思是让我说有呢，还是说没有呢？

不是我不告诉你，是我真的没法告诉你。

在《楞严经》中，佛陀这样问文殊菩萨：“文殊，我现在问你，就像你这个文殊，还有另外一个文殊吗？有一个是文殊，还是没有文殊？”文殊菩萨回答：“是的，就如世尊所说，我就是一个真文殊。于我真文殊外，并无是文殊和非文殊。什么缘故呢？若有一个是，便有一个不是，那么就成两个文殊了。可是我今日，并不是无文殊，而是无是文殊和非文殊，所以在我文殊体中，实在是无是和非两个相的。”

这问乃是佛陀的问，美妙至极，表面看来是问，其实问中已经有答案，他只是在勘验文殊菩萨。而这答也答得好，这正是佛陀所要的答案。因此佛陀微笑着说：“如是，如是。”

借着文殊菩萨的意思，我勉强告诉你，命运也如此——你答有也不对，答没有也不对。命运不是我家那把斧头，张三来借，我拿给张三；张三借走后，李四来借，我便对李四说没有。对李四说没有时，不是没有，是我这里没有，而张三那里有。有和没有，是相对的。命运这东西，它不是个东西。它无形无质，却跟随人的一生。不是跟随一生，如果是跟随，就可以像对待狗那样，招呼它前来或者斥责它远离。它不是跟随，它与你是一体。你的生存轨迹曲折还是不曲折，都跟它是一回事。因此说，命运不是外在的。

不单是人，凡是生命体，都有命，有命就有运。没有没有运的命，也没有没有命的运。命是生命体，运是生命体在生存中的际遇。比如一粒豆，在瓶子里长是一个样子，在大田里长是另一个样子。且瓶有大小，土分厚薄，豆子就在这里头分出各种不同的命运来。再好比我爹种北瓜，把种子种下去之后，北瓜的命就在那儿。其实在没种之前，命就有了，只是处在静止状态。瓜苗出土之后，运就有了，风啊雨啊水呀肥呀阳光呀雨露呀管理呀等等等等，根据它所遇到的不同际遇，而发不同的棵，结出不同的瓜。我爹深知此理，从来对小苗没慢待过。在我爹手下，这苗的命就好；在一个懒汉手下，这苗的命就不好。其实也不敢把话说死，有一年天旱，我爹摇着辘轳急着给北瓜浇了水，而二秃那里却不管瓜秧的死活，看着它在日光下打蔫也懒得浇水。谁想在我爹浇水之后，夜里就下了一场大雨，把瓜田泡了。二秃则歪打正着。因此命运这东西有时真没有法子想。

还说这瓜。瓜秧爬着，阳光雨露等是它的好运，风雹水旱等是它的坏运，突然有一天，一只羊过来，一口把瓜秧吃了，这是瓜的厄运。但对羊来说呢，则是羊的好运。羊的主人看见了，猛给羊一鞭子，这又是羊的坏运。瓜开花了，有蜜蜂来，有蝴蝶来，有蚂蚁和蜘蛛来，大概在瓜那里，就好比歌星火了那样，有着难以比拟的风光。而蜜蜂蝴蝶等的，遇到这花，也会是异常欢愉。在人生中也一样，各自有着各自的命运，但彼此之间也相互交叉着。你和我，我和他，他和你，组成社会，彼此之间，有拆台的，有捧场的，有施爱心的，有泄仇恨的，有献鲜花的，有捅刀子的。在献鲜花和捅刀子之间，或恶或善，有着好多好多的层次。而这些，又构成了我们这个社会的总体走向。

因此佛家说“诸恶莫做，诸善奉行”，说“勿以恶小而为之，勿以善小而不为”，其目的就是为了改善人心结构。人生走向变了，命就会跟着变。为什么这么说？还说我爹种瓜。我家的瓜园挨着路边，有的瓜秧爬到路上，我爹就把它弯回来。不然的话，爬到车辙那儿，就会被车轮轧断。人也如此。在错的路上走，遇到的都是错的；在对的路上走，遇到的都是对的。不是常听犯错的人这样检讨么：“我后悔了，错走了一条路。”他这里的错路，指的是心灵走向。心灵走向决定着实际走向。心里时刻想着善，条件具备之后，会做好事；心里总是有恶念，条件具备之后，会做坏事。做好事的结果与做坏事的结果能一样么？大家都做好事，与大家都做坏事，社会的走向能一样么？

说到这里，大概没有人问有没有命运的事了。若是还有人问，我便把赵州和尚的一段公案告诉他——

僧对赵州从谂禅师说：“学人迷昧，乞师指示。”禅师问：“吃粥了没？”僧答：“吃了。”禅师说：“洗钵去！”这个僧人突然醒悟。

原来修道与吃粥洗钵也是一回事。

# 掉在地上的命运，是谁的

命运像水那样在流动，生死攸关。每个人都活在命运里，就像花，表面看花是花，叶是叶，根是根，茎是茎，其实，植株的每一点，比如一根小小的刺，都包含着植株的全部信息。当然花也是。花是植株生长到一定程度之后特有的生命表现，代表着成熟，为繁衍下一代而特别彰显自己。彰显自己的目的，大概不仅是为自己好看，也是为了招蜂引蝶。它们就是用这样的方法来延续生命的。因此可以说，不仅花是花，花株的每一处都是花。花是它们的目的，在植株每一处的细胞分子里都有花的信息。它们与花无异，花开时，它们同样开着。表面看来大不一样，内在是一样的。这时再读下面这则禅门公案，或许就有几分意思了。

僧问智门禅师："莲花未出水时如何?"智门禅师答："莲花。"僧又问："出水后如何?"智门禅师答："荷叶。"

在智门禅师看来，莲花荷叶没有分别。若无荷叶，哪里会有莲花?若无莲花，荷叶的意思也就没了。荷叶与莲花形态有异，但本质上是一个东西。

后来的雪窦禅师看了这则公案，觉得有大意趣，于是就作偈来颂：

莲花荷叶报君知，

出水何如未出时。

江南江北问王老，

一狐疑了一狐疑。

雪窦禅师的意思是说：哪里有莲花荷叶的分别，在未出水之前它们本来就是一个东西。可是人们却不信，仍旧东问西问；这样问时就已经错了，得到的答案能是对的么？

人的命运亦如此。命运在你那里，你自己不知道，却要到处问。在别人那里问到的，能是自己的命运么？关心命运没错，但好多人往往关心的不是地方。

比如，有算卦先生在街上摆个地摊，铺上一块布，上面画着阴阳鱼与八卦图，在一棵大树底下守株待兔。果然有人来问——以前如何？以后如何？工作如何？身体如何？婚姻如何？获得答案之后，走掉了。花的是自己的钱，算的是自己的命，问的却是一个与自己毫不相干的人。因此，有好多人笑。

其实也别笑，他问是错的，你不问也不见得对。他不知道自己的命运在哪里，还知道该问一问人；你不知道自己的命运在哪里，却连人也不问，完全相信一个糊涂且固执的自己，那才更可怕。

说到算卦这事，也真有算得准的。说战争期间，国民党军队驻扎在一个村子里，正好有算卦先生在一家算卦，被一名连长看到了。这位连长不信这个，对算卦先生说："先生，你算一算我中午吃什么？若算得准，也就罢了；若算不准，砸你的卦摊子。"卦师知道连长这是在故意为难，但也不怕。他掐指一算，说："我算你中午没有饭吃，最多能吃个干烧饼。"这连长一听，说："既然说了，你就不能反悔。我要你看着我中午吃饺子！"连长不走了，命令这家人立即包饺子。于是村民忙着包饺子，一是不敢不听"长官"的，二是大家都觉得这事有意思，不论谁输谁赢，都有戏看。饺子包好了，算卦先生下炕要走。连长说，你不能走。算卦先生说，我不是走，我要解个小手。连长说，解小手可以，我得跟着你。挎着盒子枪跟在卦师身后。解完手回来，饺子已经下锅。正煮着，集合号响了！命令紧急，眼看着锅里团团转的饺子，这位连长不得不走。其实队伍已经提前开饭了，只是这位连长不知道。在行军当中，他饿得难受。大家知道他没吃饭，一个小兵贡献给他一个吃剩下的烧饼。准吧？这算卦先生的水平可谓不低。可是，我要问一句，有没有用呢？即便他能够给你说出人生中的吉凶祸福，甚至细节，如果不能改变，有意思吗？好比看足球比赛，还没看呢，已经有人把结局告诉给你了，还有劲吗？看连续剧也是这样。连续剧跟人的命运一样一样的，观众都愿意看那个过程，看情节跌宕起伏，看一个一个谜怎么解开。若是看过的人提前告诉你结局，立即没了意思。我想电视剧导演是不看电视剧的，尤其不看自己拍的电视剧。我曾问过一位周易专家："命运能看出来，我信，但是能改变么？"他说："趋吉避凶可以做到，但根本转变怕是不能。"我问："为什么？"他说："命运，其实也是一根因果链，因果关系谁也解决不了。"我很佩服他，觉得他真是个研究周易的。周易研究来研究去，说的不就是事物的衍变运行规律么？事物的衍变规律其实就是因果在起作用。因果不能改变。既然不能改变，那还有什么用呢？既然不能改变，那还不如把心态超脱起来，每天站在高处看自己像一个戏剧演员那样悲欢离合有意思呢。明代的那位袁了凡先生，本来好好的，就是因为遇到了一位大师级的卦师，差点被毁了。那位卦师，把他的人生细节都抠得清清楚楚，且没有不应验的。这太可怕了。因此袁了凡先生变得郁郁寡欢，百无聊赖——既然生死都在命运之神那里，且连个细节都不遗落，自己还努力干什么？还瞎折腾个什么劲儿？正在这个时候，他真是幸运，又遇到了一位禅师。这位禅师告诉了他人生的真谛：命运是可以改变的。袁了凡先生依照禅师的说法，把命运改了。（关于袁了凡先生的故事，后文有详尽叙述。）

那天在街上排队买东西，突然有个人问："这是谁的包？谁的？"原来是一位老者捡到了一只包，很好看的一只小坤包。无人应答，于是老者把包打开，发现里头有好多钱和卡。丢包姑娘也太大意了。

人的命运不是掉在地上的包。但是有好多人把命运当成包，惯于背在身上，有时却也会把包弄丢。

据说，明末李自成造反，大明江山危在旦夕。皇帝朱由检微服来到一个测字先生的摊子前，对测字先生说："先生，我测一个字。"测字先生说："好，你说。"朱皇帝说："测一个朋友的友字。"测字先生想了想，说："先生，'友'字是'反'字出头，不好啊!"朱皇帝倒吸一口凉气。改口说："先生，我测的不是这个'友'，我测的是有没有的'有'。"测字先生说："这也不好，大明江山失了一半了!"朱皇帝一想，有没有的"有"，果然是"大"字和"明"字部分的组合，于是再次改口："先生，我测的实在是另一个酉字，是申猴酉鸡的'酉'。"测字先生说："这更不好，'酋'字去头，当朝天子性命难保。"果然，不几日，34 岁的朱皇帝吊死煤山。

当然，这事只能当故事听，不一定真有这事，也许是好事人附会出来的。我引用它，是想借它说明一个道理。一个人的命运，一个事物的命运，都没在外面，它的走向是一种必然。待你知道它时，已经晚了。它的结局怪不得别人，是自己当止时没止，因此不当行时也不得不行了。

# 在你忘记它时它就来了

命运不可能外在于人，就像我们生活在时间和空间里，没有没有时间的空间，也没有没有空间的时间。命运其实跟时空有点类似，命运亦在时空里头，没有谁的命运跟时空没关联。

一棵树，长枝长叶，从小到大，从细到粗。它遇到的时间，比如说是从一个早晨开始，一粒种子发芽，这样，或者说时间选定了它，或者说它选定了时间。比如这是在公元前，它是株樗树，那么有可能它就会长成庄子看到的那一株，非常有意味。它已经不再是树，而成了庄子哲思的寄托物。如果它生长在20世纪50年代，正赶上大炼钢铁，那可就惨了。在一夜之间被人们乱斧伐倒，劈成劈柴，塞到土炼钢炉里化为灰烬。一扎根，空间也就固定下来。它是在近水的地方，还是在近山的地方，是沃土还是薄地，这地方多风还是多雨等等的条件都定了。如果它是株胡杨，长在了沙漠里，活的是一种况味；如果它是株桃树，长在多雨的山谷中，活的又是另一种况味。恰又被李白看见，写到诗里“犬吠水声中，桃花带露浓”，那此桃树就是名树了。现在城市搞绿化，一些景观树不是新栽，而是千年老树从深山运来、栽到闹市。有时我就替这树想，它是不是也跟我老娘从农村到城里来的感觉一样呢？每年冬天，我就把老娘从乡下接到城里，她就特别地不适应，说城里太闷，人很多，但没有一个能够跟她拉家常。我想那树也跟我娘一样不好受。它不好受，应该比我老娘更无奈。

在不同的时空里，树的命运也不同。

人跟树一样。人是会挪动的树，树是不会挪动的人。人和树都在时空里，人和树周围的一切也在时空里。在依赖时空的同时，也被时空限制。秦始皇与我们并无不同，不同的只是时空差异。我跟你喊哥，跟她喊妹，是因为时间差异。我给你打电话，与他并肩行，是因为空间使然。我们就像五线谱上的音符，被固定在长度和宽度上。

人、命运、时空，就这样成为一个东西。

虽然如此，并不是所有人都意识到了命运这件事，表现出来就是不信命。其实命运是不管你信不信的，你信它在，你不信它也在。而且它还是你制造出来的。

什么样的人信命，什么样的人不信命呢？一般是这样，正在好运中的人不信命。春风得意，一帆风顺，志得意满，舍我其谁，说话办事出乎意料的好，干什么什么成功，怎么走怎么对，鲜花一重一重地开，掌声一浪一浪地鼓，这时候的人非常自信，世界是为自己准备的，除了自己之外，还有什么呢？跟这种人你别说命运的事。

什么人相信命运呢？倒霉的人。有句话这么说，“倒霉上卦摊”。为什么上卦摊？找人指点迷津。别说上卦摊，只要你说有人或者有神或者有什么东西能够救他，他肯定拔腿就去了。民间不是有三仙姑么？不是有狐仙么？那都是给这些人准备的。就好比落水者抓住漂浮着的稻草一样，不管救不救命，关键是有个东西抓住。

为什么会出现这样的情况？人还是那个人，事还是那件事，却忽然怎么干怎么不行了，什么都对了，只有结果不对，不该出的事出了，不想要的东西来了，左右碰壁，前后掣肘，四面楚歌，百思不得其解。在逻辑中找不到理由了，于是开始相信定然有个外在的东西在起作用，于是，算卦先生来填补精神空白。

其实，人到了这时候再上卦摊已经晚了。

志得意满的时候，如果遇到高人，告诉你一句“亢龙有悔”的话，说不定能救你。悬崖是自己垒起来的，摔下去的也是自己。站在悬崖边上，难得一声断喝；真有那声断喝，该听的人却不一定听。人多像项羽，自信而偏执；有几个人像刘邦呢，攻下咸阳而不进，拱手让人。多谦恭，多平和，换个人会这样么？皆因背后有萧何、张良等高人指点。时机不到，不要贪图眼前利益，不要一叶障目。这就是，知道的，会一步步地往前铺石头，最后铺成一条宽宽的路；不知道的，会一块块向上码石头，最后码成悬崖。

就是在把命运忘了的时候，命运才来光顾的。平时不是没光顾，是你光顾着忙了，把它忽略了。待你感觉到有某种不对劲的时候，你以为那是命运之神在捉弄你。当你与命运之神对视时，他哭他笑都令你害怕。

这是一个怪圈。破了这个怪圈，人就自由了。僧问石头希迁禅师：“如何是解脱？”师曰：“谁缚汝？”问：“如何是净土？”师曰：“谁垢汝？”问：“如何是涅槃？”师曰：“谁将生死与汝？”师父没有一句回答他，亦没有一句没有回答他。自己系的绑绳自己解，自己弄污的心灵自己洗，自己的生死自己了。自己不做没人替你做，佛菩萨慈悲，也不管这事。佛菩萨慈悲就慈悲在他告诉给你方法，做还得亲自做。当年有人来向赵州和尚问道，赵州和尚说：“请稍候，我去解个小手。”解手回来，赵州和尚说：“你看，连解手这样的小事，都得我亲自去。”小事如此，大事更是，生死之事尤其是，没有谁能替代你。

# 谁是命运的主宰

志得意满者不在乎命运。他以为自己在命运之外，是命运的主宰，视命运如陶工手上的泥，可以随意方圆。在逆境中有挣扎感的人，领略到了命运之神的狰狞和冷酷，想屈服想讨好，却没有谁能够慰藉。这两种人恰处在首尾两端，表现鲜明。处在这种生命状态的人应该说都不是多数，更多的人却是在这两者之间游荡。有的人处境好点，有的人处境差点。处境好点的人，不一定感觉到好；处境差点的人，不一定感觉到差。不管感觉到感觉不到，必定有好坏之别。好比树上的叶子，在哪个枝杈上的都有。这些人对待命运是一个什么态度呢？据我观察，有真清醒者，知道命运没在别处，知道种瓜得瓜、种豆得豆的道理，因而小心了自己，经护着自己的心念，清醒着自己的言行。有自以为清醒者，感觉到生命短促，又强烈感受到自己这个肉体的存在，觉得这个肉体的自己就是自己，灵魂不过是附在肉体上的似乎蘑菇样的东西，于是以满足自己感官感受为目的，能吃则吃，能喝则喝，能玩则玩，什么都想试一把，先过把瘾再说，不然死后没了机会。这种人好比黑夜里走危崖上，自己在那里玩悬，却不知畏惧。更多的人则是处在混沌状态，每天很忙很忙，外面忙工作，家里忙生活，照顾老的，照顾小的，以为这便是生活，苦点就苦点，累点就累点，烦了抱怨几句，乐了哼唱几句，哭一回笑一回都是有的，但不大关心命运。不是不关心，是没想到，大家都这么活着，自己也这么活着就是了。这种漠视命运的态度，其实也挺可怕。前一种人是把肉体当成了自己，后一种人是把事把家庭把工作等等的当成了自己。不管把什么当成了自己，其实是没把真正的自己当自己。

真正的自己在哪里呢？在命运里。命运在哪里呢？在自己这里。因为命运跟自己是一回事。不关心命运，也就是不关心自己。不关心自己，这个自己就会如迷失的孩子一样，懵懵懂懂在自以为是目的其实不是目的的处境中，随波逐流，乐小利而忘大忧，如鱼遇食，不辨钓饵，往往大祸临身而不知惧，及到祸来便怨天尤人，不以为错在自己这里。

真的要关心一下命运这事。比如探听一下命运是怎么来的？为什么我这样而他那样？为什么他已经不那样了而我还这样？我这样好，能保持多久？我这样不好，怎么样能改变？我这样好，还能不能更好？我这样不好，怎么防止更加不好？好和不好的标准是什么？为什么他那么不好，他却感觉挺好？为什么我已经这么好了，却没有感觉到？我有私家车了，我很高兴，他没有私家车，怎么他也那么高兴？看来高兴不高兴不在于有没有私家车。如果不在于物质上的满足与缺乏，又在于什么呢？这样一步步追问，像牛群说相声那样，捯啊捯啊就会捯出一头驴来。但是，好像追问的人并不多。如果有谁来问这个，似乎倒是一怪人。活着就是活着，生不知来处，死不知去处，活着以前的事与活着以后的事似乎与自己无关。我们就是这样活着的。这样浑浑噩噩地活着，却并不以为浑浑噩噩，才真是浑浑噩噩。都不愿问一问生死，都没想到问一问生死，都愿意在没有生死的问题里活着，但是又都活在生死里。这就是人的奇怪处。

真正关心自己的人，才会关心别人。如果连自己都不关心，还怎么关心别人。菩萨也是凡人修来的，菩萨是想到了命运而提升了命运的人，他让自己成了菩萨。他必须先让自己成为菩萨，不然的话，他也不可能救度众生。就好比落水的人，在自命难保时不可能救别人，有此心无此力。而菩萨是先期爬上岸的人，他可以施援手给溺水者，他可以用各种方法救人，还可以开着船来，把好多的人救上岸。

# 原来自己是卦师

不倒霉时想不到卦摊，真倒霉时想到卦摊已经晚了。那么，什么时候上卦摊呢？当然，这里说的卦摊，只是个名词代表，不一定指街上那种，而是泛指自己的心神飘忽不定时，天上飘来的那片云。不指着天雨花，落几个雨点滋润一下干燥的心也好，或者仅仅遮一下过强的烈日也凑合。但是，这也是妄想。算卦先生如果能给我们，他早就给了自己，或者给了自己的儿孙，干吗给我们呢？算卦先生在风中飘摇，伸出枯瘦的手指摸索到命运的肋骨，说你是霹雳火命或者是海中金命或者什么什么命时，他在心底会庆幸，到底世界上还有比他更糟糕的。

道行深的道行浅的都会告诉你命运上的事，或好或坏，只是道行深的告诉你真的，道行浅的告诉你假的。但真的并不一定是好的，好的不一定是真的。道行深的看到你在悬崖边上，说：你命悬一线。你问：有解吗？答：没解。第二天，说不定你真上吊死了。身体纵不死，精神也已经死了。道行浅的告诉你，你脚踏危梯，鸟落枯枝。你问：有解吗？答：破一破五百。你花了五百。算卦先生说：今年不行，明年好点，三年之后你得请我吃饭。小小心心地，望着算卦先生许给的遥远的那点光亮，如临深渊，如履薄冰，竟然过来了，三年虽没复原，但到底活了过来，有了这一阶段的磨炼，心的承受能力强了，能把好多事想开了，你觉得算卦先生还真行。其实，那不过是算卦先生顺口说的谎言，无形中却成了你漂流到岸的一块木板。

到底哪位算卦先生是好的呢？

真有好算卦的，不过他没在别处，就在你自己这里。什么叫卦呢？为什么叫卦呢？卦就是挂，像门帘、旌幡或者蛛网那样，每天清清楚楚挂在你眼前，给你指示着吉凶。你没看见，那是因为你眼不明、心不亮。佛陀说："天有日月，盲者不见。"因此人不能盲目，更不能盲心。一叶障目，不见泰山。一翳遮心，所见皆偏。因此《中庸》告诫："是故君子戒慎乎其所不睹，恐惧乎其所不闻。莫见乎隐，莫显乎微，故君子慎其独也。"是说，你要明净你的心性，要有见微知著的智慧，一叶落而知秋，一尘动而知风。怕的是你看不见，听不到，你以为你看到了，其实你看到的是假相。你相信了假相，就会作出错误的决策。错误的决策，必然导致错误的结果。于是，你想飞行天上，结果跌进泥塘。到了泥塘还纳闷，不应该呀。因此可以说，吉凶不是吉凶来了才定的，吉凶是早定好了的，且是你自己定的。"千错万错我的错，错在当初一刹那"，或好或坏，此因此果，不用怨谁，也不用感谢谁。

你若是清醒，在小事上，能看出端倪来。看到好的端倪，你会培植它，爱护它，就像农夫培育小苗。看到坏的端倪，你会遏制它，消灭它，就像农夫灭除杂草。哪件事不是卦呢？哪个人不是卦呢？不是没卦，是你没见到。见到了以为不是。把是的当成不是，自然就把不是的当成是了。因此有坏小子围着你转，你不觉得碍眼，而觉得舒服。有朋友直言相告，你会不耐烦，甚至会还以冷眼。人是卦，事是卦，远山近水，一草一木，时时处处无不是卦。要的是一个知，要的是一个智。人有问题，调整人，事有问题，氛围有问题，调整氛围。就像弹琴，音低了，调高些，音高了，调低些，调得恰到好处，才能演奏曲子。你就是调琴师，你不能嫌高音高，也不能嫌低音低，音高音低是因为你没调好。你若是调好了，高音有高音的妙处，低音有低音的妙处。

怎样才能做到这点？这得问有智慧的人。一个人想到远处的山上去，走着走着，被一粒沙子硌了脚，一瘸一拐走。一位老者见了，说，高山不硌眼，沙子却硌脚，沙子有时比山大。这个人忽然明白，不但远处的山是山，脚下的沙子也是山。一次，沩山灵祐在百丈禅师身边侍立，百丈问："谁?"沩山灵祐答："我。"百丈禅师说："你拨拨炉中，看看还有火没有。"沩山灵祐拨了一会儿，说："没有火。"百丈禅师起来，接过夹子往炉的深处拨了拨，夹起一粒炭火让沩山灵祐看，说："你说没有火，这个呢?"沩山灵祐因此发悟。细处是深处，小处是大处。细处不见，大处难现。若想见到细处，就得心里明净；若想心里明净，就得去其染污；若想去其染污，就得静其心地；若想静其心地，就得恭敬其事。不敬不静，不静不净。因此人不要太忙，越是忙，越要有闲下来的时间。闲下来做点什么？若是做什么还叫闲吗？如果要做什么的话，那就是把心止一止，好比混沌的水，澄一澄，以沉浮渣。这样时间久了，养成习惯，沉渣不再浮泛，不就明净了么？明净之后，就不会再有什么能够遮住你的眼了，小鱼在深处暗伏不动，你也会心存一笑，这就叫"潜虽伏矣，亦孔之昭"。

# 《周易》是怎么占卜的

都知道韦编三绝的成语，说的是孔夫子读书用功，把穿竹简的牛皮绳子翻断了三次。是什么书让老夫子这么醉心？当然不是言情小说，那时没那东西，有那东西孔子也不看。孔子教他的学生都要“非礼勿视，非礼勿听，非礼勿言，非礼勿动”，翻译成白话就是不该看的不看，不该听的不听，不该说的不说，不该做的不做。这也好比佛家的戒，靠这个来收束身心。孔子读的什么书呢？《易》。《易》是一部什么书呢？《系辞》中这一段话，大概能概括《易》的主旨：“《易》与天地准，故能弥纶天地之道。仰以观于天文，俯以察于地理，是故知幽明之故。原始反终，故知死生之说。精气为物，游魂为变，是故知鬼神之情状。与天地相似，故不违；知周乎万物而道济天下，故不过；旁行而不流，乐天知命，故不忧；安土敦乎仁，故能爱。范围天地之化而不过，曲成万物而不遗，通乎昼夜之道而知，故神无方而易无体。”

这段话的意思是说，《易》与天地一体，是天地的象征，因此天文、地理、人事等等都在卦里，甚至连生死鬼神的事都能知晓。此也是一浑圆。不见阴阳鱼？它便是来象征宇宙间的事物的，阴阳一体，对立而统一；阳中有阴，阴中有阳，阴阳相互转化，阴长则阳消，阳长则阴消，长者为息，消者为消，消息消息，就是这么来的。

我们每天看股票大盘，也是看消息起伏。我们看天气，也是看阴晴消息。我们到医院看病，也是看身体里的阴阳变化，阴性则喜，阳性则忧。我们看一切事情，也是看它的进退好坏，好的进了，坏的消了，就是好的，反之就是不好的。世上一切事物，每时每刻都处在这样的变化中，从来没有止息过。因此，宇宙是活体。凡是活着的东西，都处在运转当中，念念变化，从来没有不变的事物。我们就处在这样一个运动的世界中，我们自己也在运动，我们身上的每个细胞也在运动。生生死死，好好坏坏，循环往复，无穷无尽。

《易》里的卦，就是从现实抽象而来，就好比数学，也是从现实抽象而来。你说一，这个一指的是一个苹果、一片树林，或者一头牛、一条鱼，或者一粒米、一座山，甚或一天一地一如来，都可以用一来表示。这个“一”就有了意味。就像当年的俱胝和尚，凡有来问道者，均以一根手指示来者。这一根手指，是一根手指，也不是一根手指，天地阴阳，宇宙大化，生死消息，全在此处。还有，当年的鼎州刺史李翱，来参药山玄化禅师，问：“如何是道?”药山禅师以一根手指指上指下，问：“懂了吗?”李翱说：“不懂。”药山禅师说：“云在青天水在瓶。”也不知李翱这位刺史悟了没有，但是他为此作诗：“练得身形似鹤形，千株松下两函经。我来问道无余话，云在青天水在瓶。”这故事也太优美。

数字是从众多的事物中抽象而来，那么八卦也是。若说数字化生存，我们早就是了。古人早就知天地宇宙是由数字指示着，因此算卦也是用数字，比如用蓍草占卜，就要用蓍草五十根，为什么用五十根？因为这关乎天地，天地之数为大衍，宇宙中所有的数都是从这里衍化而来。天地之数是多少呢？五十五。这五十五是怎么来的呢？是从十个自然数来的。十个自然数，分为阴阳，奇数为阳，偶数为阴，因此，一、三、五、七、九，为阳。二、四、六、八、十，为阴。阳数加起来为二十五，阴数加起来为三十。阴数阳数和起来为五十五。五十五中阴阳五行占去五个，还余五十。这五十就用来占卜。占卜之时，先把一根拿出来不用，这象征太极。太极如天地间的轴，是不动的。其余四十九个是天地衍化而来的，象征天下万物。然后就用规定程序，这么着，那么着，定出卦之六爻。为什么是六爻，不更多或更少？因为天下事物，虽千变万化，也不是瞎变，而是有规律的。一个事物，从盛到衰，从开始到结束，大致分六个阶段，这是一个周期。任何事物都逃不出周期之外。所谓算卦，就是说的这个，是看你处在什么阶段，及在此阶段中应该有的心态和策略。

因此孔子才说“五十而知天命”，因他五十岁才读《易》。因此孔子才说：“加我数年以学《易》，可以无大过矣。”因此他深知《易》与天地万物的关系，掌握了《易》的精髓，就能把握事物的规律，从而稳操胜券。因此他才说：“天下何思何虑？天下同归而殊途，一致而百虑。天下何思何虑？日往则月来，月往则日来，日月相推而明生焉。寒往则暑来，暑往则寒来，寒暑相推而岁成焉。往者屈也，来者信也，屈信相感而利生焉。尺蠖之屈，以求信也；龙蛇之蛰，以存身也。精义入神，以致用也；利用安身，以崇德也。过此以往，未之或知也；穷神知化，德之盛也。”

为什么君子坦荡荡？为什么君子乐而忘忧？掌握了事物规律，知道了事物的变化，在变化中获得了自由而已。整个儒家学说，中庸之道，内外和谐，仁义礼智信等等，都是从《易》而来。《易》说物极必反，阴阳互变，儒家说，既然知道了这个道理，我可以不让事物达到极，做人仁爱、谦逊、真诚、智慧，怎么能走到人的反面而成魔鬼呢？做事谦让、平和、守信，怎么能把事做坏呢？人做好了，事做好了，家庭能不好么？你家好，我家好，社会能不好么？守住了这个，“天下何思何虑”？何必劳神？人人心平和，人人是君子，何必用计谋？人人有道德，不知有犯法的事，哪里用得着法律？人人这么着，家家这么着，各个国家都这么着，世界不就大同了么？不就是极乐世界了么？这便是孔子的道理，这便是儒家学说的道理。

这道理不从别处来，从《易》理来。《易》从何来？“仰观天象，俯察地理，远取诸物，近取诸身”，从现实浓缩而来。因此，算卦应该是准的。如果不准，那不是《易》的错。

“神无方而易无体”，因此卦如心灵，是活的。心在哪里，卦就在哪里，心与卦是一不是二。卦就是心灵的折射，只不过有大折射有小折射。福祸都是自己招来的，怨不得别人。这也好比老圃种树，有的当年开花当年结果，有的三年开花三年结果，天上西王母那里的蟠桃，还有三千年一开花三千年一结果的呢。佛陀也是这么讲，“心净则佛土净”，如果你肮脏着一颗心，而求净土，那决不可得。此因此果，彼因彼果，概莫能外。

事物规律怎么掌握呢？靠智慧。智慧怎么来呢？靠净化心灵。一个心里扎着草的人，一个心地浮躁的人，一个满心恼怒的人，一个满脑子想占便宜的人，一个见利而忘义的人，一个心胸狭小的人，怎么能有智慧呢？智慧是把心沉下来，智慧是利欲心淡化，智慧是明净的天，智慧是宽厚的地。“天地有大美而不言”，“天不私覆，地不私载”，因此老子说，“人法地，地法天，天法道，道法自然”。道者，本然如此，曲成万物而不占有，无处不在，而又处处不显。天也如此，地也如此，而人也应该如此。人若不如此，人就不那么合格；人有多么不合格，就会有多么没智慧。一分清净，一分光明；十分清净，十分光明。反过来说，就是一分污浊，一分愚痴；十分污浊，十分愚痴。人的命运就在这里头滋长根芽。“天上的桫椤什么人来栽？地上的黄河什么人来开？”什么心地的人做什么事，好人做好事，坏人做坏事。好人做好事，好命运能不是他的么？坏人做坏事，好命运能有他的么？

《易》，我们后来把它称为经。《易经》算卦，就是这样算的，“积善之家必有余庆，积不善之家必有余殃”，这是卦上的说法。这一卦最准，所有的卦都是以此为基准。如果你遇到算卦先生，能这么算的，就是真的，不这么算的，就是假的。你有病，告诉你病因，然后开出治病的方子，这是好医生；你有病，不问病因，胡乱开些药，为的是把你衣袋里的钱掏给他，这样的医生不是好医生，甚至与图财害命的劫匪无异。算卦先生，是精神上的医师，以疏导人的精神、开化人的心灵为事。如果自己的心灵尚在泥淖里浑蒙未开，又怎么能够给人作精神指导呢？

相信卦没错，相信自己更没错。

# 人是很会虐待自己的动物

有一件事要问大家，就像当年洞山良价禅师问徒弟。禅师问："世上什么最苦？"一僧答："地狱最苦。"这回答应该说没错，还有什么比地狱更苦的呢？但禅师说不对。禅师说："穿着这身和尚服，而不明生死大事，才是最苦的。"禅师说的更没错。禅师知道地狱苦，禅师还知道有个不去地狱的法子。地狱苦，不去就是了。如果知道地狱之苦，还免不了去，真是比不知道的稀里糊涂地去更苦。然而，我不问苦事，我问乐事。人人都渴望有个好命运，可是我要问一问：什么是好命运呢？有了好命运，谁来享受呢？

至于好命运，我想这样答不能算错：一，有足够的财富可供支配；二，在社会上有一定的地位或者名分；三，有不错的身体；四，有个好家庭。这样物质上的精神上的都有了。

谁来享受呢？当然是自己，还有自己的家人，甚或自己的亲友。

我想绝大多数人都是这样想的。其实我也这样想。我若不这样想，我就不说命运的好坏了。命运的好坏，其实是跟物质和精神的富足与乏少有关的。富足就愉悦，乏少就痛苦。好多人都过过苦日子，那种捉襟见肘的窘况真不是人应该有的。我们建立和谐社会，也是为了让大家都过上富足的日子，不仅在物质上过上富足的日子，精神上也要有相当的文明。有人说饱暖生淫逸，但饱暖也知礼仪。

生淫逸的事既然能生，也就能不生。如果避开生淫逸，而人人知礼仪，则人类生活就与天堂无别了。这是多好的事！这当然是好运。

当然的事是不用问的，既然要问，就应该还有另外的意思。是的，真的有另外的意思在。比如说，物质贫乏的时候，我们很痛苦；现在物质富足了，精神生活也丰富了，社会地位也提高了，按理说该快乐了吧。可是，人的痛苦似乎一点也没减少，有时深思起来，好像还不如物质贫乏时快乐。人应该是个知道快乐的动物，可是在痛苦中挣扎的偏偏是人。贫穷时有贫穷时的烦恼，以为所有的烦恼是因为贫穷，于是拼命让自己富足起来；可是富足之后发现烦恼非但没少，还添了好多，原来没有的，现在有了，原来少的，现在多了。比如没汽车时，见朋友有汽车了，他有我无，于是烦恼。待自己有了汽车之后，烦恼更多了。一是还有比这更好的牌子，别人能有，我也应该有才对。二是为汽车要操好多心：夜里楼下有动静，怕是小偷来偷，不敢睡安稳；出门堵车，于是骂道路，骂警察，骂前边那辆菜鸟；违章了，被警察罚款，好几天不愉快；肇事了，把对方撞了，或者把自己撞了，伤了一条腿，甚至伤了一条命，这烦恼就更大。车如此，别的事也如此。人这是怎么了？是谁跟人过不去？好命运在哪里呢？有，还是没有呢？

有的，在有好坏之别的世界里，当然命运也分好坏。好坏如果不在财富多寡上，不在地位高低上，不在名分大小上，不在吃喝好坏上，那么它就一定在一个地方。小时候，我们玩过一种游戏，用土堆起两个大小一致的鼓包，把一枚玻璃球藏在其中一个土包里，让对方来猜，猜对了获胜。我们就这样、随意用手去拍土包，嘴里念着：“公鸡头，草鸡头，不在那头在这头。”按住不动了，就把此土包挖开。挖开之后，就知道有没有了。好命运坏命运也是，既然没在那头，就定是在这头。

这头是哪里呢？是心灵。其实财富的多寡，不在数量上，而在对待财富的心灵上。地位的高低，名分的大小，吃喝的好坏等等，亦复如是。孔夫子早就这样夸弟子颜回了：“贤哉，回也！一箪食，一瓢饮，在陋巷。人不堪其忧，回也不改其乐。贤哉，回也！”颜回没有好房子，没有好车子，没有好饭食，但很快乐。你说颜回是富有呢？还是贫穷？心灵的富足乃是最大的富足，心灵上的快乐才是真的快乐。那日读《心经》，上面这样说：“色不异空，空不异色；色即是空，空即是色，受、想、行、识亦复如是。”深层的意思我也不会讲，我讲浅的，就是让我们把事情看透，一切都不是永恒的，时间若流水，金银财宝也若流水，没有哪样东西能够不朽，即便那东西玛瑙质、钻石质，很不容易朽，但是你这个身体却是极容易朽的。你朽了，财宝纵然不朽又能怎样？因此不要放在心上。真明白了这一层，你有万贯家财，你有很高的地位，你也就不会觉得了不起了。你不觉得了不起了，你的心态就放平了。你真的把心态放平了，财宝已经不是财宝，你就这样在财宝上得到了自由。得到了自由，你清净快乐了。财宝上如此，别的事情上也如此。

别的东西都不是你的，甚至肉体。只有心灵是你的。心灵上的高贵才是真富有，心灵上的残缺才是真贫困。当你真正找到了你的心灵本体，你也就真能承受起无量的财富。你看佛陀，舍王位而出家，宝殿宝物宝车宝马妻妾儿女无上地位一点也不放在心上，只带着一颗心走。经过修行，他把心灵洗净，“天上天下，唯我独尊”，他便拥有了整个宇宙。他拥有了整个宇宙，却又不以此为意。没有任何一点东西属于他，却也没有一点东西不属于他。他就是这样，成为众生的老师。他说法四十九年，就是为了让我们找到自己真正的财富和真正的地位。

都知道当奴隶苦，谁也不愿成为奴隶。如果谁让你当奴隶，相信你会跟他拼命。可是，有谁不是欲望的奴隶呢？每天想着车的是车的奴隶，每天想着彩票的是彩票的奴隶，每天想着美色的是美色的奴隶，每天惦着吃喝的是吃喝的奴隶，这奴隶当得自觉自愿。人就是这样糊涂和低贱，但是谁要说他糊涂和低贱，他会跟那人瞪眼。

人把自己骗傻了，人把心灵骗傻了，傻到当了奴隶还很得意，傻到攀比，看谁把奴隶当得更彻底，更完整。人在当奴隶，奴隶有自由么？奴隶能快乐么？奴隶能有好命运么？

我不知道这样问有没有效果。我只知道，我们喊了多年的口号并没有过时，那就是“从来就没有什么救世主”，这是一句，还有一句，就是“砸碎身上的锁链，翻身做主人”。

# 在命运中获得自由

说到做主人，我推荐一个人，这个人是真正做了主的人，彻彻底底成就了自己，是大圆满，从此成为众生的老师。我不说，你也猜到了，这个人就是释迦牟尼佛。释迦牟尼俗名悉达多，本为北天竺迦毗罗卫国净饭王的太子。若说物质享受和欲望上的满足，没有人能比得上他，可是他没有贪恋这个，因为他看到这些东西是靠不住的。人不管有多少财富，有多高的地位和权力，有多奢华的生活，但照样逃不脱死神的逼迫，没有谁能跟死神较劲，死神总能赢得最后的微笑。其实不是死神赢得了微笑，而是有一个铁律在那儿放着，死神不过是执行者。而这铁律偏偏是自己造成的，有生命就有欲望，有欲望就有烦恼，有烦恼就有病痛，有病痛就有死亡。生老病死这是众生的死结，没有谁能够解开。但释迦牟尼自从发现了这个问题后，即下决心要从根本上解决这个问题，他要让生命从生与死的枷锁中解放出来，从而成为永恒。他真的这样做了，也真的做成功了。他决定出家修道，寻找人生真谛。他出家的时候已经 19 岁，且已经娶了一个漂亮的妻子，并生了一个儿子。名利、地位、父母、娇妻、爱子等等的牵缠，都没有能够阻止他。释迦牟尼经过多年修行，终于成为正果，从而得大智慧，具大悲悯，获大利益，生命如日，照天照地，不再在生死之途漂溺流转。他在为我们做示范，难舍能舍，难行能行，只有舍，才能得，舍越多，得越多，不舍不得，全舍全得。这也好比农夫种地，撒下种子才能收获，种子撒得越多，收获才能越大；舍不得撒种子的人，哪里谈得到收获？

佛陀为我们做示范，这示范做得非常彻底，他告诉我们：成佛不难，只要舍得。他成了佛，成佛是不是好事？当然是好事，是天大的好事。但是，为什么我们不能成佛？因为我们有烦恼。为什么我们有烦恼？因为我们有好多东西放不下。别说大的，就说小的欲望，有几个人能够放下呢？报纸电台电视台天天在讲抽烟危害健康，即使没有这些媒体，人们也都知道抽烟不好，有百害而无一利，但是有几个人能够非常利索地把烟戒了呢？我身边的诸多朋友，吸烟的有好几个。有一个人跟我说，他想戒烟，而且说戒就戒。我说好极了。但是三天后，他又吸起来。后来又戒了好几次，好几次也没戒得了。后来这个人死于肺癌。人就是这样，跟自己没办法。跟自己没办法的人，跟阎王爷也没办法。其实阎王爷不愿跟人打交道，是人愿意跟他亲近。

最近我遇到一个姓高的年轻人，很令人佩服。他是开饭馆的，也开过歌厅，他甚至想过开赌场，只是政策不允许。他的欲望就是赚钱，无论干什么，只要能赚钱就行。是他的一个朋友的死，让他若有所思。那个朋友也有钱，但死时没能带走一分。而且朋友的死，跟钱有关系，朋友是因艾滋病而死，因为他吸毒，且出入不该出入的场所。若是没这么多钱，在一个平民小区平静地生活着，离这样的地方会很远。正是为了应酬，为了在生意场上打拼，才来这不该来的地方。隔河望海，慢慢自己也陷到里面，且越陷越深，拔不出来了。正是钱把他的命买走了。姓高的年轻人见朋友坠悬崖而自己出冷汗，他想，自己若这样下去，说不定也会重蹈朋友的覆辙。他真的想把生意停下，但是，他又想，停下就对么？把罪恶推到钱上就对么？钱不过是纸做的一种媒介，没好没坏，好比菜刀，可以用来切菜，也可以用来杀人，关键在于使用它的是什么人。明白了这一层之后，他心里一下子豁亮开来，他还要挣钱，只是知道挣钱来该用在什么地方了。该花的钱花，不该花的钱不花。由此他做了好多好事，救助了好多穷困的人，因此赢得好多人的赞扬。一片赞扬声中，他很得意。后来他遇到一位禅师，他跟禅师把自己的经历说了，禅师肯定了他，说他的想法和做法都是对的。禅师说：你明白了这一层非常重要，把钱比喻成菜刀。其实不只钱是菜刀，包括你人的身体也是，身体也是工具，用它来做什么是很重要的。听了禅师的话之后，他想了很久。说身外的东西是菜刀是工具，好明白；说自己的身体是菜刀是工具不好明白。原来他还以为身体是自己呢，敢情不是。如果身体不是自己，那么什么是自己？他带着这样的问题问禅师。禅师说，你说身体是你自己的，死的时候你能带走它么？如果带不走，能说是你自己的么？人生的一切名利地位都是身外之物，只能是为我所用，却不为我所有。我们一无所有，只有一颗心是自己的。找到自己这颗心，才是真的找到了自己。姓高的年轻人听了禅师的话之后，一下子戒掉了烟酒。他对我说，原来我是顺着我这个肉体想，它想吸烟，我就给它吸，它想喝酒，我就给它喝，它想吃肉，我就给它吃。现在看，我不能这么做了，我不能成为它的奴隶。我不能让它来折腾我，我得让它听我的。现在我吃素，不沾烟酒。我让它听我的，也乖乖的。

这个姓高的年轻人还说，原来我追求财富，财富却没使我高贵起来。现在我觉得我真的高贵起来了，因为我有了一颗平和的心。花多少钱能买来这颗心呢？这颗心不可估价。

# 世相，一面面的镜子

在别人身上照出自己的面目

# 在别人身上照出自己的面目

说人生，就不能不说生死，但人的生和死其实是一回事。说生时其实是在说死，说死时其实是在说生，因为生和死紧密相连，怎么生必然怎么死。农家有句话，说“瓦罐不离井上破”，这是它的宿命。所谓宿命，就是规定好了的。谁规定好了的？自己。因为一切的结局都不是孤立的，都是事物发展的结果。好比植物开花，你说我只要一朵好看的花，不要枝叶，不要根芽，那不可能。但是要了枝叶根芽，开什么样的花就不由你说了，而是由枝叶说。那样的枝叶必然要开那样的花，这样的枝叶必然要开这样的花，自然而然。

一次在温塘洗浴，是在雪后的冬日，洗浴却是在室外。泉温天寒，煞是新奇。更新奇的是水池四围开满了一树树的梅花。乍一看很好看，仔细一看那一朵朵的花全是塑料的，真是大煞风景。几枝花，煞了风景就煞了吧，没什么，顶多让人说几声无聊而已。但人生若是没了生机，活得不舒展，开的是不好的花，结的是不好的果，那就很可怕了。

因此，接下来要说点什么呢？说人生百态，说纷纭世相。我们都在活着，都在想方设法按照自己的意思活着，但又不可能完全按照自己的意思活着，人就在这里头挣扎。因此，有的人活得得意，有的人活得失意，有的人愿意就此下去，有的人愿意早日转轨，总之是千姿百态。人不能独立活给自己看，人是社会关系的总和。一个人是一个人，同时又不是一个人。人与人相互映衬，相互影响，相互纠结，相互扶持，相互限制。就像卞之琳诗中所说，我们都是彼此的风景。你看着我，我看着你，无形中，你也是我，我也是你。

那天在街上走，突然想到，身边这些人，老的小的男的女的高的矮的胖的瘦的健壮的羸弱的坐车的开车的满面凄苦的满脸笑意的等等，其实不是别人，而是另一个自己。我一时化身无数，这令我有一刹那的诧异，随后便觉得这其实一点不错。你说那老者，背驼腰弯，拄杖而行，以后我也会那样。你说那小孩子，在襁褓里吃奶，我也曾经是那么小的一个婴儿，被母亲偎在怀里。那女的，性别上虽不是我，但她那女性的慈柔我不也该有？那健壮汉子，比我高出很多，但我在精神上不也应有他那样的巍峨？

如果说别人是我，或者你还接受不了，那么这样说也许更好：别人是自己的一面镜子，在他们身上能照出自己的面目。每个人都是自己的老师。好人告诉我应该那么做，坏人告诉我不可那么做。这个人让人艳羡，你想着有一天会成为他；那个人让人讨厌，你想着一定避免像他。每一个人，都在用各种方式给自己上课。命运也是，一个人走出自己的生命轨迹，或曲折，或复杂，或富贵，或贫贱，或大起大落，或平稳缠绵……每一个命相，都在向我们叙说着人生的种种际遇，及在此际遇中采取的种种态度，以及由此态度产生的种种结局。透过这些，我们会悟出自己想要的东西，从而丰富自己，完满自己。

# 鲜花和陷阱

读到这样一个故事。一位博士与他的学生一起做游戏。不小心，博士的手表掉在地上。一个学生见了，俯下身去拾手表。突然，博士做了个惊人的动作，只见他抬脚一跨，一下子骑在了那名学生身上。其他学生都愣住了。博士说："我只想通过这件事告诉大家，人生的诱惑很多，你不弯腰，别人永远不能骑到你的身上。"博士接着说："要不要再来一次？"游戏进行中，博士的鞋带开了，便弯腰系上。一位同学见有机可乘，一个箭步骑到博士背上。没想到博士伸直腰身，微微一晃，就把那位同学甩下身去。博士表情严肃地说："如果有一天你骑在别人身上，双脚离地，不能立足，那一定要小心，不然随时会摔下来。"

这位博士真是博士，通达了人生本意。游戏中这两个小插曲，足以说明全部人生。人生路上，到处都是鲜花，也到处都是陷阱，但要注意的是，生活中的鲜花和陷阱并不是分开的。如果鲜花与陷阱分开，那么人人都会选择鲜花而逃离陷阱。但在复杂的人生中，鲜花与陷阱却往往是一回事。或者干脆这么说吧，其实从来就没有鲜花与陷阱之别，在同一件事上，有的人就得到了鲜花，有的人却掉进了陷阱。其根本原因，在于对事情的认识与把握上。

某省委有一位秘书，可谓年轻有为，这是个多好的位置啊，多少人梦寐以求而不可得。他得着了，位高权重，鲜花满怀，前途无量。但正是这个人，后来却被杀掉了。为什么呢？他被鲜花迷了眼，迷失了自己。他以为那权力是他家栽下的一棵柿子树，可以随意摇晃；他以为别人见了他都该满脸堆笑，否则就要给个脸色看。一次，一个警察把他的车拦住了，因为他违章了。警察是在执行公务，他却摇下车窗玻璃，冲着警察就是一口唾沫，骂一声“瞎眼啦”，然后竟撤了警察的职。在一次招待会上，有一位干部与他不熟识，没有给他敬酒，这便惹了祸端。要查清此藐视大人者是谁，然后让他挪个地方。他正是博士说的那个骑在别人身上自己却双脚离地的人，就在他得意的同时，其实已经埋伏下了跌落的危险。不跌落是暂时的，跌落是必然的。这是鲜花还是陷阱？

在此位置上的人前前后后不止他一个，为什么别人的结局不是这样？多数人都得到了升迁。即便不升迁，这个位置也已经不低了，吃饭有鱼，出门有车，不用弹剑而应有尽有了。别人明白，所谓职务，所谓地位，所谓权力，不是人出生时带来的，不属私有；之所以到你身上，是它借你而显功用，你借它而造福德。它是个平台，没有它显示不出你的能量，没有它你就没有生根发芽的基本条件。你该感谢它，感激它，同时也感激你自己，你自己积了不知多少辈子的福德才有了这一切。从而鞠躬尽瘁，造福于民。在给人民造福的同时，也给自己造了福。这是鲜花还是陷阱？

一个人，犯了罪被关进了监狱。监狱是什么？当然是陷阱。到了这个地方的人，大多都绝望了，但是这个人没有。昨日种种譬如昨日死，今日种种譬如今日生。过去的事已经错了，为此叹息后悔等于又错了一层。这个人认识到了这一点，幡然醒悟，痛改前非，积极服刑。他利用业余时间，复习外语，深钻功课。监狱网开一面，让他参加了电大考试。几年监狱生活结束之后，他已经成为了一名大学生。出狱后不久，自己创了一份业，几年下来，事业很红火，他成了一个很有知名度的老板。这是陷阱还是鲜花？

我的一个亲戚，常年患有肝病，早就病退下来。为了治好自己的病，多年来他反复探寻，终于知道蜂毒有效。他找专家用蜂蛰他的身体，人家最多给他蛰 8 只，多了怕出问题。他为了探知蜂毒在人身上的作用，自己偷偷拿蜂做试验，8 只、12 只、20 只……一天一天往上加码，同时体验着身体上的微细反映。最后他把蜂蛰到 175 只，整个后背上密密麻麻全是蜂针。奇迹出现了，到医院去查，大三阳小三阳全部不见，多年的肝病竟然痊愈。他成了这方面的专家，为好多的病友解除了病痛，同时还在《中华医学》杂志上发表论文多篇。你说这是陷阱还是鲜花？

因此，人要警惕，特别是鲜花和掌声过多地出现在面前时，就更要小心了。但人在这时偏偏容易浮躁，容易被眼前的缭乱之象所迷惑。的确，这些东西都很美好，但好多的绳索也是鲜花编织成的，就看你把握得住把握不住了。其实，这也不难把握，只要你稳住心就行了。你要明白，所有的成功，都不是你一个人能够成就的。就比如吃一块馒头这样的小事，都会牵动无数的人。蒸馒头的、卖馒头的、种麦子的、运麦子的、磨面的，都像互联网一样联着，数不胜数。更别说大事了。不要贪天之功据为已有。不要把别人奉承你的话当真，这些奉承你的人都没错，你也特别值得奉承，他奉承你除了夸你之外，其实还有另外一个功效，就是勘验你，看你在荣誉面前到底有多大的承受力，是不是会被几句奉承话压垮，是不是一得意便忘记自我、迷失本性。如果你真的没能把握住自己，那么这些说奉承话的人，会换一副舌头来说话，他会说“这小子，我早就料到他有这一天”。不是说奉承话的舌头没个准，是你没个准。你变了，别人的话也会变。

蔗糖甜么？患糖尿病的人不吃。砒霜毒么？高明的大夫用它来配药。所有的一切，用对了，都对你有好处，用不对，都对你有坏处。

因此，人要警觉，当不利的东西扑过来时，当自己没把握住自己招致灾祸时，千万不要绝望。是的，人非圣贤，孰能无过。即便是大过，只要不是死罪，就有复活的机会。

沩山灵祐在百丈禅师身边侍立，百丈问：“谁?”灵祐答：“我。”百丈禅师说：“你拨拨炉中，看看还有火没有。”灵祐拨了一会儿，说：“没有火。”百丈禅师起来，接过夹子往炉的深处又拨了拨，见到一星炭火，他夹起来让灵祐看，说：“你说没有火，这个呢?”灵祐因此发悟。

就这一星星火，灵祐便悟了。他悟的什么？他悟的什么也不跟我说，我也不知道。我按我的意思猜。人，好比是一堆炭火，即便烧过，尚有死灰。死灰之死是表面看的判断，给予适当的条件，死灰也会复燃。何况人更多的时候不是死灰，而是生炭，是木头。木头不知自己是火，的确木头也不会自己起火，它需要一个条件，一旦遇到火种，木头就不再是木头，而变成了火焰。人修佛的过程，就是将自己这根木头变成火焰的过程。我这么说大概不会错。

人犯错误，人深陷泥潭、跌落悬崖，这都难保。关键是犯错之后的态度。如果自暴自弃，无疑是自我毁灭，是在死灰上泼水，错上加错。如果能够汲取教训，一咬牙一跺脚，痛改前非，就会发生非常奇特的效验。不是有“浪子回头金不换”的话么？浪子原来怎么浪，回头之后就会是怎么不浪，就会出奇的好。因为人的脾性也是工具，打人狠的人，打狼也会狠。

唐代的思业禅师，本是一个屠夫，在一次杀猪时，突然有所领悟，遂出家当了和尚。有那么一天，他突然就悟了，他说偈道：“昨日夜叉心，今朝菩萨面。菩萨与夜叉，不隔一条线。”师父问他：“你那一刻看到了什么?”思业禅师亮出杀猪的架势，师父一看就明白了。好坏只需这一杀——杀了好的，是恶匪；杀了坏的，就是好汉。

犯了错误不怕，怕的是不认错，怕的是以错为对，怕的是不从自己身上找原因，而仍旧怨天尤人。

如能醒悟，有悔过之心，则比什么都好。哪怕是到了悬崖边上，只要幡然回头，悬崖上照旧有鲜花开。

# 谢坤山的意义

说到人生命运，有一个人不能不说，这个人便是台湾的谢坤山。别人两条腿，他一条；别人两只眼，他一只；别人两只臂膀，他一只也没有。如果天生如此，也许还受得了。他是在16岁时丢了胳膊腿，后来又失却一只眼睛。爱人也离他而去。这种情况在别人那里或许连活着都是问题，即便活着也是在苦难中，生不如死。他却不是这样。他不但活过来了，而且活得相当快活，活得相当有质量。他不但没成为家庭的累赘或社会的负担，而且还成了画家，成了健全人学习的榜样。他又重新组建起家庭，爱妻娇女，其乐融融。

可以想见他当初的苦痛，一个活蹦乱跳的花季少年，突然成了重残疾，怎么能受得了？但是，谢坤山挺过来了。因为他有爱心，他不能让母亲绝望，他不能让自己成为妈妈的累赘。如果让妈妈放心，就必须活出个样来，活得像别人一样愉快。他没有了手和脚，但是有心。他要用心活着。为了不让妈妈一日三餐手把手地喂他，他设计出了一套可以自己进食的用具。每当他举着特殊的汤匙和妈妈一起用餐时，其愉悦心情无可比拟。心态变了，一连串的事都会变。他克服种种困难，学会了用口衔笔写字，为此不知流了多少口水，伤过多少次唇齿。后来，他又用这伤痕累累的嘴叼紧各种各样的笔画起画来。这一画就是7年！他真的成了画家。

生活中的种种，比如吃饭、穿衣、解手包括擦屁股等等在健全人那里不是事的事，在他这里全是事，全是难事。其难度之大，常人难以想象。但再难的事，也难不住他，为什么？因为他有一颗坚韧而灵动的心。对于一个不自卑的人来说，对于一个要战胜自我的人来说，对于一个爱着家人、爱着所有人的人来说，难度有多大，智慧就有多高。世上的难事，都是给懦夫准备的。当你不把难事当难事，这难事还是难事么？

应该说，他不仅是在战胜困难、挑战自我，而且是在更深的层次上爱着自己，爱着自己这一颗能爱的心。因为自己能爱，这个世界才可爱。

一个女人，在一场突如其来的瓦斯爆炸中，失去了丈夫，她本人也被重度烧伤，原本美丽的面孔扭曲变形，变得狰狞恐怖。最痛苦的是她8岁的宝贝女儿不敢见她，见了就被惊吓得哇哇大哭。

她向谢坤山倾诉了自己的苦痛，道出了自己的绝望和无奈。

谢坤山却说："你没有好好爱自己。"

女人不解。

谢坤山说："假如这场意外不是发生在你身上，而是发生在你女儿身上，你愿不愿意代替她承受这个伤、这个痛、这个苦？"

女人使劲点头："我愿意！我愿意！我绝对愿意！"

谢坤山说："我相信你愿意，我绝对相信你愿意。请回头看看，此刻就站在你身后的妈妈。"

她的身后，正在给她梳头的母亲，眼中的泪水正夺眶而出。

"你的母亲又何尝不愿意代你受这个伤、这个痛、这个苦？可是，她能吗？"

母女两人再也忍不住，泪水决堤般喷涌出来，哭成一团。

这就是谢坤山对于这个世界的意义。

有个谢坤山在，谁还敢说自己是不容易的呢？谁还敢说自己有不可解决的难处呢？谁还敢说自己是多么了不起呢？

人生在世，不在于遇到了什么，而在于遇到之后怎么想。有人遇到屁大一点事，自杀了。有人遇到天大一件事，却笑了。这一笑，那天大的事也不是个事了；那一死，屁大的事也成了天大的事。

再大没有比心更大的了；再小也没有比心眼更小的了。因此，人的进步，不在于超越了谁与谁，而在于是不是超越了自己。

# 大师与民女

现在是大师时代，动不动就有大师出现。众人在那里为大师造势，大师自己也以大师自居，并且炒来炒去。于是众人高兴，大师也高兴。众人高兴终于有了大师，大师高兴终于找到了大师的感觉。但是，有一点要大家留心，自称大师的人未必是大师，真正的大师并不声张。不声张的大师才是真大师，但由于真大师不声张，因此我们见不到，见到了也不认为是。我们就是这样与真大师失之交臂的。

其实大师没在别处，他就在我们这里。大师为什么受追捧？因为在我们内心深处有一个潜在的标准，道德文章无不圆满，我们自己做不到，于是就愿意在自己的前头有一个偶像，以便追随。因此，大师的出现不是大师的错，是我们需要。没有真的，弄个假的哄一哄自己也好。大师有可能是假的，但自己是真的，自己追随大师的心是真的。

世上的大师没有见过，但故事里的大师听说过。我就跟好多人讲过大师移山的故事。这位移山大师不是愚公，愚公那个移山的办法虽可操作，但太费力气和时间。愚公的办法大师不用，大师自有移山大法。谁不想拥有移山大法？越是秘不传人越是有人要学。有好多人慕名而来，拜大师为师父。大师也不拒绝，但也不立即授法。

他先让这些弟子们学三年文，再学三年武。文韬武略都掌握了之后，这天开始传授移山大法。可以想见那场面，那氛围，郑重到让人屏住呼吸。大师跏趺而坐，白须白发白眉在风中飘动。有一座山在他的左面。弟子们与大师面对面，也是两腿双盘，五心朝天。

大师正襟危坐，口中念念有词。弟子们静静地看着师父，也看着那座山，看它怎么在师父的神通里移动。

山并没有动。也许是时候不到。有一刻钟工夫，就见大师起身，轻盈走到山的左面。依旧姿坐下，依然是肃颜铁面。山大概就要动了，因为有鸟从山顶上飞走，有一片白云也朝远处飘去。然而这时大师站起身来，郑重宣布："移山毕！"

所有的弟子都愣在那里。

师父开口说话。他说："世界上本没有移山大法，更没有什么移山大师。唯一的办法就是：山不过来，我过去！"

这就是好多人都知道的故事。既然好多人都知道，为什么还要重复？就是因为这移山大师才是真的大师，移山大法也是真的大法。

山不过来我过去，还有比这更有效的办法吗？

移山大师到底有仙风道骨，似乎不在生活里。生活里也有大师，但没有个大师样儿。没有大师样的大师也是大师。不信我说一个故事，你看是不是也有几分大师意味。

朋友跟我说起他家的一个邻居。一开始，朋友也不认识她，朋友搬家那天，她来帮着拾掇东西。朋友对她表示谢意。她说："这有什么呀，这不是应该的吗？能在一起住着做邻居，这得多深的缘分呀。俗话说得好，远亲不如近邻，说的就是在一起能够相互照应。"这一番话让朋友很感动。但让朋友诧异的是，这个人并不住在他们这个单元，而是旁边那个单元的。既然不住一个单元，完全可以不来帮忙。可以不帮忙的却来帮忙，而且帮得很彻底，一直把活干完才走，这就让人敬佩。熟识之后，知道她姓董名慧，人人称她慧姐。把话说深之后，才知道这个慧姐真是了不起。

慧姐生在高级干部家庭，从小喜好文艺，后来当了一名文艺兵。在当文艺兵时却看上了一个工人出身的战士，两个人就谈起了对象。一开始家里不同意，说门户不对。她说门户对不对不管它，我要的是心眼对。心眼对了，就都对了；心眼不对，哪里对也不行。后来两个人双双转业到地方，分别在两个工厂上班。丈夫呢，是政工干部，她呢，是副厂长。他们生了一个儿子。由于两个人都忙，不能分身，儿子是由姥姥、姥爷带大的。姥姥家条件好，自然很娇惯。儿子大学没有考上，随便找了一个班上，也随便找了一个媳妇。

说话到了退休的年龄，就在要退休没退休的时候，丈夫突然出车祸死了。慧姐哭了一回又一回。她以为老天想要她的命。儿子儿媳，挣不来钱，又好吃懒做，她看在眼里，气在心里，常常摔筷子摔碗，觉得这个家容不下她，或者说她容不下这个家。没想到还有事等着她，丈夫死后，老公公急火攻心，一下子瘫痪在床，不能动，且也不会说了，整天咧着嘴哭。老公公就丈夫这么一个儿子，怎么办？她不想养，不想养又没办法。而且她嫌老人脏，老人也真脏。怎么能不脏呢？拉尿都不能自理。她把楼下的小房子腾出来，把老公公弄到里面去，好歹给他一口饭吃。她自己倒要打扮得干干净净，在人前强颜欢笑，不让别人看出生活的困窘和心灵深处的苦痛。其实越这样她就越苦痛。终于有一天，她的一位多年不见的好友来看她，对她说："我知道你心里有多苦，但我帮不上你。我认识一个人，我觉得她能帮你，也只有她能帮你。"慧姐说："好，你就领我见见这个人。"

朋友领慧姐来到山上的一座寺院里，主持寺院的是女尼法闲法师。见法闲法师之前，朋友领她先拜了菩萨。在观音菩萨像前，不知为什么，慧姐像见了自己的母亲，竟是伏地不起，号啕大哭。哭完之后，来到方丈室，见了法闲法师。法闲法师听了慧姐的一番诉说，沉默不语。慧姐问："师父，我的命为什么这么苦？"法闲法师说："不是你命苦，是你的心苦。"这句话让慧姐愣住了。然后，法闲法师问她：“你想不苦吗？”慧姐忙把一个深躬鞠下去。法闲法师说：“你本来是个敢于承担的人，可是一到了逆境，你就变了，不愿承认，不敢承担，每天自己骗自己。其实事实已经这样，你不能改变它，唯一能够改变的只能是你自己。只要你一变，所有的事情都会变。到那时候，你就会发现，你面对着的其实并不太坏。”慧姐半信半疑，就在半信半疑中读法闲法师送给她的佛经，并且慢慢地改变自己的态度。第一件是给儿媳妇洗衣服，儿媳妇的脏衣服堆在地上，怎么看怎么显眼。若是在以前，她会发火，会骂儿媳，连儿子一起骂。但是这次，她把脏衣服给洗了。一开始还别扭，洗着洗着，就觉得与洗自己的衣服一样了。洗完之后，地上的脏衣服没了，晾衣架上的长长短短都是她的功劳，心里头竟然涌出莫名的愉悦。之后，她把屋子拾掇了一遍，旮旮旯旯都打扫到了。她感觉心里是那样敞亮，从来没有过的舒服。晚上儿媳妇回来，用诧异的眼光看她。儿媳不相信，她以为这是婆婆借此在奚落她，甚至羞辱她，仍是在骂人，不过是换了个方式而已。但一连几天，婆婆并无异样表情，更无异样话语。而且有一天竟然把儿媳脱下来的袜子给洗了，儿媳终于明白婆婆变了。婆婆变，儿媳自己也跟着变，不知不觉地变，变得懂事了，知道帮助婆婆做事了，知道买点小礼物哄婆婆高兴了。婆婆和儿媳由强烈对立，慢慢到不对立，慢慢再到互相关爱，再慢慢竟然到了母女那样的亲密！如今是儿媳帮婆婆干这干那，包括伺候爷爷。这是说儿媳。再说公公，慧姐先是把公公从小屋里搬到了楼上。把公公的被褥、衣裤换洗一遍。渐渐地，她不把公公当脏病老人看了，而是把他看成一个孩子，一个需要百般照料的婴儿。她把公公真的看成婴儿之后，竟变得非常细心起来，就如公公真是她生的一个儿子，真的像照料婴儿那样照料，包括大小便，包括擦身子。一开始还有些难为情，想开之后，就没什么了。在她眼中，已经老小无别，亦已男女无别。公公精神好起来，身体也慢慢好起来。一年之后，已经能坐着轮椅被慧姐推着到楼下来晒太阳了。他不再哭，而是笑，而是把拇指翘给儿媳。慧姐倒是非常惭愧，她不能原谅自己原先对待老人的态度，于是在心里不断地忏悔，常是悲泪纵横。忏悔之心自然会转化为对老人的细致之爱，她不让老人再受一点屈。慧姐彻底变了一个人，她不再觉得苦，反过来感谢这个家庭，正是这个家庭逼她到悬崖，在悬崖边幡然醒悟。什么都没有变，只是她自己变了，她自己的心变了。她自己的心变了之后，所有面对着的一切也都变了。变得不再那么坏。变得比原来好的时候还好。

因此我说，这位慧姐也是移山大师。她移动的不是山，而是自己。移了自己，山也就跟着移了。这是移山的唯一正确方法。

世界上的事，凡是大事都是难事，但难事不一定是大事。若想干成一件事，就等于移一座山。一个人的一生其实是移山的过程，大大小小的山，移完一座，再移一座，到最后也移不完，最后定然死在山的这边。山就那么挡着你，你不想移都不行。

山是不动的，就好比事物的规律是不可更改的。人只能依着规律，规律不可依着人。哪里是移山？其实是移人。

人翻越了无数的山，把一座座山抛在了身后，人就这样一点点完成着自己。人就这样形成了自己的人生轨迹。

对山的态度的不同，决定了人生的不同。

翻越人生的山，远比翻越自然的山复杂、艰险一万倍。之所以复杂、艰险，就在于关键时候会不会心灵转换。

我们都是移动公司的，不断地在移动自己，移动自己的身和心。移动方式，移动路线，移动时间，所有这一切都至关重要，决定它们也只能靠自己，靠自己的智慧。

# 纽　扣

朋友说起他当年相亲的事。

提亲的人说，对方要来看房子。说是看房子，其实是看人。但没想到居然是晚上来的。这朋友忙着换衣裳，不能就这么破破烂烂被人看了去。在柜子里找出一件新上衣，罩在外面。心里急，那纽扣却总也系不上。好像是哪儿错了，但又哪儿也没错，扣子是扣子，扣眼是扣眼。系上之后，还没忘记四下里抻抻。屋外已经响起提亲人的说话声，想必是有一个女孩还有女孩的妈妈或三姑六姨什么的跟在提亲人的后面。果然进来好几个人。提亲的说：怎么不拉灯啊？那时农村刚有电灯。于是把灯拉开，刷啦一下子，亮得晃眼。果然女孩之外，还有女孩的妈和女孩的一个姐。女孩低着头，而女孩的妈和姐使劲看我这朋友。我这朋友窘得手脚无处放，不知该咋办。那几个人待了一刻就走了，剩下我这手足无措的朋友。静下心来一看，我的妈呀，上衣的两个衣襟上下错着呢，错得肆无忌惮！原来纽扣和扣眼没对上位。

朋友的这段故事，谁听了谁笑。

人的命运有时就如我朋友的纽扣，费了好大的劲，想着有个好效果，结果正相反。

好效果谁都想要，但好效果却不一定谁要就给谁。

如果谁要就给谁，那好效果也就不再是好效果。

人间的事就是这样，只能像歌里唱的“经历风雨才能见彩虹”，要彩虹就得搭上好些风雨。风雨是一定的，但彩虹却又不一定。好多人因此而懊恼，还有因此而想着跳崖的。

倒也有一位不用系纽扣的。那是我们村的一个人，他穿一件空心棉袄，似乎没纽扣，或有纽扣也不系，而是用一根草绳拦腰一捆。好省事，好洒脱，没对没错。但在村人看来，没对没错就已经错了。

接着说纽扣的事。

系错了纽扣，我朋友的婚事告吹。是坏事吧？没想到就是因为错系了纽扣，心里恼恨，拿着一把斧头，一跺脚到城里去了。当年农民进城，不像现在的农民工。现在的农民工已经是在天上。我那朋友等于是去要饭，还要顶着一个搞投机倒把的罪名。他先是给小学校修理桌子板凳，后来进入一家木器加工厂。三十多年过去了，现在他在省会开着一个仿古家具制造厂和一间仿古家具商店。有钱，有车，大概不再会发生系错纽扣的事了，纵是发生了，也会被认为错得好，错得幽默，错得有意思！

他的妻子是一位小学老师，是当年修理桌凳时认识的。

当然从那时到现在，受的罪，受的累，受的委屈，遭受的磨难，说也说不清。他总跟我说，能写一部书，一部书也写不完。

我问他：“是不是亏了当初那一错呢？”

他想了想，说：“现在来看，是。有了那一错，如今在省会。没有那一错，说不定还在生产队。”

反过来问一句，所谓的“生产队”就不好吗？也不一定。幸福不幸福，不在钱多钱少，也不在位高位低。纽扣的事不过是告诉我们，人生没对没错。当初认为错了的事，过多少年之后会认识到，亏了当初那一错；如果当初不错，就没有后来的对。

因此不要懊恼。如果你现在正错着，那祝贺你，说不定上苍正给你准备机会。

# 颠倒歌

颠倒歌有好多，随便说一个你听："说胡拉，就胡拉，寒冬腊月种棉花。锅台上头撒种子，灶火坑里发了芽，拖着几根葫芦蔓，开了一架眉豆花，结了一个大茄子，摘到手里是黄瓜，舀到碗里是芝麻，吃到嘴里是豆腐渣。"

说《颠倒歌》，是因为有颠倒事。

20 世纪 70 年代初，我在沧州做临时工，有一段时间在车辆检查站收养路费。我的同事是一位四十多岁的胖子，叫刘振义。这老刘本是英雄，13 岁参加八路，经过抗日战争、解放战争、朝鲜战争，身经百战，勋章可挂满前胸。但是他被打成了右派，原因是 1958 年回了一次老家。参军后，他没有回过家。家里人都以为他死了，没想到他不仅活着，还成了高级军官，身边带着一位年轻貌美的妻子。老乡们纷纷向他诉苦，说吃不上饭，说你刘老四在北京，离毛主席近，给反映反映。他真的反映了，说旧社会是穷人吃不上饭，现在是所有的人都吃不上饭。于是他被打成右派。成为右派后，他到农场劳动改造，妻子带着儿子被流放到遥远的大庆。几年后，他的右派帽子被摘掉了，但仍是摘帽右派，下放到老家沧州，作一般干部。

1974 年入冬以来，刘振义就开始忙活，跟别人讨换来各种食品票，然后拿着这些食品票到副食店排队，把猪肉呀饼干呀等等的买来。因为他要到东北探亲。探亲这件事，几年才有一次，对他来说天大地大。年根将近，他已经攒够了两布袋好吃的东西。

终于有一天，老刘很郑重地告诉我说，他已经买好了车票，腊月二十那天晚上七点的火车。

这天晚上六点多，我便来到火车站候车室送他。那时条件简陋，候车室里既脏又乱，光线昏暗，墙上挂着一面钟。旅客不多，倒是聚集着一些乞丐。我们坐着，说了些闲话。我看了看墙上的钟，提醒老刘："时间快到了。"老刘说："不着急。"说是不着急，但也就站起身来准备走，他提了提两个沉重的布袋子，说："一会儿你替我扛一个。"走到检票口，我问车次。没想到检票员发急道："早干吗去了？听不见广播吗？早检过了！"这时才记起，是有过一次懒洋洋的广播，但听不清是从哪儿到哪儿的。老刘一听就急了。我也急。我们扛上东西就朝里跑。还要过一个天桥。天桥窄窄的，还摇摇晃晃。天桥对面电线杆子上有一盏灯，朦朦胧胧。我们跑到天桥中央时，桥底下正有一列客车向北开走，但天桥对面还有一列客车正在上人。我们下了天桥，气喘吁吁。车门口挤着一大堆人。老刘使劲往前挤，嘴里喊着："大爷呀，我给你磕头哇！大爷呀，我给你磕头哇！"声音近乎绝望。我真想象不出，一个老八路怎么倒喊出这样的话来。列车门口正有一个"大爷"在使劲往下推人们，嘴里喊着："不能上了，上不去了！"这时我看到另一个门口人已经不多了，我拉着老刘，赶紧跑过去。列车员正要关门，但由于人多还没关上。老刘一下子就窜上去了，我把东西递给他，使劲朝里推他。终于把他挤进去了。他大汗淋漓，上气不接下气地说："好了，这下好了。你回去吧。"我也松了一口气，冲着他摆手。我想等列车启动之后再离开。

列车员终于把车门关上了，这时列车也启动了。"咕咚咕咚"，但是我惊诧万分，因为火车不是朝着大庆的方向，而是朝着海南岛的方向，南辕北辙。我一下子愣在那儿，傻傻地看着列车越开越远……

这是一种颠倒。其实老刘的整个人生也是在唱一首《颠倒歌》。

人生的颠倒，真的就能这样出乎意料。老刘在颠倒中，老刘不想着颠倒而颠倒，老刘的颠倒是现实与理想的脱节和背叛，老刘的颠倒是他个人的同时也是时代的。老刘的故事道出人生的荒谬性，就好比卡夫卡的小说《变形记》中人变成大甲虫一样可笑。

其实我们每一个人都在颠倒中，老刘的故事不过是梦中说梦的一个例子。

我们的颠倒，表面看来不颠倒，其实却很颠倒。

人心不死，灵魂不灭，但这个肉体却不久长，但是我们平时却全心全意为这个肉体着想，为眼睛看好看的，为耳朵听好听的，为嘴巴吃好吃的，为身体穿好穿的……不辞劳苦、千方百计满足它的要求，满足不了就着急上火、忧愁烦恼，同时呢，却把自己的本心弃置一边，不闻不问。是颠倒不？

垃圾堆里杂有宝珠，人围上去，纷纷扬扬，扒拉寻觅，弃垃圾而拣宝珠。可是我们平常看人，则多看人的缺点，而忽略优点。把别人的缺点拣来装在自己的宝囊里，随时拿出来示人：此人如何如何不好，他小气，他狭隘，他不通情理，他脾气古怪……总之把别人的坏东西全揽在自己心里，念念不忘。是颠倒不？

明知名利地位生不带来死不带去，却又为其处心积虑。眼望副处长地位久矣，及到来时，却不是自己的，由此愤然不平。或喝闷酒，生闷气；或背后骂街，以泄臆气；或工作懈怠，一蹶不振；或意气用事，顶抗领导；或者视新到位者为寇仇，时时处处为难他……总之是怨天尤人，不能自已。是颠倒不？

知道好人好，但好人如果是仇人，则好也不好。知道坏人坏，但坏人若是朋友，或者亲人，则坏也看不到了，或者看到了，但有意遮掩，有意包庇。俗话说的，老婆是人家的好，孩子是自己的好。是颠倒不？

一生当中自己遇到的，都是与自己有缘的，不管好与不好，都该面对，都该欣然接受。但是，我们不，守在自己身边的属于自己的这份，总是不如意，总觉得不如别人的好。学校是别人的好，单位是别人的好，妻子或者丈夫是别人的好……若是自己被瞧不起，则更是自卑与委顿；与此相反，还有人自视清高，凡是自己的皆是好的，总看不起别人。凡事总是自己对，而别人则可笑。是颠倒不？

人生颠倒处颇多，例子不胜枚举。

其实我也是，这样絮絮叨叨，把道理说给人听，自己又能做到多少？自己还没明白，却要别人明白，是颠倒不？

# 民法与拳法

在报社上班的朋友老卯，有天对我说，最近他很高兴。为啥呢？因为他做了一件非常非常好的事。这件事有多好呢？好到不可说。为什么不可说？一，如果不做这件事，或者这件事不是这种做法，那后果会很严重。这件事这么做了之后呢，后果好极了，好到无法估量。再一个不可说的意思是，这件事真的不能声张，因为他是瞒着人做的，跟谁都不能挑明。如果时机不成熟，不该知道的人一旦知道了这件事的真相，说不定事情会反复。

他悄悄对我说："我把两家的仇恨给灭掉了。"

事情是这样的。前不久，老卯遇到一件麻烦事。老家的叔叔找到他，让他帮忙打一场官司，官司的另一方是叔叔的邻居。事情的起因不是大事，因为宅基纠纷，不过尺把宽的一线地，你说是你的，我说是我的，到底是谁的，谁也找不出很硬的证据。两家好的时候，这不是问题。两家有了矛盾的时候，这便是问题。事情已经拖了多年，两家的矛盾越积越深，彼此成仇人了。这天，对方开着拖拉机从叔叔家门前过，叔叔说："地方是我的，你不能从这儿过。"对方说："地儿是大家的，我就得从这儿过！"叔叔嘴里说着"你敢"，用腿挡了路。对方说："你挡路，我就轧过去！"叔叔说："你轧轧试试！"对方一踩油门真轧过去了……

事情闹大了，叔叔的腿被轧伤，住进了医院。老卯到医院看叔叔，叔叔自然咽不下这口气，他要侄子为他打一场官司。事已至此，已经不是一线地的问题，而是你死我活的事了。也不是折不折腿的问题，而是挨了欺负了，整个家族都被蔑视了。叔叔想，这回你算是犯在我手上了，我非要让你爬着来见我。叔叔有把握，就因为侄子老卯在市里有地位，有名气，好多人有事他都能帮上忙，叔叔这事有他就准没问题。

面对被气歪了脸的叔叔，老卯细心做着安抚。老卯是热心人，只要有人来求，能帮得上忙的事他都会帮的。叔叔这点事，也不算什么，事情很清楚，前因且不论，单轧伤腿这事，官司就能有结果。他能帮，也该帮，不帮也不行。他对叔叔说："这事包在我身上，您安心养伤，什么您都不用管。"叔叔的脸色变了，变得好看了。

接下来，老卯就着手来操办叔叔的官司，那是稳赢，他甚至看到了叔叔赢了官司后在村人面前的自豪神情。但是，一天他突然想到，我这是在帮叔叔呢还是在害叔叔呢？官司纵然赢了，对方收进监了，可是彼此间的仇恨了了么？如果仇恨不了，赢了官司有什么意义呢？冤冤相报，无有了期，总有一天会酿成大祸。这么一想，他出了一身冷汗。他不是在帮忙，他是把叔叔以及对方往悬崖上推。对方是谁，不也是乡亲么？有什么方法能把这事化解开呢？事情的症结在叔叔这儿，叔叔一撤火，这事就好说了。可是叔叔怎么能同意呢？叔叔也不是善茬。若是善茬，能把腿挡在人家车轮底下么？

有此心，就会有此缘。就在叔叔在医院里用手机一遍遍催老卯抓紧打官司的时候，对方已经意识到了问题的严重性，忐忑不安地到市里找老卯来了。老卯热情地接待了对方，并安慰他，问道："事情出了，你看怎么办好？我叔叔想打官司呢！你说打官司好么？"对方当然不想打官司，问："能不能赔点钱呢？"老卯说："你不愿意打官司，我也不愿意打官司。官司输赢不说，两家子什么时候能过上舒心日子呢？"对方为老卯的态度所感动。他俩开始盘算赔多少钱的事。

医药费、误工费等等，大概在一万块钱左右。

对方知道这是一笔心平气和的数字，但是他犹豫着，因为手头紧，他嗫嚅道："能不能少点呢？比如八千。"

老卯想了想，说："这样吧，你掏九千块钱吧。"

对方同意了。

老卯说："这样，这九千块钱，不让你全掏，我出一千。"

对方愣了，没想到还有这种事，急叹道："那怎么成？"

老卯说："我出这一千块钱的目的，就是让你们解开这个疙瘩，不要再有矛盾了……这一千元，你千万不要让我叔知道，也不要让我家里人知道，也不要让村里任何人知道。"

最后老卯拉着对方到饭店吃了饭，对方是含着泪回去的。

老卯就这样把叔叔的"仇人"给彻底"灭"了。

老卯这是真帮忙。

在叔叔面前，老卯是真的孝顺。

在对方那里，老卯是真的菩萨。

他把两家人从仇恨的海里救出来。

他示弱了么？他弱小么？这是一个很大的胸怀，他不但能容，还能化。这样的事，非大丈夫不能为。

我想有一天，他叔叔会知道这件事的。他叔叔也会想明白的。一旦他想明白，就会为有这样一个侄子而骄傲。

这样的处理矛盾的方式《民法》不载，虽然不载，但《民法》中所有的民事诉讼在深层中都应该有这样的理念：冤家宜解不宜结。冤家不解永远是冤家，如果是冤家，就不会有赢家。

由老卯这件事，我想到拳法，太极拳的拳法。

我曾经打过几年太极拳，始终没有打好，但道理我知道一些。严格来说，太极拳不仅仅是拳，里头浸透的东西很深，熔铸了中国文化的精髓。真正懂得了太极拳，也就懂得了处世的方法和做人的道理。太极拳是武术么？是。太极拳仅仅是武术吗？不是。太极拳里头浸透着的恰恰是武术的真谛。武术的真谛是什么呢？止戈。止戈为武嘛，不战而屈人之兵，打是不打，不打是打。

太极有术，而这术恰是为不用而备。你过来，我迎住；你出招，我化解；我这里永远比你大，就像虚空那样，没有让你着力的点。对方若是有眼的，一摸便知深浅，没有摸到底，立即双手一拱，罢战。你若是仍不知趣，还在用力，那么我就顺着你的意思轻轻一走，你就会怦然倒地，这叫四两拨千斤。倒地的轻重，缘于你用力的大小。用力越大，摔得越重。我永远不打你，没人打你，是你自己打倒了自己。如果你出力，我亦出力，对等对抗，就与对方处在同一水平上了。好比一个小人骂你，你若对骂，立时就变成了两个小人。你不理他，小人仍是小人，君子自是君子。小人与小人斗，纵赢了，又能怎样？我在太极拳的发祥地河北永年县的广府古城，访过杨式太极创始人杨露禅和武式太极创始人武禹襄的故居。武氏老宅中的那副对联可以概括太极拳的神髓：立定脚跟耸起脊，拓开眼界放平心。这是讲打拳，也是讲做人。这是在讲拳法，更是在讲心态。心不平就有了局限，一有局限就狭小了。因此在太极拳法的习练当中，心地不能局促和狭隘，出手不能小器，如果出手低，会被人小瞧，算不得太极拳人。在太极拳当中，我永远是大的，你来了，一笑而包含；不如此，不能显自己之宏阔。能打不算什么，能化才见功夫。这叫什么？这叫“仁者无敌”。

“仁者无敌”，不是说仁者能够打败一切，而是在仁者眼里根本就没有敌人这个概念。敌人是什么？不过是自己的倒影而已。朋友教不给我们的东西，由敌人教给，敌人教给我们的东西真是太多太多，感激都感激不过来。敌人是另一种意义上的老师。因此，柳宗元说：“敌存灭过，敌去招祸。”能够给我们灭过的人，不是恩人么？因此真的太极没有对手。不是没有对手，是不把对手当对手，而当成磨炼自己心灵的师友。矛盾来一个，化解一个，化敌为友。真正的太极高手，不待交手，两个人对面一站，便知对方境界。因此双手一拱，请到屋里喝茶去了。仁者无敌，智者无术，天下所有的失败者，没有一个是被别人打倒的，都是自己打倒自己。

因此中国自古讲和谐，与天和与地和与人和，止戈为武，没有敌人的概念。不是没有矛盾，而是不断地化解矛盾。你来我化，来多少化多少，这便是太极。太极者，阴阳互化，太和之极也……

朋友老卯用的即太极之法。他这太极之法比杨露禅和武禹襄还要高明，他不是对人，而是对己。我们的一颗妄心，往往处在矛盾之中，时时在进行着一场没有硝烟、没有结局但却是很消耗的战争。他在这次的战争中，一法不立，只把狂心歇下，立即化解了自己的内心纠葛，使自己的心境立即尘埃散尽。他完成了一次没有输家的较量，不仅化解了矛盾，而且升华了自己。

# 谎言和借据

一位禅者告诉我，人生真的很无常。在这个星球上，没有一个时间，没有一个地点不死人。凡是人到处，皆有死的可能。禅者说这个，是想告诉我，有一个不死的地方。这个地方是哪里呢？禅者说，不生的地方即不死的地方。

如今不说那不生的地方，只说这必死的去处。

的确，人随时会死，且死的方式千奇百怪。我所居住的这个城市有条河，每年都会淹死几个人。被淹死的，有的是失足落水，有的是投河自尽。有的是不想死却死了，有的是想死也就死了。

因此每年也都有救人的人出现，报纸上都有报道。救人者有救成功的，也有没有救成功的。不管成功与否，救人者都值得众人尊敬，其精神值得张扬。

有一句话这样说：救人一命胜造七级浮屠。可见救命功德很大。

说两个救命的例子。

报社的门先生，年近七旬，退休在家。2009 年端午节这天，有人按响了门铃。老门开门一看，一个红脸汉子站在门外，并不认识。来人说，你肯定不认识我了，我是孙辉，承德平泉县卧龙岗的。三十多年前，门先生的确曾随承德地委工作组在这个地方下乡蹲点儿。但是这个人是谁，一时想不起来。

汉子说，你忘记了么？我是被你救过的小辉，我爹叫孙成。

老门想起来了，不是想起来了，他从来没忘记过，那一幕幕场景，怎么会忘呢。只是他一下子不能把眼前的情形与当年的情形联系起来。

那是“文革”后期，虽是后期，仍是极左。村里有个叫孙成的，被打成了反革命。至于怎么个反革命法，却没人说得清。只说他在1958年吃大食堂时说了些不合时宜的话，此后，便成了村里每次运动的靶子。

这天中午，孙成推着一辆独轮车从公社卫生院出来，车筐里坐着个十来岁的孩子，孩子的脑袋担在筐沿上，两条细细的长腿耷拉在筐外。老门看到了，问：“这孩子怎么啦?”孙成答：“病了。”“啥病?”“脑袋疼。”老门上前去翻了翻孩子的眼皮，眼球发黄；挠挠他的脚心，也没反映。老门想，情况不好，这孩子可能得了大脑炎，遂问：“往哪儿推?”“回家。”“卫生院的医生怎么说的?”孙成从口袋里掏出几片药，无奈地看着老门。对一个没有钱而又“反动透顶”的人，公社卫生院也只能做到这样了。

老门说：“不能回家，赶紧往洼子店送吧!”洼子店有一个区医院，条件比较好，离公社不足十里地。孙成指了指挂在胸前写有“反革命”字样的大牌子，叹口长气，说：“不行，晚上还要批我哩。”“哎呀，救人要紧!”老门急着眼睛，对孙成说，“把牌子摘下来，塞到筐底下，赶紧去洼子店！我是工作组的，准你!”孙成两眼直勾勾地望着老门，两手直摸兜。老门说：“钱的事，你就别管了，我给那头打电话。快去吧，记着，送到那儿就回来，别误了晚上的批斗会。”

老门给医院打了个电话，为了救孩子，他撒谎说：这是个贫农的孩子，得了大脑炎，正往你们那儿送，钱的事回头我去算……

因是地委工作组的同志交办，医院把它当成政治任务来完成，医生们穿好白大褂，到门口迎接孙成。五天后，这孩子病好出院，而且是自己走着回来的。院长给老门捎来一个纸条，那上面写着医药费用。

孩子治好了，老门却害怕了。他说了谎，把一个反革命说成了贫农，一旦有人上报，后果不堪设想。他把自己的担心跟要好的公社书记说了，书记先是发火，说："你怎么能这么干？这不光毁了你，连我一块毁！真是荒唐！"发完火后，书记抽了一顿闷烟，突然说："仁义之举呀，老弟，我佩服你！"

此后的一天傍晚，老门从蹲点的村子往公社走，穿行在青纱帐中间的羊肠小路上，突然从地里钻出两个人，把老门吓了一跳。原来是孙成父子俩。这父子俩在此等候多时，见了老门，双双跪倒在地，感谢老门的救命之恩。因无以为报，孙成乞求老门，让自己的儿子小辉做老门的干儿子。说着，机灵的小辉立即喊干爹。老门慌不迭，赶紧止住，说："这么一点儿事，用不着这样子！"爷俩拽着老门的胳膊不停地央求："认下吧，认下吧！"老门急了，老门不能不急，若被人发现，这是怎么一出啊。他发怒道："我是工作组，你是反革命，这不是害我么？"一句话，爷俩愣住了，是啊，这哪里是报答恩人，而是害恩人呐！爷俩只有流泪的份了，老门心里也怪不好受。他拉住孙成的手，哽咽着说："回去吧，往后有事找我。"

从此之后，只要老门跟社员一起下地干活，孙成家的人就会远远地寻觅老门，但也不靠近，只是远远地看着……

三十多年后，孙成已经过世，如今站到老门面前的就是当年被他救下的那个孩子。他是来认亲的，他来叫老门一声"干爹"……

另一个例子：

母女俩到亲戚家借了钱，走小路回家。半路上，天就全黑了。走着走着，突然从路边窜出两个人，吼道："站住，别动！"女孩还小，被吓得发抖。妈妈努力镇定下来，捏着女儿的手心，轻轻地说："不怕，有妈妈。"

劫道的是两个年轻男子，每人各拿着一根很粗的棒子。僵持了一会儿后，一个男人说：“我们只要钱。”他的声音有些颤抖，似乎也很害怕。“我们不想伤害你们，只是没办法，辛辛苦苦打工一年，老板带钱跑了，我们要回家过年，你们城里人好歹比我们容易一些。”

对峙片刻后，这位母亲叹了口气，从袋子里拿出蓝色手绢，里面包着四张崭新的票子，每张面额50元。那男人看到钱，伸出了手。“慢！”这位母亲把钱往怀里一缩，“钱不能被你们抢走。”那人的手停在半空。“今天，你们抢了我的钱，不管数额多少，都是犯罪。我知道你们有难言之隐，可是，法律不管这么多，就是你们自己，一辈子也不会原谅自己的。”

歹徒说：“你要做什么？”

这位母亲不慌不忙地说：“现在，我写一张借条。不管你们多久还钱，五年也好，十年、二十年也好，甚至你们没钱还也好，你们要记住，你们没有抢，只是借我的钱。我希望你们以后也不要抢别人的钱。”

这位母亲说完，摸出纸笔，凭着感觉写了一张借据。她把钱和借据放在那个人手里，说：“上面有我的名字和地址，至于你们自己的名字，回去后你们自己填吧。”

歹徒愣了，互相看了好一会，什么也没说，拿着钱和借据转身跑了。

两年后的一天，这位母亲收到陌生人寄来的一张汇款单，上面的数额是一千元钱，附言栏上写着：“谢谢您没让我们走错路。”

老门救人于命悬一线之时，这位母亲救人于灵魂坠崖之前。

在特殊的历史背景下，老门可以不救这个孩子。不救这个孩子，老门无过。因为一个反革命的牌子足以把任何人吓倒。但老门救了，且救得很彻底。为救孩子，他竟然把反革命的身份说成了贫农，若没有这句谎言，孩子也许还救不了。

正是这句谎言，把孩子救了；也正是这句谎言，差点毁掉老门的政治生命。

救一命，毁一命，救了他人，毁了自己，老门是在拿命抵命。

这便是老门的高贵处。

也许还有老门没有想到的，其实他在救这孩子的同时也把自己救了。你想啊，如果老门不救，那孩子肯定死。孩子死了，老门还是老门，但是，老门的内心能安宁么？老门不安宁，却无药可救，他就会在心灵的挣扎中生活，他的心里就会时时有阴云遮掩，他就不会像现在这样踏实和快乐。

救别人正是救自己。

那位母亲，在关键时刻很冷静。她没有多想自己的安危，想的却是歹徒的死活。她不是害怕，不是恨，而是怜悯，而是救助。她给正在坠落悬崖的人垂下一根绳子，这根绳子也真的把这两个人救了。他们会一生感念，甚至会以此来教育他们的儿女。

这位母亲救下的不只歹徒，甚至还有自己的女儿。她以此告诉自己的孩子，在这样的危难时刻，都先要考虑别人，哪怕是来害自己的人。任何时候，都不要有仇恨，都不要以仇恨的角度来想问题、来处理事情。

我们设想一下，这位母亲可以跑，亦可以与歹徒抗争，亦可以双手把钱奉上，还可以迂回报警。无论采取哪一种方式都不算错，但是，只有这种方式最大度、最无私、最充满爱意、最值得回味。这里没有褊狭，没有阴影，只有光明和暖意，收到的效果也最好。

这位母亲会化，化敌为友，化恨为爱，化偏为圆，化仇恨为恩惠，化黑暗为光明。

这位母亲具备的正是菩萨心肠，做的正是菩萨事业。

老门和这位母亲，给现代人上了一课：人人皆可成为圣贤，人人都可成为菩萨。做菩萨不难，随时随地替别人着想即可。如果做不到随时随地，关键时候能想到别人，也是很了不起的。

现在正是需要佛菩萨的时候。为什么？因为人们的病痛正多，因为好多人正在悬崖边上行走。贪婪和嗔恨，愚痴和傲慢，狭隘和攀比，每时每刻都在侵蚀着我们的心灵，使我们离着干净本分的自己越来越远。之所以累，之所以忙，之所以苦闷，之所以找不着感觉，其病根就在于此。怎么办呢？不能指望老门和那位母亲来救我们，我们的病没在别处，而在自己的心里。我们需自救，自己救赎自己。自己救自己其实不难，随时随地提示一下，有一个更好的方式来处理眼前所有的事务。

就这样，在救助别人之前，先来救助自己。自己先做了自己的菩萨。

# 医生与禅者

有谁没受过委屈呢？比如有人栽赃陷害你，比如有人无中生有说你的坏话，比如有人恩将仇报，比如有人深深误会了你……该怎么办呢？

有人主张以牙还牙，以眼还眼；有人主张找对方去说理，把情况说清楚，以消除误会。不过，以牙还牙的结果往往是，你这里的“牙”没有去掉，对方那里又多出一个“牙”。对方生气，不能抵消你生气；对方死掉，不能增长你的寿命；相反，对方也会以牙还牙，这样增加的只能是仇恨，是一层层的仇恨，是仇上加仇，恨上加恨，两败俱伤，没有一方是胜利者。而找对方说理的办法，在小事上可能奏效，如果事情复杂，就不好说了，有时甚至会越描越黑。你越说你没吃他的那块绿豆糕，他就越以为你吃了他那块绿豆糕，甚至会以为还吃了他的冰淇淋。或者还有其他的办法，比如有的人因此杀人，有的人因此自杀，有的人因此生气，有的人因此生病。但无论怎样的方法，都没能解决问题，而是在现有的问题上叠加了另外的东西。

怎么办呢？有没有更好的方法呢？当然有。

被人陷害，好比冬季来临。在这样的季节，所有的生命体和非生命体，其实都比人做得好。你看水，在冬季来临之后，怎么办呢？

微水结霜，雾水结淞，雨水成雪，霜花、雾淞和雪花都非常漂亮；众水结冰，大水大冰，小水小冰，晶莹透亮，如玉如脂；其实它是被冻得，冻也保持自己的美丽，或者更美丽。一旦春日来临，阳光普照，不用谁说什么，自然冰化雪消，冰雪化成了淙淙细流，化成漾漾湖泊，化成浩浩江河，化成森森大海。你看动物，如熊，如蛇，如土拨鼠，这些或凶猛或灵透的东西，都屏住呼吸，将自己蜷缩起来，忍耐着季节的严酷。它们是在等待。等待是一种态度，有时是很好的态度。

如今老农也知道，在冬季，若想吃上鲜嫩的西红柿、青椒和茄子，不能硬在冻土上栽秧，而是圈一个大棚，将阳光留住。阳光留住了，季节就留住了。

所有这些，都是改变自己，而不搞对抗。

人是万物的灵长，应该做得更好些才是。

也真有做得好的。在清代，常州有一位姓魏的医生，此人乐善好施，救人无算。有一个重病号，在附近一个寓所住着治病。这天，病人发现放在枕头旁边的十两银子找不到了。病人的儿子听信了别人的谗言，怀疑是魏先生拿了，但是又不敢当面问。有人教给了一个办法，让他燃一炷香跪在先生门前。先生见了很奇怪，就问："这是为什么呀?"病人的儿子说："有桩疑难事想问先生，又怕您见怪。"魏先生说："你说吧，不责怪你。"病人的儿子把事情说了。老先生说："确有此事，我是想暂时拿去急用，原打算明天复诊时，如数偷偷还回去。今天既然你问起了，可以马上拿回去，请你千万不要向外人说。"

过了些日子，病人的病彻底好了，准备拾掇东西回家，在打扫床铺时，在褥垫地下找到了银子，惊讶之余非常后悔，说："银子没有丢失，竟然无辜怀疑了魏先生，应该马上去先生家，当着众人的面把钱还给他，不能让人家抱着这份冤枉。"

于是父子俩来到先生门前，仍然手奉燃香跪在阶下。魏先生见了，问：“今天这样，又是为何呀？”

父子羞愧地说：“银子没有丢，我们错怪您了，真是该死。今天交还先生给的银子。小子无知，任先生打骂。”

魏先生笑着把他们扶起来，说：“这有什么关系，不要放在心上。”

病人的儿子问：“那天，我无辜污罪长者，先生为什么甘受污名，而不说明呢？使我今天羞惭无地。今天即蒙先生宽怀，饶恕我们，是否告诉我们，先生为什么要这样做呢？”

魏先生说：“你父亲素来勤俭，正在病中，听说丢了十两银子，病情定会加重，甚至会一病不起。因此我宁可受点委屈，使你父亲知道银子找到了，心情也会好转。这样，他的病不就会快点好起来么？”

这父子俩及围观的众人听说后，不由感慨连连：如果都这样做人，那世间哪里还有龌龊事！

这便是善人作略，宁可自己受污，也要为对方考虑。

还有一个例子，是日本的白隐禅师。

白隐禅师在寺庙里过着清静无扰的生活，深得信众尊重。

有一天，人们发现，居住在寺庙附近的一个漂亮女孩怀孕了。其父母非常生气，反复追问是谁让她有了身孕。女孩起先不肯说，被逼无奈，最后竟说出了白隐禅师的名字。

女孩的父母义愤填膺，想不到这样一个道貌岸然的人竟是衣冠禽兽！

他们找到白隐禅师，当着众人的面，咆哮不已，大骂不止。白隐禅师未作任何解释，听完他们的指责和谩骂后，淡淡地说：“是这样的么？”

孩子生下来之后，姑娘的父亲就将婴儿丢给了白隐——你的孽种，你自己来养！

这时的白隐，早已是名誉扫地，人们都远离他的寺庙。没有了人们的供养，他的生活变得十分艰难，现在又平添了一个小孩子，让他一个大男人来抚养，该是多么的狼狈呀。尤其是，他一个身穿袈裟的出家僧，却怀抱着一个襁褓中的婴儿，不得不每天到当地居民家去乞讨婴儿所必需的奶水，其尴尬可想而知。白隐禅师不管这些，不在乎人家的冷脸冷语，只是尽自己的最大努力照看那孩子。沿街讨来婴儿所需要的一切东西，把孩子养得白白胖胖。

一年之后，孩子的妈妈——那个未婚先孕的女孩，再也受不了了。她既无法忍受失去孩子的痛苦，更受不了自己良心的谴责。原来，真正使她怀孕的是一个在鱼市干活的年轻男子。知道真相后，女孩的父母立即来到寺庙，一方面向白隐禅师赔礼道歉，另一方面领回那个孩子。

白隐禅师把孩子还给他们，依然满脸平和，还是那一句话："是这样的么?"

生处随他生，灭处随他灭，我一颗心淡然恬然，不生不灭，不垢不净，不增不减。这便是禅者，这便是大丈夫。

魏先生和白隐，一个是医生，一个是禅师，都以救人为任。医生疗治身体上的病痛，禅师疗治心灵上的痼疾。不要说医不自治，他们先正己心，格己意，洁身自爱，光明圆满。不这样不是医生，不这样不是禅者。

我们不是禅师，不是医生，但心与禅师和医生的心是一样的，都应该干净、美好、大度、无私。干净好，但干净不是排斥污染，而是在污染中而不被染着，就像莲花那样，出污泥而不染，就像宝珠那样，纵沉泥中而光泽不失。

我们能于其中学到多少呢?

# 凶　手

曾经听到一个让人痛心的故事，一个人把他非常疼爱的儿子杀死了。当然他不想杀，他也不可能杀，他也没理由杀，没有比他更心疼儿子的了，如果谁也要想欺负他儿子他会杀了谁，然而却正是他亲手把儿子杀死了。这是个让人不忍复述的故事。

悲剧的起因其实非常偶然。这个父亲是个农民，一次下地回来晚了，扛着农具在路边走着。突然他听到身后有走路的声音，心想，定然是本村的谁谁谁也收工晚了，不妨开个玩笑。于是他蹲着身子藏在树后，等那人靠近时，突然大喝一声："呔！把东西放下！"没想到喝声一落，那人丢下东西撒腿就跑。他意识到玩笑开大了，于是马上喊："是我，你回来！"

但那人不知是吓坏了，还是没听到他的喊声，反正一去没回头。

他等了一会不见人影，只好把东西先背回家。那人丢下的是一个包袱，回到家打开一看，里头有裁好的衣服，有没裁的衣服料子，还有两件成衣。看来那人是一个裁缝。他等了几天，也没见有人来找，于是就把东西占为己有了。

事情到此也就该结束了，但是没有。

这人有了这样一次不劳而获的经历，一开始还不安，慢慢地变得心安理得，再后来便觉得挺好，再后来便想着不妨再试一次。于是他就有意在天黑的时候，到偏僻的地方，在路边蹲守，见有人来，大喝一声，把人吓跑之后，他心里有些许的快意。非但如此，他也多多少少有所劫获。

这天晚上，他再次来做这件事。他手持木杠踅在路边，见远处来了一辆自行车，等那人走近，突然窜出，大喝一声。那人被吓了一跳，摔下车子。但是出乎意料的是，那人并不弃下东西逃命，而是爬起来与他支架，想把东西从他手上夺走。对方是个年轻人，比他还有力气，他几乎就要败下去，关键时候木杠发挥了作用，他猛用力，也不分头上脚下，朝着那人抡去。那人不经打，一下子倒地死了。他心里害怕，遂把尸体拖到一个荒土岗草草埋了。

他把那人的自行车连同东西弄回家，也没敢跟老伴说打死人的事。他把背包打开，在灯下与老伴看了一回，里头有两千块钱，还有两件衣服，一件男式的，一件女式的，他与老伴穿了穿，还挺合身。

第二天早晨，嫁在外村的女儿回来了，一进门就问："弟弟起来了么?"

他和老伴都愣了，对女儿说："你做梦啦？你弟弟在四川当兵，你又不是不知道。"

女儿说："弟弟回来了。他跟他们首长出差来了，离家近了，首长让他回家看看。昨晚在我家吃的饭，我说让他住一宿，他急着回来看你们，骑着我的车子就回来了。"女儿说着，一眼看到院子里那辆自行车，说："这不是么，这不是我家那车子么?"

没等女儿说完，那老者一抱头就蹲在了地上，连说："报应啊，报应！我的儿啊……"

他就这样把自己的儿子杀死了。

无独有偶，还有一个美国的故事，也是一对老夫妇把儿子杀了。

这是发生在越战时期的事。当兵的儿子从战场上回来了，回家之前，他在旧金山先给父母打了一个电话，并告诉父母，他想带一个朋友一起回家。

儿子说："这个朋友在战场上受了重伤，少了一条胳臂和一条腿，他现在走投无路，我想请他回来和我们一起生活。"

父亲说："儿子，很遗憾。不过或许我们可以帮他找个安身之处。"接下来，父亲开始给儿子做工作，试图说服儿子还是尽量不要带这样的残疾人回家。他说："像他这样残障的人会对我们的生活造成很大的负担和不便。我们还有自己的日子。我建议你先回家，让你那朋友再想办法。相信他，会找到自己的一片天空的。"

通完这次电话后，儿子再也没有来过电话。

几天后，这对父母接到了来自旧金山警察局的电话，告诉他们亲爱的儿子已经坠楼身亡了。他们伤心欲绝地飞往旧金山，并在警方的带领之下到停尸间去辨认儿子的遗体。令人吃惊的是，儿子居然是一条胳膊和一条腿。

他们杀死了自己的儿子？他们是凶手。第一个案例里，父亲用木杠砸死了自己的儿子；第二个案例中，父亲用几句话把儿子杀死了。第一个父亲杀死了儿子的身体，第二个父亲杀死了儿子的心。第一个父亲知道这是报应，只是这报应来得太快、太突然、太出乎意料。他后悔了，但已经晚了。第二个父亲恐怕不明白，他会觉得这儿子也太娇脆了，多少枪弹都能挨得，这么几句话怎么就挨不得呢？难道这几句话比那枪弹还厉害？他还会怪儿子，何必绕那么大弯子，何不说自己就是残疾人呢，别说你只剩下一条胳膊一条腿，你就是没了胳膊没了腿，我们也不会舍弃你。你难道不明白你的父母有多爱你么？你这样绝情难道不辜负了父母的爱么？

第一个父亲是要，第二个父亲是不要。第一个父亲是要不属于自己的财物，第二个父亲是不要不属于自己的残疾人。一个要，一个不要，该要的没要，不该要的要了，要与不要都错了。

第一个父亲明明知道不属于自己的东西是不能要的，但是他要了，一开始是侥幸，后来便认为不算什么了。这是人的贪婪心在起作用。贪心一旦升起，难以抑止，慢慢泯灭理性，最后毁掉自己。好多的贪官就是这样自毁前程的。贪欲不除，人就难以升华，正是贪欲迷惑了人生的本来方向，而向着各种各样的利益分心、转向。多少人已经在悬崖边跌落下去，但后来的人仍然迷恋于此，可见人是记吃不记打的东西，可见人的欲望是多么的难以遏制。因此也可以看到一些端倪：人若想向着高处，先要涤除自己的贪念，因为贪念是人堕落的根源。贪念一动，人心便蒙垢；贪念一动，人生航船便失舵。一念尚如此，何况贪心泛滥！

第一个父亲杀死了儿子，同时也把自己送进了地狱。还没死时，他就已经在地狱里了。

第二个父亲也明明知道，人是该有同情心的，人是应该帮助人的，特别是亟须帮助的人。这道理说来可以，但是当儿子说要把一个与自己毫不相干的残疾人带回家来时，他还是犹豫了。他说他相信那个人定能找到一方天空，这已经表明他这里已经不是那个人的天空了。可见，人的爱心是有条件的，爱自己，爱自己的家人，爱自己的朋友，爱对自己有用的人，但是对一个与自己不相干的人，爱心便大打折扣了。在人们的意念里，仇人是决不能爱的，而是要恨，恨得越深越好，这便叫做爱憎分明。这是人的局限。人正是有了这样的局限，人才有了好多的分别，正是人有了好多的分别，才有了好多的痛苦。人在狭隘中活着，活得满腹怨气。放着宽阔不用，人真是很傻的动物。

佛陀则不这样教化众生。佛说，世界是一个共同体，谁也离不开谁，宇宙万有是一棵树上的叶子，一根一脉，相互依存。你若自爱，则应爱你生存的环境，爱你身边的万缘，爱别人，就是爱自己，爱你所遇到的一切，就是爱自己。这便是佛的同体大悲的理念。你以为你离开谁都能活，或者还以为活得更好，其实不是。

欧洲有一首流传很广的民谚：少了一根铁钉，掉了一只马掌；掉了一只马掌，瘸了一匹骏马；瘸了一匹骏马，跌落一名骑手；跌落一名骑手，败了一次战役；败了一次战役，丢了一个国家。说的是在英格兰，为争夺英国王的权杖，英格兰王室的查理三世与兰加斯特家族的亨利伯爵已经相互厮杀了30年。1485年的冬季，在波期沃斯城郊的荒原上，双方开始了最后一场较量。两军对垒，但见刀光剑影，只闻战马萧萧。查理三世器宇轩昂，策长鞭，挥长剑，主动出击；千军万马紧随其后，步步紧逼。而对方连连后退，其身后不远处，则是一片辽阔了沼泽地。查理三世已经看到了胜利的曙色，突然战马一个趔趄，查理三世跌落在地。众官兵以为统帅中箭身亡，顿时军心大乱，慌作一团。亨利伯爵趁势大举反攻，在阵前生取查理首级。亨利伯爵不仅反败为胜，而且从此英格兰置于都铎王朝的统治之下。原来，决战前夕，马夫在给查理三世的战马替换蹄铁时，发现少了一根铁钉。一时寻觅不得，马夫便草率地将就过去了。谁能料到，就在发起总攻的关键时刻，正是这根铁钉决定了统帅的生死和战争的胜负。

因此，不要以为铁钉小就忽视它。不仅一根铁钉，一只甲虫也许跟地球爆炸都有关联。不是有蝶翅效应的理论么，此时此地一只蝴蝶的翅膀扇动，说不定就是若干年后某个地方大地震的起因。

第二个父亲在什么地方错了呢？他只爱了自己的儿子，没有爱别人的儿子。自己的儿子是儿子，别人的儿子也应该是儿子。孟子早就说过“老吾老以及人之老，幼吾幼以及人之幼”的话，他老人家懂得万法一如的道理，懂得将心比心。第二个父亲恰恰在这里迷在误区里。

人就是这样，当一叶障目，目只在叶上，而遮蔽了叶外的所有，于是他们手举树叶，跌落悬崖。

这两个案子，谁是凶手呢？我说的是真正的深层的凶手。不用说，一是贪婪，二是狭隘。

# 奴　隶

当年在农村，每到秋季，队里总要分玉米秸，要把玉米秸捆起来，装在车上，从遥远的地里推回家。玉米秸是青的，死沉死沉。车是那种独轮的，很难把握。父亲当队长，顾不上这些。这些玉米秸就得由我推回家。我个子小，力气也小，岁数也不大，要驾驭这沉重的车子还真有几分困难。车子装得很高，已经看不到了前边的路，而且天也就黑了。我别无选择，吃力地驾驭着这辆小山样的车，在高低不平的土路上歪歪扭扭走。从远处看，根本看不到车后面有人驾驭，只见一垛黑乎乎的东西在自动爬行。

一路上的艰难不用说了，有几次差点翻倒，却终于没有倒。一路上也不知歇了多少歇，流了多少汗。只是记得到家后的那一刹那的感觉：把两个车把一下子放下，再也不用往前走了，整个人一下子轻松下来。到家了呀！一路上所有的努力都为了到家。到家的感觉真好！那种解放感真好！

还有两次，是有人来接我，用一辆空车，拦住我，把我车子上的重载卸下一些给他，一车的东西分为两车，立时感到轻松很多，身子也挺直了，脚底下也利索了。卸载后的那种感觉也真好！

人生的过程中，有多少时间是放松的呢？当年装玉米秸的小车子不用推了，但是在心灵上，我们的小车子放下过么？我们心灵上的小车子上装了好多好多的东西，压得小车子吱吱响，我们也不愿意卸下一些。

心灵上负载过重，是时代病。

人本来一天吃三顿油盐适当的饭就够了，没必要吃得很腻，更没必要大鱼大肉。但我们自从有了足够的饭吃之后，却反而没有了足够的感觉。似乎每天有好多东西要吃、要喝、要用，要吃得好、喝得好，要花很多的钱来吃饭，哪里是在吃饭，简直是在吃攀比。只想满足欲望，不管肚子感受。以为只要是自己买来，就吃得心安理得。直到吃出一身病来，直到医生说，你不能再喝酒了，你不能再吃肉了。如果你不听医嘱，那很快你就要自己留遗嘱了。你说，能把人吃出病来的东西是好东西么？不是好东西为什么还要吃呢？

一家人本来有一套房住也就够了，但是不，还是愿意多点。不仅多点，还要豪华点。这么装修，那么装修，把房子装得像宫殿。像蜗牛那样把房子背在身上，被人称为房奴。

人真是奴，不是房奴的话，就是权奴、钱奴、色奴，或兼而有之的奴。

人都说喜欢解放，但是人从来不愿意解放自己。不仅不解放，放松一下都不愿意。

我的一个朋友，身处要职，单位有权有钱。他很清廉，权有，从不滥用，钱有，从不滥花，口碑很好。突然有一天，上级要把他调到一个比较清闲的单位，他想不通了，以为领导小看了他。真有可能是领导小看了他，可是，为什么总得让某个人怎么怎么看呢？你对得住自己的良心不就都有了么？还有一层意思，是怕人误解，因为按照俗常眼光，只有不重要的人才在不重要的单位任职。这又错了，根本就没有重要不重要之分，只有干得好与不好之别。如果在一个不重要的单位，突然你让它变得很重要，不也很好？纵然没有这些，已经累了这么多年，轻松一下不好么？你自己是好是坏，有能力没能力，你自己还不清楚么？为什么要活在别人的看法上呢？

为什么要活在自己给自己造就出来的虚荣里呢?

我的另一个朋友来电话说，你劝劝他呀。

怎么劝呢？拿许由来说事？当年许由一听说要让他当官，马上跑到河边去洗耳朵，他嫌这话污染。拿陶潜来做比？当年陶潜当上了县令，响当当正处，且一个县就这么一个，俸禄也不少，一个月五斗米，养活一家子富富有余。但他嫌烦，一甩袖子回家种地去了。

这些人的事例还能打动现在的人么?

我真不知道现代人比古代人是进步了呢还是退步了，是聪明了一些呢还是傻了好多。真的是傻了，现代人已经傻到不知放松为何物了。

因此当年有一位布袋和尚，据说是弥勒菩萨的化身，他整天背着一个大布袋，把好多没有用的东西都装在里头，沉甸甸地在街上走。走到街头人多之处，抻着布袋底，把布袋里的所有东西都倒出来，说："大家过来看看！大家过来看看!"

人们看到布袋里倒出来的东西，没有一样是有用的，就以为此和尚为半疯癫，没个正形。其实布袋和尚正是借此为众人说法：你们别笑我，你们才这样。我是布袋里背着，你们是心里装着，装着的都是些既沉重又没用的东西，而且是越多越好，一样也舍不得丢弃。

这个世界是谁愚痴，是谁疯癫呢?

"行也布袋，坐也布袋，放下布袋，何等自在!"布袋和尚背上布袋，这样唱着，扬长而去。

我们背着沉重的布袋，布袋和尚背着我们。他放不下我们，要度我们到彼岸。

# 吸毒者

报载：公安警察在一居室发现一伙吸毒者，吸毒方式不一，程度不同，严重者已经骨瘦如柴，且全身多处腐烂，已经奄奄一息。他们的毒资，多是源于抢劫。他们都曾有很好的家庭，但现在已经无家可归。有好几个是吸光了家中所有，最终被家庭赶出来的。这伙人不仅全身皆毒，且已经成为社会的一大毒瘤。

这则消息让人欷歔再三。本来是一群好好的人，为什么偏要吸毒？

一天谈到这个话题，一位老者对我说：你只看到了吸毒者，没有看到我们自己。其实我们也天天在吸毒，别的不吸，偏要吸毒。

我以为他说的大气污染，或者说是汽车尾气等等的。

他说不，这些毒，当然是毒，包括毒品，沾不得。但是还有一种毒，我们时常吸，且非常愿意吸，甚至已经成瘾，已经到了想戒而戒不了的程度。你，我，他，都有，只是程度不同而已。

这话让人不寒而栗。

他说：你不信么？

我说：你说过了我再信。

他说：但愿我说的都不是真的。

他说：比如，有人曾经跟一个人吵了一架。为什么吵呢？凡是吵架，有一个共同点，那就是彼此双方都觉得自己对，而对方不对，于是才吵起来。若是有一方觉得自己不对，或者有几分不对，也不会吵起来。一旦吵起来，就是已经到了相互不能容忍的地步。于是便没了口德，说话尖酸刻薄，讽刺挖苦，无所不用其极，甚而动拳脚。骂，只嫌不解气，打，只嫌不解恨。事隔多年之后，对方或者已经死了，你猜怎么着？这人还记着呢？说起来依然气冲牛斗：那个人，最讨厌！最无知！最无耻！殊不知，对方的死却也是因这场嘴官司而常年郁闷，得病而死。

这是不是在吸毒？

吸毒是一次性的，再想吸，得掏钱去买。这个好，多会儿想吸多会儿吸，不用花钱。且一想就来，方便得很。

再比如，一个人多年前受了一点委屈，或者说受了很大的委屈。人生在世，哪有不受委屈的，关键在于对待受委屈的态度。假如这个人受了天大的委屈，比窦娥还冤，说起来应该六月飞雪，这的确值得同情。只是，有的人受委屈是一时，而自己折磨自己却是永远。我身边一个人，50 年前因说了几句公道话而被打成“右派”。真的是委屈了他，真的是天理昭昭而无处可诉。22 年之后，改正平反。这 22 年间，所受的委屈车拉船载，但他毕竟挺过来了，真的不容易。他也没觉得有什么。问题出在平反之后，每每夜深，他便想起自己的委屈，想起社会上对待他的种种不公。一想起来便睡不着，生气，郁闷，想不明白。这样的结果是他一直在病着，大病也有，小病也有。气血壅滞，呼吸不畅，肝蓝胆紫，血压不谐。

你说这是不是在吸毒？

右派生涯 22 年已经够长，但是他还嫌短，自己给自己在那儿加刑。已经是阳光明媚了，他感受不深，反而一而再、再而三地吸食原来的伤害，继续让魔鬼待在身边。

别人给的刑期可以不服，自己给的刑期不服都不行。

也真有身在刑罚而不服的。不是身体不服，是心灵不服。

他说，有一位老音乐家，在文革中，曾下放农村，给牲口铡了七年的草。等他平反回来，人们惊奇地发现，他并没有憔悴、衰老，而是很快地又重新活跃在舞台上。有人采访他有什么人生处方。他笑道："我受的灾难不能说不多，但是我不把它当灾难看。人总要面对现实的，当摆脱不了现实时，你就得改变自己以随顺现实。你知道么？我在铡草时，都是按四分之四的节拍铡的。"有这一句就够了，在一个音乐家耳朵里，非但铡草是音乐，风声、雨声、万物扑簌之声，无不是音乐。人受到了限制，但心灵没受到限制，反而将他置身在了大自然的天籁地籁之中，苦难在他的调剂下成了营养，因此虽经磨难而活力不减。

老者说，这才是智者，这是个身泡在毒液中而不吸毒的。

这老者，我想他这一生也定不凡，难不会少受，苦不会少吃，正是苦难使他升华。但我问他这方面的事，他微笑不语。

人啊，有多少是有智慧的呢？看来，磨难也只有在有智慧的人那里才会酿成精华，得到受用。

经老者这一说，我也明白了，人若想吸毒，则无处不是毒。生了一场病，痛苦万端，多少年还记着它，好了伤疤却没忘了疼。吃了一次亏，多少年来还忘不下，当个包袱背着。被人骂一句，经年难忘，人家骂一句走了，他等于天天挨骂。诸如此类，在在处处，举不胜举。

还有我们看人看事，看到好的高兴，看到不好的不高兴。不高兴倒也罢了，却把别人的不好装在自己心里。逢人便讲，谁谁不是东西，谁谁素质低下，谁谁气量狭窄，谁谁贪心太重……总之是把别人的脏的臭的背在自己的香囊里，自己的香囊不会被熏臭了么？干吗替人家背这些，人家说不定一旦知臭早就抛弃了呢，而你还替他保管着，不肯撒手。

那些不好的东西是不是毒品？整天装在自己心里，是不是吸毒？你若说不是，那是什么？

还要看人家曼德拉。曼德拉坐了27年的监狱，受尽了非人的折磨。1991年曼德拉当选南非总统后，就职典礼上，他的一个举动令世界震动。仪式开始后，他起身致辞欢迎嘉宾。在他介绍完各国政要之后，他说，接待这么多尊贵的客人虽然使他很高兴，但是更令他高兴的是，他当年被关在罗本岛监狱时，看守他的三名狱方人员也被请到了现场。曼德拉在介绍了这三名人员之后，向这三人躬身致敬。

曼德拉解释道，自己年轻时性子很急，正是在狱中学会了控制情绪。牢狱岁月使他学会了如何处理自己遭遇到的苦难。他说，感恩与宽容经常是源自痛苦与磨难的，必须以极大的毅力来磨炼。

他说："当我走出囚室、迈出通往自由的监狱大门时，我已经清楚——自己若不能把悲痛与怨恨抛在身后，那么我其实仍在狱中。"

曼德拉是个不让毒品沾身的人。

# 露　珠

河北有一位在别人眼中很另类的农民，一直默默无闻，近年来渐有对他的报道。中央电视台十套的《讲述》曾拍摄过他，我报社的朋友祁胜勇记者也曾多次采访他。记者深受感动，每次回来都跟我讲述他的事迹。记者想写一部书，但主人公不同意。这个人叫安金磊。

安金磊本是一名中专生，学农的。毕业之后，他没有在城里找工作，而是回了枣强老家，把没人种的50亩荒地承包了。种地不稀奇，稀奇的是他种地的方式与众不同。他不施化肥，不打农药，也不使用大的机器。他一天到晚就待在地里，使自己也像一棵庄稼。他与他的妻子，安安稳稳劳作，从不企求什么多余的东西。由于不用农药，绿油油的稼禾之中，好多好多各种各样的虫儿，各种各样的虫儿发出各种各样的叫声：从天上飞鸟，到地下蚯蚓，中间一层层的是刺猬、鹌鹑、蛇、仓鼠、青蛙、蚂蚁、蝼蛄、蜥蜴、蜘蛛、金龟子、蚂蚱、蝈蝈、蜜蜂、蝴蝶、蜻蜓等等等等，应有尽有，组成了一个生机勃勃、万类自由的世界。即便是地里的野草，他也不一定锄净，他怕庄稼孤单。他把整个大地当成了一个有机的整体，加以保护和润泽。他把地里所有看成是自己的朋友，真心为它们想。他甚至不在地里打手机，怕有辐射，庄稼会有不舒服。参观的人来了，他先进地，然后生人再进。这样对庄稼来说没有陌生感，免得庄稼受到惊悚。

他还种了五亩地的谷子，专门用来喂麻雀。当漫天麻雀飞来时，安金磊却感叹道："它们真不容易，飞这么老远来吃顿早餐！"

人们最大的疑问是：他不打农药不上化肥，庄稼不生虫么？粮食不减产么？

事实是，安金磊这里的亩产与众人持平，不相上下。不错，庄稼会生虫子，会对庄稼造成一定伤害，不过不会太严重。为什么？因为有天敌。自然中有天然的生物链，不用管它，它们会保持相对平衡。即便减产一些，不打农药，投入会减少。再者还有更深一层，农作物无毒无害，质量优良，这是花钱买不来的。安金磊地里所产的棉花，纤维质量好，别人一斤卖三块，他能卖到四块五。他地里所产的粮食、蔬菜，纯净无染，无论品质还是口味，都是最好的。

不上化肥，也是为了保持土地活力，提高粮食品质。不上化肥的结果，可能会减产一些，但安金磊不把眼光只盯在眼前的产量上，他有一笔账算，说不仅看当年单产，而应该在更长的一时段内来比量。上化肥者，产量高是高了，但投入大了，土地板结了，地质减退了，从长远看，得到的和失去的可以抵消，甚至得不偿失。

真的是得不偿失啊。

我们每天餐桌上的饭菜，有哪几样是让人放心的呢？菜是打过农药的，粮食是打过农药的，肉、蛋是喂过添加剂甚至激素的，牛奶担心有三聚氰胺……人们因长期食用有毒有害的食品而得各种疾病，所付出的代价是多出的产量能抵消的么？

自己给自己添加毒汁毒液，只有人类才这样吧？人是傻呢还是聪明？就为了一点眼前利益，而置长远利益于不顾，真的是饮鸩止渴啊。

人就怕短视，人一短视，就把自己害了。不但把自己害了，还顺带着把其他生灵害了。比如我们打农药，杀死多少生命啊！每个生命都是我们的朋友，每个生命都跟我们是共同体，一损俱损，一荣俱荣。不要说益虫害虫，所有的虫都有益，只是有的直接有的间接就是了。比如蝎子，应该说是害虫吧，但是它还是一味能够治病的药材。苍蝇不好，专食脏东西，能够带来病菌传染疾病。但是，我们应该想一想，所有的垃圾所有的脏东西，有多少是苍蝇制造的呢？苍蝇不过是在我们人类制造的垃圾上很可怜的吸食点残渣剩液而已。若不是人类，苍蝇说不定没这么脏。

还有一问，既然安金磊不打农药不上化肥而状况还不错，为什么别人不这样做？

别人懒啊。打农药上化肥其实是省事的，生虫了，打一遍药，长草了，打一遍药，剩余时间坐在阴凉里打打小牌、说说闲话。既然发明了这个，农民们就用。知道有毒，但为什么要用呢？我不用，他用。再者说，发明这个不就是为了用么？若不发明这个，想用还没有呢。几千年来，农民都种地，没有化肥没有农药，也照样过来了。有了化肥有了农药，一开始不想用，还被认为保守、不讲科学。现在都知道这东西不好了，知道了其实已经晚了，想遏止也遏止不了了。的确省时、省事。至于别的虫儿，它死它活，与我何干？

当然不能怪农民，农民永远是弱者，永远是出力最多，得益最少。农民这样做，能见眼前利。农民不这样做，连眼前利也见不到。一切都怨不得农民。农民的一切短视，都不是农民自己造成的。

相对于其他农民，安金磊一年四季在地里劳作。他仍在用牛耕地，用小拉车运送肥料及粮食。他没有闲过一霎。他的心安闲如牛，他的人勤奋如牛，他与万物相交相知，万物与之相拥相护。他每天静听天籁地籁，蛩鸣鸟唱，蛇走蚁行，都能使之沉醉。他每天无休止地劳作，似乎没有功利目的，劳作本身便是目的，因此他不慌、不忙、不急、不促，因而也不累。他是一株行走的庄稼，一株劳作的树。他无所用心，亦无所不用心，就这样本然如地，默默奉献。

他的当年的同学，在城里工作，生活不错，收入不错，但仍感到压力很大，烦恼很多。他们当中有的人喜欢来安金磊这里，在这里身心可以得到放松。他们很羡慕安金磊，觉得他很自在。安金磊清心寡欲，自满自足，不暇外求。吃饭是香的，睡觉是甜的，身体是好的，心灵是安闲的，除此之外，人还需要什么呢？

有人问安金磊，人怎样才能幸福？

安金磊坐在地边，背后是无边的青翠。他指着满地的小草说："你看这满地的小草，一根小草上一颗露珠，谁也不多，谁也不少。"

安金磊不多话，但仅仅这些也足够了。

人也如草，天以甘露饲之。既然生之为人，不可能没饭吃。有的人之所以没饭吃，是不满足于已经有的，心不踏实，因而不愿意承认现实，不甘心从小事做起，从艰苦处做起，不是过高估计自己，就是过高估计眼前困难，从而高不成低不就。小草上也有没露珠的，不是天没给它，是它自己抖动的结果。

我认识一个也是姓安的河南人，他在石家庄某街头修自行车。修自行车这件事，好多人瞧不上眼，的确，这是个很累人、很微利的事。夏日炎炎，我见他汗流浃背；冬日严严，别人都伸不出手，他依然赤手劳作。他出工很早，收工很晚。他不贪财，小活儿从来不要钱，摆一摆手"走吧"，声情都很潇洒。他像安金磊对待庄稼一样，对待各样的自行车，像医生治病一样治自行车的各种毛病。他为自己这点手艺自豪，虽然这手艺在别人眼里也许算不得什么。他不以挣钱为目的，却也挣了钱。他这里回头客特多。他越是不多要钱，人们越不少给。

有一天，我问到他的生活，他说，他已经自己买房子了，两居室，三口人，够住了。而且，他说，他买了两套房子，有一套是给他弟弟的。他弟弟最近才来石家庄，做一点小生意，刚刚结了婚。"他刚来，我得帮他呀。"安师傅说这话时，满脸含笑。

这是什么？这是本分人做本分事。

自己能做什么就做什么，有在高山上的，就有在低谷中的。有人说，高山上的树与低谷中的树不平等。的确是这样，高山上的树与白云相接，万人仰目；而低谷中的树，默默无闻，无人知晓。这还罢了，还有更严重的呢。高山上的小草，似乎比山谷中的大树还要显耀，更别说低谷中的小草了。可是，有一点大家可能不知，有高有低只是表面现象，其实高低之别，不在地位上，不在职业上，不在贫富上，而是在心灵上。论地位，安金磊最低，论职业，安师傅最差，但是，你能说安金磊不高贵？你能说安师傅不富有？

有僧问师父："佛经上说，是法平等，无有高下。为什么南山那么高，北山那么低？"师父答："南山高，北山低。"这僧当下悟了。为什么呢？南山高，北山低，南山本来高，北山本来低，南山不以自己高，北山不以自己低，恰恰是我们的心以为南山高北山低，事物没分别，有分别的是我们自己这颗造作的心。

人类是一整体，人与自然是一整体，万事万物是一整体，离开谁都不行，所有的事物同等重要。

南山高，北山低，恰是"是法平等，无有高下"的最好表现。高者不高，低者不低，长者不长，短者不短，大者不大，小者不小，多者不多，少者不少。

就说鸟的腿。鹤胫长不是接的，凫腿短不是截的。鹤胫长是我们以为，对于鹤来说不长；凫腿短是我们以为，对于凫来说不短。大小多少，各得其所，哪里有分别？

我曾问安师傅："能不能做点别的？"他说："我这不是挺好？我没能上出学来，没别的本事，只有手脚还灵活，干这个不是挺好么？"

他这一问，问出来我的分别心。

人若能像安金磊或安师傅这样活着，无论在什么岗位上，都会很自在、很踏实、很幸福。幸福的内涵无他，心安则是。

如果心真的安定下来，着眼于当下，无论面对着什么，灾难也好，幸运也好，好也罢，坏也罢，不好不坏也罢，都不管它，只管着自己的一颗心，使之不浮不躁，不急不缓，则好是好，不好也是好了。

# 处长与头彩

我采访过的老丁，很坎坷的一个人，把老爹贩羊挣来的一点钱拿到城里来，开了一个时装店，从广州倒腾服装，每次坐火车觉都睡不囫囵，眼睛里常有眼屎。他以为别人能挣钱，他也能，因为他不比别人傻，还比别人勤奋。但是，服装店刚开张门前便修路，沙子水泥堆到店前，压路机来回轧时，就像轧在他的心上。房租已经交了，等着把路修好吧，那时路也宽了，人也多了，顾客说不定会挤破门。待路修好后，没过半个月，一声令下，路两侧门面房全部拆迁！他傻了，此次开店，血本无归。在以后的日子里，他靠借债度日，狼狈不堪。有时一天不吃饭，只把嘴对着自来水管喝一气凉水，有时一顿吃五个干馒头，撑时撑死，饿时饿死。曾在露天里搭一座帐篷，躺在地上数星星，觉得那些星星炒豆般可爱，只是不属于自己。他那时很恨，一恨自己落到如此地步；二恨自己没有一个好爹；三恨自己的妻子太势利眼，见他落魄后立即与他离婚；四恨所谓的好朋友们平时请他们吃饭时一个个好话说尽，现在跟他们借钱，却找不到的找不到，找到了的也是装傻充愣。还不错，有一个人答应借给钱，但先说利息。他听那朋友说话时一边错牙齿，一边在心里反复扇他耳光。最后有位上中学时的老师看他可怜，拿给他2000元钱，且不要他还。他连这老师一块恨。为什么？正因为这

2000 元钱，他上了赌场，想着赚点回来，果然赚到 5000 元钱，然后再去赌，直到有一天输得只剩下一条短裤，还欠账 3000 元。他想：都怪这老师，何必发此善心，害得我人不人鬼不鬼？

再到后来，遇到一个同样落魄的汉子，两个人相视一笑，遂成莫逆。他们俩开了个醪糟小店，没想到能赚钱，不过是蝇头小利。但一个蝇头加一个蝇头便是两个蝇头。这样两年，两个人有了点意思。那个人说，我看你能读会写，让你干这个有点委屈你，我有一个亲戚在某市作某官，你去他那里，定然不错。老丁果然就去了，也果然不错。凭他的才智和肯吃苦的精神，几年后，他做了副处长。这处长颇有权，能批条子，凭此批条便能得到稀有物资。这条子不好得，但越是不好得的东西，便越有人想得到。为了得到这条子，有的人就想邪的歪的，这些邪的歪的，没想到在老丁这里不管用。老丁就喜欢看别人求他时那眼神，他想这就算抵顶当年自己受委屈的账了。这些人为什么会这样低三下四来求他？老丁想明白了，因为这些稀有物资能挣到钱。说到底是一个钱字把人玩成了陀螺。老丁后来想，只许他们赚钱，就不许我也赚点儿？于是，再有人给他好处时，他就见好就收了。这个收不是收敛而是收受。这时他已经又娶妻生子，小日子过得有滋有味。他每日坐小车吃小灶，俨然赫然，优哉游哉。很快他有了三百万的外财，似乎做得很秘密，神不知鬼不觉。但是，不是不报，时辰不到。他买了一套房子，给未成年的儿子买的，豪华而安稳，闲着没人住。他的钱不敢存银行，心虚。有此闲房，正好可以放钱。钱就装在两个纸箱子里，很随意，就好比装旧杂志那样，亦很随意地放在卫生间，反正有好几道防盗锁，不用担心小偷。小偷即使进来，见四壁空空，也会反身即走。但是，有一天，卫生间漏水了，且漏得相当严重，楼下一家受不了了，几次敲门都没有人开，只有找到物业。物业也没有老丁的联系方式，最后只好打 110，让警察来开锁。警察来了，打开房门一看，屋里已是一片泽国，只有两个破纸箱子。即便仅这两只箱子，也得检查一下，看能不能捞出有用的东西。这一看，吃一惊，里头都是钱，崭新崭新的人民币，数了数，三百万。

就这样，老丁被绳之以法。

关在牢里之后，我曾采访他。

老丁说：我是个倒霉的人，倒霉的人别想过好。

老丁说：人家贪污的也有，坑蒙拐骗的也有，这个地方都来不了，偏偏我就来了。我是不该贪，我是活该，但是我想不明白，好好的水管怎么就漏了？

老丁说：这是天不容。

老丁说：盐从那儿咸醋从那儿酸，我知道。我的苦白受了，本来从苦里熬出来，应该刀枪不入才对。一开始我有这个警惕，心里真的踏实。可是，我没守住自己。原因很多，但最根本的，还是怪自己。当初没钱的时候，当时负债累累的时候，心里倒干净，心底生出来的是倔强和勇敢。有了权和钱后，心里反而虚了。找不到自己了。正是这些东西，把自己给杀死了。

老丁说对了，他的确是迷失了自我。当他知道迷失了自我的时候，自我就又悄悄回到了他的身边。亡羊归家，虽然晚，也比不归家好。

世上老丁这样的人不少，但像老丁这样觉悟的人不多。他们已经迷失过久，已经把他乡当成故乡，因此死后也不知家在何处，连鬼窟也没有，只能做游魂。还有一些正在侥幸中的老丁们，被权被钱紧紧捆着灵魂，把权把钱当成了他们自己，觉得这才是生命价值的体现，“不知有汉，无论魏晋”，在这里得意洋洋，殊不知活着时就已经死了。

人应该怎么活着才对呢？穷对么？穷不对。富对么？富也不对。这样以贫富论人生，本身就错了。人活着穷就穷着，富就富着，贫富只是外在表现，而内在质量不在贫富上。有人看不起穷人，但那跟穷人没关系；有人巴结富人，那跟富人也没关系。是那人错了。

富人看不起穷人，说明此富人不富；穷人巴结富人，说明此穷人真是穷。穷和富，不能说明任何问题，好比梧桐，根深叶茂，能引得凤凰来栖，但是，到了冬季落得不剩一叶，你不能以此论定梧桐不是梧桐。穷和富，是人生流动着的一个表现，有时富，好比植物开花，有时穷，好比植物没开花。开花不开花，有好多因素，不能把活的事物看死。

当年，梁漱溟先生到延安见毛泽东，就试图说明这个道理。自古以来，中国汉地没有鲜明的阶级，没有奴隶主和奴隶的定性，穷和富只是活性的存在，好比中国八卦中的阴阳鱼，是相互旋转着的，阴阳互化，没有一定。的确有地主和长工，但富不过三代，穷也穷不过三代，月圆则缺，日中则偏，是相互转化的。其贫富程度和消长期限并不一定，这都要看各种因素的参与和制约。梁先生还引用了一首古诗："朝为田舍郎，暮登天子堂。将相本无种，男儿当自强。"毛泽东没有听梁先生的，但毛泽东本人其实也是"朝为田舍郎，暮登天子堂"当代真实版的活生生演示。

老丁穷时，恰是富时；老丁富时，恰是穷时。外在穷不是穷，内在穷才是真穷；外在富不是富，内在富才是真富。

人穷不能有穷心态，人富不能有奢侈心。

人的心态太重要了。

乞丐无钱，但不一定没有同情心和慈悲感。在网上看过一幅照片，一位讨要的老奶奶正在把一张钱投给另一个残疾乞丐，此情此景很让人感动。相对于旁若无人的过路者，这乞丐才是真的富豪。去年汶川地震，在南京不也发生了乞丐为灾区儿童捐钱的事？大概是捐了几百块钱，钱不多，却是裸捐啊。无数网友为之赞叹。

当年上海有一个乞丐，每天拿着一个破篮子讨要。这天，他讨到两块钱，一高兴，遂买了一张彩票，没想到中了头彩500万元大奖。500万对谁都是大数，有了这500万就真的翻身作富豪了。这乞丐得知彩主真的是他时，一夜未眠。他想大概他这是最后一次露宿街头了，灯红酒绿原来与他无缘，但从今往后他肯定就是那里的常客了。他想象着买一套甚至几套什么样的房子，买一辆或者几辆什么样的车子，讨一房甚至几房什么样的老婆，生一个或几个什么样的儿女，总之都是豪华梦，一夜没睡好。第二天，他去领取属于他的奖金，街上走着，可谓一路高歌，神采飞扬，有谁知这个遍身泥垢的乞丐已经是一个准百万富翁了呢？他扭着身子走着，走到了黄埔大桥上，过了江不远就是他要去的地方，身份认定后他就是百万富翁。太阳将他的影子长长地拉到江面上，破篮子在他手上甩来甩去。忽然之间他想到，他这就是百万富翁了，可自己还拎着个破要饭篮子招摇过市，在原来是必须的，但现在已经不合时宜，因此他随手一扬，那破篮子像苍鹰那样冲上高空，尔后落到滚动着的江面上。他哈哈大笑，笑人生种种譬如昨日死，笑人生种种譬如今日生。笑过之后，突然大吼一声，跳起来，然后狠狠摔在桥面上。为什么呢？他的那张彩票，在破篮子的缝隙里夹着呢！他号啕几声后，若然有失，回身往回走，手里连那个破篮子也没了。

这故事不一定是真的，但理是真的。

人在穷困时用不着把握自己，因为四面是墙，你想跳也跳不出圈。人到了得意之时，倒真的要好好把握自己，让一颗心妥帖下来，因为此时你在高处，四面没有栏杆，而自己偏愿意在此境界中跳跃，像孔雀开屏那样显示一番，这就难免像鸡蛋跳舞那样，壳碎黄流。人为什么会这样？应该这样问，为什么有的人会这样？因为人本来就活在局限中，如果心灵不能突破局限，就会在自己给自己垒的小圈子里自我感觉良好，觉得自己果然了得，胳膊想抬多高就抬多高，嘴想说什么就说什么，以为自己真的是主宰，不但能够主宰自己还能主宰别人，这世界是为自己准备的，这是大错觉，但人很喜欢这种错觉，于是就在错觉中颠倒了自己。

因此人倒霉，尤其是得意后的倒霉，不要找客观原因，没有客观原因，原因全在主观这里，都是自己挖坑自己埋。

# 得与失

人生好复杂，好热闹，好曲折，其实冷下来想，倒也很简单，简单到像一加一。不就是个得与失么？我们每天忙来忙去不都是在得与失之间做选择么？得，我们就高兴；失，我们就不高兴。如果就一个毛毛虫，他得了，我没得，我就有满腹的怨尤；如果我得了，他没得，我就得意，很放肆地翘脚趾。如果那个人没得着毛毛虫，而是得了一只棕色熊，那么这只本来可以使人很高兴的毛毛虫立即就变得让人窝心，心想他为什么得个棕色熊，而我只能得个毛毛虫？人就是这样在比较中活着，活出好多的烦恼。你可能说，也有快乐和得意，但是，我告诉你，所有的得意和快乐都是以烦恼为底色的。因为你得了棕色熊了，马上就有一个泰国象来骚扰你的心。即便该得了你都得了，但不该得的肯定你也得了，比如疾病，比如别人的怨恨，比如你的衰老，比如你的越来越近的死亡。这些你逃脱不了，你逃脱不了这个，就不会逃离烦恼。人生的专卖店里都是买一赠一的，得这个，也必然得搭上点那个。不是谁搭给你，是你自己要搭。

就为了得到什么，付出多少？有不眠之夜，有无味之餐；不该说的话要说，不该吃的饭要吃，不该干的活要干。因此得不到时就怪不得委屈了。得不到本身就亏了，偏要再得个委屈与生气。有的人气性大，一气就气成心脏病，或者什么病，没得着那个，得了个这个。还有一下子死了的，连死都不怕，却怕失去那点什么。人就这样糊涂着活着，活得有滋有味，活得死去活来。

我的一个熟人，就因为职称没评上，找我来诉苦。我说算了，他一听立即把气转移到我这里来了，恨不能张口把我吃掉。他说你说得倒轻巧，就这么算了，我不太窝囊了么？我不太挨欺负了么？我不太被人小瞧了么？凭什么我就算了？我是哪里做得不好？我有哪点不合格？他们不公，他们偏袒，他们肯定吃了某某的好处，才这样对我的。由此，他不但恨评委，还恨评上职称的那些人，似乎都对他不起，包括我这个劝他算了的，也等于是在合伙欺负他。

这个人生了大气，半年之后到医院一查，查出肝癌。于是班不能上了，把医院当成了家，整日化疗、吃药，结果总不见好，后来又吃偏方，这些偏方不能报销，于是他花尽了多年积蓄，又跟亲戚借了好多债。这样维持了两年，最后还是死了。

我曾到医院看他，他先是流泪，然后说：那帮人太不是东西了。

人就可以傻到这样，别人气了他一次，他天天气自己，直气到死。

在他死后的追悼会上，我遇到了他所恨之入骨的职称评委王主任。王主任欷歔再三，说很好的一个人，不想得了这种病。我婉转问到评职称的事，王主任说："我知道他对此事有意见，我曾几次找他，想把事情说开，但他根本不理。那是怎么一回事呢？他样样好，但他的论文发表的级别不够，在这儿卡壳了。我也为他抱憾，为此我还专门找了我在北京的一个朋友，要他帮忙，在国家级的刊物上给他发一篇论文。这次不行，不是还有下次呢么？但是他不容你说话，见了我跟见了仇人似的。"

即便不像这位王主任说的这样，也不该生气。职称重要，但再重要能重要过生命？连命都不要了，还要职称干什么？职称算个什么？职位算个什么？所有的身外之物都算个什么？人就这样，什么都要，就是不要命。当然都不是这么认为的，但好多人却是这么干的。

得了，失了。得了个什么？得了个带不走的。失了个什么？失了个唤不来的。

吉凶祸福，哪里有？一切都看你怎么对待。凶事来了，心灵一转，把它看成是上苍对自己的格外看顾，灾难生智慧，烦恼是菩提，正是苦难把人锻炼成熟。这么一想庆贺都来不及，哪里还有怨恨？好事来了，如果没把握住自己，则转眼成祸。因此好事来时，更应警惕。

福和祸，都没在别处。

# 天使和稻草

天使我们没见过，但稻草肯定见过。天使与稻草一在天上一在地下，却都与我们人有关系。弄得好，我们就是天使；弄不好，我们就成稻草。

有一只骆驼被稻草压死了，这不是笑话，是真的。虽然骆驼能负重，稻草又轻，但就怕所有的稻草都这么想，这么大的骆驼，还怕多我这一根？

在骆驼被压死的那天，有一个天使来到人间。不是。天使不是来到人间，天使本来就在人间。天使本来就没走开过，只是我们见不到。我们见不到，不等于没有。因为天使会变化，说不定你的邻居就是天使变化的。天使来人间是来做好事的，因此也可以说，凡是做好事的都是天使。换句话说：好人即天使。好人为什么是天使？因为好人的行为合乎天意。我们是好人，那么我们是天使么？是。你是，我是，他也是，谁做了有利于人的事谁就是天使。天使是相互的，你帮我时，你是天使，我帮你时，我是天使。都有个帮人和被帮，因此可以互称天使。

放下稻草的事不说，先说天使。

电视上看到一个故事，便是天使的事。

当年刘邓大军在河南新蔡河坞村紧急撤退时，24 岁的卫生员胡浩生被流弹击中。村民李梅氏冒着枪林弹雨，把他抢回家。经过精心护理，胡伤好归队。

不久，李梅氏的丈夫死了，李梅氏与一个痴呆儿子相依为命。

胡浩生知道了这个情况后，毅然转业到了这个地方，在新蔡县医院找到一份工作。这里离李梅氏的家十几公里，他时常回来照看老人及傻弟弟。胡浩生在新蔡娶妻生子。1969 年，大女儿胡素梅在县卫生学校毕业，听从父亲之命，到河坞村插队落户，为的也是照顾年迈的李梅氏奶奶和傻叔叔。

几年后，胡素梅和一个身在新疆的人结婚。新婚之夜，她跟丈夫商量好，等八旬开外的李梅氏过世后，再去新疆。12 年之后，第三个孩子都出生了，但去新疆的事情却难以落实，因为李梅氏越来越硬朗。丈夫等不及，与胡素梅离婚了。后来父亲胡浩生也故去了，胡素梅照顾李梅氏和傻叔叔更加细心。老人生了一场大病，此后大小便失禁。胡素梅为老人做了 6 套棉衣和 30 条小褥子，老人床上的棉褥、床单、毛毯、海绵等，一共铺了 7 层，生怕她受一点屈。好像要故意考验这个素不相识的胡素梅一样，老太太李梅氏活到 111 岁，2006 年初去世。她这一生真是漫长啊。胡素梅照顾李梅氏 38 年，她自己也老了，孩子们都大了，有的在外地。他们多次要妈妈跟他们一段时间，但那个 70 多岁的痴呆叔叔谁来管？因此她不敢答应。经不住儿子催，她想试着离开几天，就给傻叔叔买下许多熟食，放在伸手可拿的地方。在儿子那里住了不到三天，胡素梅就赶回了河坞村。胡素梅看到的是满地的方便面袋子和脏乱不堪的家。傻叔叔见她回来，咧开嘴笑了。从此胡素梅走到哪里，傻叔叔就跟到哪里，他怕她再次离开。胡素梅发誓，直到他死，再也不离开傻叔叔了。

谁是天使？李梅氏是，胡浩生是，胡素梅更是。甚至连那个傻叔叔也是，在他的内心深处，定然深深爱着这个整天照顾他的人，他只是不会表达而已。

谁也不认识谁，一个是农村妇女，一个是解放军战士。如果她不背他下来，这故事就没了。如果他离开后不再回来，这故事也没了。如果女儿不听他的话，不来这里插队，这故事没这么长、这么复杂。滴水之恩，当涌泉相报，何况是救命之恩！胡浩生懂这个，每个人都应该懂这个，这是做人的根本。

胡浩生本有个不错的前途，曾经血染沙场，又已经身置都城，好歹混混也错不了。好多人要的不就是这个么？住房、职位、金钱、家庭，但在胡浩生这里，这一切都不重要，重要的是做人。如果没有那个素不相识的李梅氏，他连人也做不成。更有个胡素梅，把她爹的感恩情怀继承了下来。父债子还，这不是一般的债，是命债。这不是债，是情，是救命之情。爹死，儿代。爹还没死，儿就已经代了，且做得比爹还好。这遗传基因真宝贵。

胡浩生父女两代，为众人演绎了一场感恩戏：恩就该这样报，人就该这样做。

想胡浩生死时，心里有多踏实，有多自豪！他算是个真有后的。不孝有三，无后为大。这个后是后代的后，更是后来精神的后。若生个不肖之子，算是有后？算是无后？哪如无后！

说到天使，天使真的来了。

一位天使来到人间，验看人的感恩之心。天使化成一个人，在人间行走。他先遇到了一个全身溃烂的麻风病患者，并运用法力，使麻风病患者一下子痊愈。麻风病人不知如何感谢才好。天使说：我不要你感谢，只希望你能够帮助病痛之人。那人答应了。

天使又遇到一个正在乞讨的盲人，并把盲人的眼睛治好了。天使同样不要这个人的感谢，只要他用同情心，尽力帮助别人。这个人也答应了。

天使又遇到一个跛足的人，同样也把他的病治好了。天使又告诉这个人，既然已经健全，就该真心帮助别人。这个人也答应了。

几年之后，天使再来，看看这几个人有何表现。

天使把自己变化成了一个麻风病人，走到原先那个麻风病人跟前，伸手乞讨。原先那个麻风病人避之唯恐不及，口出恶言说："讨厌，滚一边去！"

天使化成一个盲人，来敲原来盲人家的门。门开后，原来的盲人一看门外站着一个盲人，立即变得不耐烦起来，说："你瞎敲什么？从哪里来的这么一个瞎子！"

天使化成一个跛足者，一拐一瘸朝着原来跛足者走去。那个跛足者，忙跑过来，紧紧搀着天使，说："我原来也是一个跛子，是一个好心人帮我治好了。走，到我家去吧，我来帮你！"

人间的事真让天使伤心，竟然这么多人忘恩负义，还好跛子没有忘记天使的嘱咐，在真心真意地帮助有难处的人。

佛讲同体大悲，万物一体，同存共住，相互依赖，相互圆融，往往是你中有我，我中有你。你的腿伤了，我的腿便短了；你得感冒了，也等于我伤风了。这么说你不理解，但你看看现在的生存环境。我们在山上伐几根木头，应该无伤大雅，但都这么想，便有麻烦。你开一辆车，我开一辆车，大家都没多开，但街上的汽车尾气却多了。这家买来一辆车，那家死了一个人，别说这事没关系，如果仔细地推导，说不定就紧紧联在一起。

他有难时我帮他，到我有难时他也会来帮我，如果人人这样想，这样做，这社会会有多温馨，会有多和谐。这温馨和和谐不是天使给的，是自己创造的。怎么创造，从自己开始做就是了。不要怪别人，自己先做起来。大家都不怪别人，大家都做，这事就成了。

轮到说稻草的事了。

稻草把骆驼压死了。一根稻草压不死骆驼，一千根稻草也压不死骆驼，但无数根稻草便可压死骆驼。骆驼被压死后，你说不清是哪一根稻草压死的骆驼，你也说不清哪根稻草没有压死骆驼。表面看，哪根稻草都没责任，仔细想，哪根稻草都脱不了干系。

谁也不要做那根以为没关系的稻草！

谁都应该来做天使！

# 说话与念佛

我们每天都在做事，都很忙碌，但做事与做事不同。不待我说完，你就会拦住我，说，当然不同，小偷做的事与总经理做的事肯定不同。先别这么说，如果你的总经理在琢磨怎么漏税之事，那可能比小偷还坏。小偷偷一个钱，总经理偷百个钱；小偷知道自己是坏人，因而害怕；而总经理不知道自己是坏人，于是大胆。

有一个小偷，半夜进入室内，却发现一个婴儿就要爬出窗外。他想都没想，立即把孩子抱回床上。这小偷也有很可爱的一面。

一个总经理，灯红酒绿之后，到不该去的地方去开房，做那不该做的苟且之事。这总经理有很龌龊的一面。

人是个多面体。

因此，做事有高尚的事，也有低贱的事；有该做的事，有不该做的事。

还是佛教里那句话说得好：勿以恶小而为之，勿以善小而不为。

什么是佛教？“众恶莫做，众善奉行，自净其意，是诸佛教。”

自净其意，这是佛教的本意。

自净其意从哪里下手？就从众恶莫做，众善奉行处下手。

那么什么是善？什么是恶？世界上的事错综复杂，根根蔓蔓纠结在一起，有时很难分清善与恶。

在街上看到一个男人打一个孩子，打得哇哇哭。后来知道这孩子在地上挖了一口陷阱，专陷过往行人，打他的人是他的父亲。你说这父亲是在做善事，还是在做恶事？

一个人回家晚了，骑车到村头，看到另一个人的拖拉机坏了，黑灯瞎火地鼓捣不着。他问了问情况，凑过去三下五除二给修好了。那人谢他，他很有成就感。回到家之后，才发现自己家的农用车丢了，刚才他帮着修的那辆车就是自家的。你说这是在做善事，还是做恶事？

婆媳交恶，儿媳妇想把婆婆毒死，她找到医生说了自己的想法。医生说："这事包在我身上！我给你配一种药，是一种慢性中毒的药，吃起来也不难吃，需要三个月的时间。不过，你得装作非常孝敬的样子给她吃，不然的话被她看出来就麻烦了。"

这儿媳照计而行，每天哄着婆婆，给他熬汤喝。

一个月后，儿媳找到医生，说："求求您了，给我开一剂解毒的药吧，我不想毒死我婆婆了。"医生问："为什么？"儿媳说："我发现我婆婆其实很好，而且越来越好，天底下没有比她更好的婆婆了。她也不恶语对我了，又勤快，又疼人。求您救救她吧。"

医生笑了，说："我给你的本来就不是毒药，而是一种只有好处没有坏处的营养汤。"

儿媳问："为什么？你不是开的毒药么？"

医生说："其实婆媳之间，很难说清谁对谁错，是双方的事。你换了一个态度对她，她也会换一个态度对你。我让你哄她，就是让你先把自己的态度改变一下。你看，你变了，她也变了。"

这医生真是高明。他知道婆媳交恶定然是彼此缺乏爱心所致，于是他开出一剂爱心汤。哪怕你是假装出来的，也会引发出对方的真爱。对方一真，你也就假不下去了。

这儿媳恶不恶？这医生善不善？

这是以善引出善来的。还有以恶引恶的。

一天晚上，大夫夷射陪齐王饮酒，半醉时，对齐王说：“臣暂时离开一会儿。”夷射提着把酒壶，到后花园廊厦下放风醒酒。一个看门人见了，对夷射说：“大人，把您的酒赐给小人一口吧。”夷射鄙夷道：“像你这样的下贱之人，竟还敢来讨酒喝？滚开！”

看门好羞好恼，他退下之后，待夷射离开，就在廊柱下故意洒了些水。

翌日清晨，齐王路过这里，看到一片湿，责问看门人：“是谁如此放肆，竟敢在此小解！”

看门人说：“禀告大王，小人实在不知，不过昨晚看到夷射大人在此站立……”

齐王大怒，下令将夷射处死。

先有夷射之恶，遂有看门人之恶。

也有比这还复杂的。的确，世界上的事，大大小小，枝枝蔓蔓，在一起纠结着，很难捋清谁是谁非，谁善谁恶。其实，说复杂的确复杂，说简单也颇简单。只看出发点就够了。出发点是善意的，则是善的；出发点是恶意的，则是恶的。为什么娘打儿子是善而不是恶？因为是因爱而打。若是因恨而打，或即便因恨而哄，因恨而屈意奉承、迁就等等的，那也是恶。不见荆轲先献樊於期人头后献督亢地图？那都不是荆轲的本意。

在石家庄真际禅林，客堂里贴着一纸条，上面写着：少说一句话，多念一声佛。这句话就非常有意思。因为这里是清静道场，不该有世间的嘈杂。到这里来的人都是安心来的，以清静为念。可是，为什么还要有此提醒，因为也确有人禁不住要说话。

禅堂里的念佛与说话，更多指的是心里的念头。念佛与说话，都是念头所使，难道有什么不同么？当然不同，跟做善事恶事相似，出发点不一样，效果也不一样。念佛是在收束内心，使之得到净滤，心是反观内省的；而说话，则是心在分辨，无非是人我是非，说东说西，精神是外驰的。

由此看来，善恶好坏，没在别处，而在自己这里。

做善事，说善语，自然结善缘，结善缘就像是李梅氏与胡素梅；做恶事，发恶声，自然结恶缘，结恶缘就像夷射与看门人。

世界是一张网，这张网很大，时空全在里头，但其中心却是在自己内心深处。过去未来，东南西北，都由自己这里生发开去，与自己瓜葛相连，好的坏的不好不坏的，都源于自己当初的那一念。

到了这里，我们也许就懂得了什么叫一尘飞而翳天、一芥堕而覆地。

# 推车与咬鼻子

其实，人活着是个极其简单的事情，只是人自己把事情弄复杂了。我老家有一个人织布，这个人脾气不大好，有时断了一根线头，接了两接没接上，心里就躁了。心里一躁，不管三七二十一，猛蹬织布机。你不是断头么，我就让你断！“咔嚓！咔嚓！”几下子，百根千根全断了。全断了怎么办？还得他自己接。他得待心情好起来后，静下心来一根一根接。一根线头不愿接，却愿接百根千根。别笑他，你也是这样，我们都这样。

我们谁都有脾气躁、心气浮的时候，事情就是在这时候弄糟的。

我们把事情弄糟了，到时候，我们可能还要怪别人。

为什么躁呢？人和心没在一处时就躁。比如那织布者，是心里先乱，才有线断；线断之后，心就更乱了；心里乱成一团的时候，那线就全断了。

因此，你别想着在自己心里乱的时候什么事都好好的，没有这样的事。为什么？因为你这个人和那个事是一回事，你不能把自己从里头脱出来，更不能看着那事自己向前发展。

一个画家让我看他的画，我不懂。虽然我不懂，我也知道他哪幅画好，哪幅画不那么好。好不好怎么看呢？看他那心与画之间的距离。他用真心画的，自然流露出来的，功利目的不明显的，就好；

他用妄心画的，带有很大的功利性，自己都不见得喜欢，这样的画怎么会好呢？

小时候，我娘做饭，我妹妹拉风匣。我妹妹拉风匣时经常偷着看书，虽然我娘没看到我妹妹看书，但也知道她看书了。我娘说："你又看书！"我妹妹很诧异，以为我娘能隔墙透视。其实我妹妹不懂，拉风匣用不用心，火苗会说话。我娘是通过锅里的状况知道的。

天下事，瞒得了谁，也瞒不了自己；瞒得了自己，也瞒不了心。

这是说的用心不用心。还有一种情形，用心用得不是地方。

不用心不行，用心用得不是地方更不行。

一帮农民工在城里修路。休息的时候，一个老者对一个小伙子说："我把一个东西放在车上推过去，你不一定能推回来。"小伙子听了，微微一笑，心想：我这么年轻，比你利索，比你力气大，你能推过去，我就不能推回来？于是他说："我肯定能推回来！"

这老者招呼了几个年轻人过来，示意他们把这个小伙子捆上，然后把他放到一辆车上，老者很轻松地就把车推到墙根，他问小伙子："你能推回来么？"

小伙子愣了。他不能把自己推回去。

就像人们经常说的，人不能拔着自己的头发离开地球。

道理是知道的，但是人偏偏就是这么干的。

不信么？

人总是想发财，总想着前途辉煌，生活美满，于是就要创一份事业。创事业没错，错在用心不当。他把目标锁定之后，同时也把心锁在目标那儿了。因此决心大，胆气豪，我就是要怎样，不怎样，我就怎样。结果往往是，他要的怎样没怎样，不想要的怎样却怎样了，而他说的我就要怎样也没怎样。虽说都没怎样了，但是人老了，身心憔悴了，连想怎样也没精力想了。好多好多人就这样抱憾终生，死到临头也没闹明白是怎么回事。

为什么心也操了，劲也费了，该做的都做了，还是达不到预期效果呢？

人不是常说人应有志么？不怎样就怎样，难道不是志向么？这志向难道不坚定么？

这真是错会了立志的意思。

立志是什么呢？立志是发心，在心里发一个大的愿望。愿望能不能实现，有一个前提，就是看你是不是把自己装在了里面。如果你把自己装在了里面，那就像那小伙子一样，自己把自己困住了。

上世纪50年代我们就是这么干的，总路线、大跃进、人民公社，十五年超英赶美，共产主义就在眼前，什么都是硬指标。粮食不够，全民大办粮食，土地深翻，秧苗密植。土地深翻三尺，密植一亩地播500斤种子。钢铁不够，全民大炼钢铁，人人上山伐木，村村盘炉生火。结果怎么样呢？全民三年没饭吃，地狱遍是饿魂。

由于没有把目标放在前边，而是放在了脚下，这个目标晃了人的眼，于是脚步就乱了；乱了还以为没乱，这就更乱了。愿望在前边，而心应该放在脚下。目标看一眼就够了，脚下却要一步步踩到实地上。

你看地藏菩萨怎么立志的：地狱不空誓不成佛。他要一个一个地不厌其烦地知其不可而为之地来救度堕落在地狱的众生。你看普贤菩萨是怎么立志的：发十种大愿，度尽众生烦恼。虚空界尽，众生界尽，众生业尽，众生烦恼尽，我愿乃尽。你看王进喜是怎么立志的：宁可少活二十年，拼命也要拿下大油田。你看我中学的一位老师是怎么立志的：我无儿无女，但是所有的学生都是我的儿女，我不能亏待他们。

他们都是推车人，而不是先把自己装到车里。

私心一动，就最容易把自己装进去。

有个老木匠准备退休，他告诉老板，说要离开建筑行业，回家与妻子儿女享受天伦之乐。老板舍不得他走，问他是否能帮忙再建一座房子。老木匠说可以。但是大家后来都看得出来，他的心已不在工作上，他用的是软料，出的是粗活。房子建好的时候，老板把大门的钥匙递给他。

“这是你的房子。”他说，“我送给你的礼物。”

这木匠震惊得目瞪口呆，羞愧得无地自容。他没想到是在给自己建房子，他在敷衍，结果得到了一幢粗制滥造的房子！

这是私心动的结果。

记得当年我在生产队，要派一个人跟车到保定去拉煤，说要给跟车的人每天一些补助费。跟车不是跟汽车火车，而是跟马车牛车，一去坐车，回来跟着，日夜兼程，风餐露宿，很辛苦的。我是生产队的记工员，商量这事时我也在场。有人说给三毛，有人说给五毛，有人说给八毛。我还是孩子，以为这事是轮不到我的。于是我就主张给三毛。商量到最后，决定给五毛，我想，五毛钱已经不少，可不能再多了。商量好钱数之后，队长对我说：“你去吧。”我立时傻了。我就这样把自己装进去了。

还要说一个已经说过好几遍的例子。老师出了一道题：用几根或无数根竹竿，围着地球圈一个圈，看谁能把圈圈到最大。当然这不是个实践的题，而是智力测验。有人说围着太平洋圈一个圈，有人说沿着赤道圈过去，老师都以为还不够大。这时一个同学说了，用几根竹竿围着自己圈一个最小的圈，然后宣布“我在圈外”。老师认定，这个圈是最大的了，除了自己之外，剩下的都在圈内了。

的确是这样，问题也就是这样简单。把自己除开之后，世界就大起来。如果反过来，只把自己圈住，这个圈也最小。大和小就可以这样转换。

有一个相声也是说这个的。逗哏的人说昨晚上不小心把自己的鼻子咬了。捧哏的人想，拿自己的嘴咬自己的鼻子不大可能，就问：“这怎么够得着，你是怎么咬的呀？”逗哏的人答：“我是蹬着凳子咬的。”笑料包袱在这里抖开。

别说蹬凳子，即使坐到飞机上也是咬不到的，也是因为有个自己在里头。

“不识庐山真面目，只缘身在此山中”，这是苏东坡居士参禅之后得出的结论。

明白人都明白了，糊涂人还糊涂着。

一位禅师告诉一位企业家：“你不是想发财么？但是你需要做的事恰恰不是这个。钟不自敲，你若是天天想着怎么发财，有一个非常明确的目标，这样的结果往往很惨。你看窗台上那盆扶桑了么？它若是天天想着开多大的花，开多好看的颜色，这花就开不成了。它天天做的不是这个，而只是默默地长着叶子，舒展着根茎。至于开花，那是很自然的事。关键是它是个什么花，就只好开什么花，扶桑就扶桑，红色就红色。它不能看着牡丹好就把自己开成牡丹，也不能看着梅花好就把自己开成梅花。它只能开成它自己。”

花都能做到的，我们人做不到。

我们人都愿意自己是牡丹，而不愿是枣花。可是，枣花如果总想着开成牡丹样，结果很有可能是连自己的枣花也开不成。

听过禅师的话，这位企业家对我说：“我知道我以前错在哪里了，我也知道现在怎么做了。”

我问他：“怎么做呢？”

他说：“禅师说了，有善根者，必发善芽，必得善果。无善根者，善根少者，快种善根。我得把自己的内在基因转化成牡丹呀，我连个花的基因都没有，还想着什么满园春色呢！”

我问：“具体的办法是？”

他说：“踏踏实实地，一点一滴地，心地开阔地，把眼前的事做好。”

我问：“要不要我替你搬个凳子，好早点咬到自己的鼻子？”

他说：“还是我把自己推过去吧。”

我们都笑起来。

# 地　狱

为什么我们会把自己装起来？因为我们只记着世界上有个我。有一个笑话是说两口子笨的。男人在院子里垒厕所，女人在屋里缝棉被。女人缝棉被时，不知翻过来，把自己缝在里头了。于是，她急喊丈夫来帮她。丈夫好恼，说："没见过你这么笨的，哪有做棉被不翻过的？若不是垒厕所没留门把自己圈在里头，我非狠狠揍你一顿不可！"

别笑他们，其实是在说我们。

只记着自己了，就忽略世界所有，这就叫一叶障目、不见泰山。

我们都被一个东西骗了，这个东西就叫"我"。

有多少造作假我而行，都是打着"我"的旗号。

从小孩子开始，见了别人的玩具，突然抢过来，而把自己的玩具，藏在一个箱子里，不给别人玩。

两个孩子争一个东西。这个说："我的！"那个说："我的！"

这个说："我看见的！"

那个说："我先看见的！"

于是打起来。

别说大人们不这样，大人们更这样。大人们利用各种计谋，变着各种花样，说着各种花言巧语，用着各种方式，双方或几方在争夺着一个东西。大人们打起架来，不用拳头巴掌，而是用飞机大炮，用核武器。战争，为争而战。流好多血，死好多人。

都是“我”在作怪。

好多笑话也是因自私而出。

老太太老了，儿女们不管，自己做饭。由于腿脚不利索，烧火时引燃了自己的衣服，救之不及，灼烧而死。到火葬场去火化，儿女与火葬场的工作人员有一番交涉。

儿女问：“火化交多少钱?”

工作人员说了价钱。

儿女问：“这么贵？能不能便宜点?”

工作人员说不能。

儿女说：“为什么不能？人都已经烧成这样了，自家烧的，省了你们好多的火呢!”

让人哭笑不得。

一个妇女从银行出来，手里捏着一个纸包。一辆摩托车在街道上飞驰而过，在经过妇女身边时，突然一把把妇女手上的纸包夺走。妇女一愣，随后哑然失笑。

那纸里包着的，是一摊狗屎。

一个贪官，专门在北京买了一套一居室的房子，放钱。他贪了多少呢？4000多万，最后被判死刑。关键是他这钱一点都舍不得花，连双像样的皮鞋也不敢买，怕露富；连酒也不敢多喝，怕喝醉了说走了嘴；有两个人在一起，包括在火车上他就不敢睡觉，他怕说梦话。他的外甥跟他借了2000块钱，他还要外甥打了借条。他回到老家，哥哥见他吃穿过于简朴，就对他说：“若是用钱，你说话。咱有，咱家里不穷，我手上还有3000块钱呢。”

他真是穷怕了。他把钱当成了自己，他不为了花它们，只是看着，看着它们就有一种满足感。

一点私心，塞在心眼最深处，就可以不见父母；就可以不顾别人；就可以把他的当成我的；就可以连自己都看不见了，只见身外物。

自私是万恶之源。

佛说的“贪、嗔、痴”，是众生大病。为给众生疗疾，佛陀殷殷切切。

贪著外物，而失本心。

人为什么有六道轮回？有地狱之苦？就是因为有私心。一切的地狱都是自己造的，就像人间的监狱是罪犯自己造的一样。对于一个不犯法的人，监狱是不存在的。对于一个心无恶念的人，地狱是没有的。佛说地狱，是地狱的真实显现，也是给我们上警示课。那个地方的确太苦，还是不去的好。但是众生为什么还要去呢？这事你问鱼。鱼屡次被钓，为什么还要上钩呢？

你说没有六道轮回，我也不愿意有。你说没有，是因为没见过，我说有，是因为我见过。你会问我在哪里见过，莫非你能知前世后世？我也不知前世后世，但我确实见过。其实也不用到前世后世去见，眼前天天在演示。不信你听我给你说人间六道。

一个人，有时一天就能在六道中走个遍，只是你身在其中而不自知。

当你把事情忙完，特别是把一件非常麻烦、非常缠人的事忙完，浑身轻松。这时，在一架藤萝下，石桌石凳上，沏上一壶龙井，恰又有好友来访，带来一幅好画让赏。品茗读画，说地聊天，闲适自在。这不等于在天堂么？

突然来一个人，把你喊到旁边，给你说悄悄话。然后就见你的脸色渐变，由黄而赤，由赤而白，由白而黄，后竟全身发抖。来人是谁？所说何事？这都不重要。重要的是，他所说的一件事，让你生气了。比如他说，你负责的一个工程刚出了一点问题，而背后的操纵者是你，是你吃了某人的好处，才至于此。而这些全是捕风捉影，栽赃陷害。比如你真有龌龊事，百般遮掩，瞒了多年。那人告诉你说，检察院正在调查你的事。比如……不用比如了，人人会有的时候，人人会有的事情，总之是这件事让你吃不下，睡不着，死不成，活不了，甩不开，躲不掉，从此时时刻刻，不得安宁。这不是在地狱里么？

在喝茶之前，你还在工地忙活。你上有老，下有小，为了一家生计，没有一刻安闲。儿子一个电话，你得寄钱去；领导一个电话，你就得窜半天。忙了白天忙黑下，熬得灯油干，熬得身体瘦，医生说你营养不良，其实你是劳累过度。你说，你与牛马有何区别？

你不是鸟，却有鸟的轻飘；你不是蛇，却有蛇的阴冷；你不是狼，却有狼的凶残；你不是虫，却有虫的卑微；你不是猪，却有猪的顽钝；你不是驴，却有驴的愚笨；你不是虱子，却有虱子的贪婪；你不是孔雀，却有孔雀的虚荣……寒蝉命短，蜈蚣腿多，螃蟹螯长，蝎子尾大……那其实都是人的映射，都在映射人心。之所以人与鸟兽为伍，同居地球，是因为性灵有相近之处。你说你不是畜生么？

羊知跪乳，鸦能反哺，有的人却不孝双亲，这不是禽兽不如么？

猿亡猿痛，雁死雁哀，有的人对同类却没一点同情心，这不是不及禽兽么？

我们每天把六道轮回实实在在演示，却还说没有。这正是人的盲目。

有了这么一个六道的心，怎么会没有六道的事？

在楞严会上，阿难问佛："如果这灵妙光明真如清净的妙心，本来是遍满圆明的。那么，所有山河大地，与草木含灵等等，都是真如自性本元的变化作用，和佛得成正觉的自性同一体。佛的性体既然真实不变，何以其中又有地狱、饿鬼、畜生、修罗、人、天道，各自判别不同的存在呢？这些判别不同的种类，还是本来自然就有的呢？或是一切众生的虚妄习气所生起的呢？所谓地狱等，还是有一定的所在？或是基于各自的业力所生，又各自自然地去感受它呢？"

佛说："一切众生，自性本体，本来都是清净的真如。因为妄心动生知见，才发生有虚妄习气的作用。因此就分成有内分外分的现象。所谓内分：就是众生的分内之事。由于爱染一切，发生妄有的情意。情意累积不休，能够产生内在的爱水。你看，众生心里忆想珍馐妙味，就会流口水；心里忆想某一个人，或怜或恨，就会眼泪盈眶。如果贪恋追求财富，心里就发生一种爱涎，使人精神焕发，肤色有光泽。心里坚想淫欲，男女二根，自然流出液体。爱的心理，虽然有各种差别，却同是业力之流，连绵不断所致。心中之结，同样无法开解。内在被爱水润湿，始终不能升华。愈陷愈深，自然从此堕落，这就叫做内分。所谓外分：就是众生的分外之事。因为追求一切外物与外务，发生虚妄的想念。想念累积不休，就能够产生胜气。所以众生心里严守清净的戒律，全身都会轻安清快。心里信仰坚定，专一信仰某一形而上的一尊，或咒或印，就会顾盼自豪，有毅然出众的气概。心里要想生天，梦里就觉得自己在飞升远举。心里存念佛国，圣境就会突然出现。一心事奉善知识，就会自轻其身体与生命。一切想念的心理，虽然不同，但是妄想的功能，却同是轻清上升的。想念继续不止，向上飞动不下沉，自然有超越的知觉发生，所以叫做外分。"

这也便是我们常说的清者上升、浊者下沉的道理。

佛所说的内分，都是人的欲望产生的。而欲望与自私互成因果，因欲望而自私愈笃，因自私而欲望愈炽。欲望与自私扭成麻花绳索，绞杀了人本有的清明、灵妙。

而佛说的外分，就是要我们淡化欲望，坚守戒律，把自己的一条生命之流规范到远方，到自由大海。流不怕细，水不怕少，只要有方向，只要有堤坝围拢，只要日夜不息，就能流到大海。若是没有自我的归敛，随心所欲，四处流逸，即便黄河也会枯竭。

所有的欲望其实都是束缚心灵自由的桎梏。所有的自私都是自己颈上的绳索。

有一个城隍庙门口的对联这样写：

你算计特高得一回进一回哪晓满盘都是错

我模糊不得有几件记几件从来结账总无差

谁该的账谁来结，这便是因果。

有谁不是被自己的自私毁掉的呢？

# 贫穷与富有

贪心大的人，把什么都看成是自家的，唯独不把别人看成自家的。为什么？因为别人会占有一份；别人占有一份，他就少占有一份。因此，他不爱人。什么样的人爱人？孔子说“仁者爱人”，仁者有同情心、慈悯心，爱别人胜过爱自己。

贪心大的人是穷人，不论他有多少财产也是穷人。人穷不穷，不在财产多少，而在爱心多少。有爱心的人是富贵人，爱心少的人是贫贱人。穷者，总愿别人施舍给自己；富者，总愿把东西送人。穷者，纵有万贯家财，也还觉得不够，自己坐在深坑里，一心向外乞求；富者，纵然穷得没了一分钱，也觉得自己还有能给人的东西。

这里有一个现成的例子，我的朋友祁胜勇曾几次采访她和她的全家，深受感动，回来多次向我诉说。

这个人叫张瑞娟，邢台市人。如今，邢台市繁华街头巨大的液晶显示屏幕上闪动着她的身影。她已经成为邢台精神的一个亮点。

这是一个四口之家，夫妻俩和两个女儿。张瑞娟和丈夫都在棉纺厂上班，住着破旧的筒子楼。平常人过着平常的日子。没想到这平常日子也有不平常的时候。1996 年，棉纺厂倒闭，她和丈夫双双下岗。张瑞娟这个刺绣车间的老先进，竟然没地方先进了。她很懊恼。还年轻呢，才 30 多岁，浑身的力气和心智就没地方用了。后来，她到一个小区做保洁工，有工作做就好，只是工资低点，每月300元。做这样的活，都是这样的待遇。别的活不是没有，是自己干不了。原来的手艺废了，新的又学不来，也只能这样。丈夫也去给别人打工，也是干粗活，工资比她高出一倍，高出一倍也才600元。一家人的收入不足千元，吃穿住用之外，还要供两个女儿上学。大女儿上大学时，交不起学费，学校大度而通融，允许她先上学，学费一点点交。就这样，到临毕业，还欠着学校8000多元。

穷么？相当穷。富么？却又相当富。为什么这样说？因为就是这样一个人，十几年来，已经累计无偿献血4万毫升，被誉为邢台市的“献血大王”。在她的影响带动下，丈夫、姐姐、外甥、女儿以及邻居、老同学、老朋友等都加入了无偿献血的行列。

4万毫升，这是一个很大的数字。但更重要的，不在于她献了多少血，而在于她以她的行动告知世人，她仍是富有者。因为她纵然什么都没有了，还有血献。她还能影响她的亲朋好友街坊邻居，她跟当年在厂子里当先进一样，还能统领着一些什么向前走。

这种力量是什么呢？是爱心。爱，爱别人胜过爱自己。爱，不是一个空洞的词，而是实实在在的行动，当自己能够爱别人，能够有具体的方式去爱，能够有具体的途径使爱得以落实，她就是充实的、幸福的。同时，这也是她爱自己的具体表现。她的爱自己是通过爱别人来实现的。因为她就是别人，她的心里装着的全是别人。这样的人，就是菩萨心肠的人。这样的人，就是菩萨。菩萨也不是一个空洞的词，而是实实在在的行为。菩萨天天在做着的，就是“予人以乐，拔人以苦”。菩萨不以神仙的面貌或者其他奇异的方式出现，菩萨就是你、我、他，就是有着爱意的人。当你帮助别人，不论多少、大小，哪怕是微微的笑容，也定是菩萨的表现。何况像张瑞娟这样的人，时时想着把自身的鲜血流淌给别人，不是菩萨又能是谁？

我曾经跟着祁胜勇到邢台市见过张瑞娟一面，还见了她的丈夫和她的大女儿。果然，在他们身上看不到贫穷者的落寞和狭窄，面容也是优裕而从容，脸上总是漾着笑。这样一家似乎需要社会来救助的人，却一直在救助着别人，且是用鲜血！他们真的比我们富有，真的是大富大贵的人。

说到第一次鲜血，说那时倒紧张。虽紧张，也要献的。因为能救人。那是1995年的事了，那时还没下岗。市里组织各单位义务献血，当时很自然的一件事，没想到成为她今后生活中很重要的内容。好像是上帝安排好了似的，献完血紧接着就下岗了。下岗之初，心头罩着阴云，开朗不起来。倒不是因为挣不到钱了，而是觉得自己成了没用的人。一个人没用了，比一个物件没用了还可怕。离第一次献血，半年的献血间隔期到了，张瑞娟没多想，骑上自行车就去了邢台市中心血站。献血站的人告诉她说，她的血能够救活一个垂危的病人，一个老人或者一个孩子，一个妇女或者一个男人。献血回来后，想着自己的血竟然能有这样的功效，张瑞娟越想越高兴。那是她下岗后心情最好的一天。因为她觉得她又是个有用的人了。谁说自己什么都没有了呢？不是还有个健康的身体么？不是还有像泉水一样生生不息的鲜红的血呢么？

半年的间隔期过去，她又赶到血站献血。后来她又动员丈夫也去献血。再后来她的亲戚、朋友、邻居和老同学也纷纷加入进来。

就这样，张瑞娟一直坚持到今天，而且还要坚持下去。在她这里已经不是坚持，而是自觉。她觉得她身上的血是专为别人而流淌的。

张瑞娟的事感动了好多人。2008年，她被评为感动河北十大人物。

这也令张瑞娟高兴，毕竟是好事，毕竟好多人都知道什么是善念善行。然而，还有更令她高兴的，那就是她的小女儿。一天，孩子跟她说："妈妈，帮助别人的事情过去就要忘了，别人帮助自己的事要永远记着，是这样吗？"这一句话，让张瑞娟高兴得流出泪来。

张瑞娟和丈夫不仅献血，而且在2005年就成为无偿捐献造血干细胞的志愿者，并在省造血干细胞资料库中留存血样，并和邢台市眼科医院眼库签订了协议，志愿辞世后捐献眼角膜。

没有自己的，连这个自己也全是别人的。你说她富有还有贫穷？她自己一点都不剩，同时，整个世界也跟她成为一体。

# 一片霞

最近有一部电影《大孝儿媳》正在行唐县拍摄，演绎的是行唐县西关张建霞的感人事迹。行唐县我去过几次，这里西靠太行，东临平原，中间是丘陵。行唐是古地，建县已经两千三百多年，有着悠久的历史和丰厚的文化底蕴。别的不说，单说佛教，自从南北朝时期起，这里与曲阳一起，曾是佛造像的集中产地，全国各地的佛菩萨造像，多出自这一带。这里距佛教圣地五台山不远，翻过太行就到了。由此，这里的佛教氛围极为浓厚。据说，清末，行唐境内尚有着70多座寺院，“行唐七十又七寺，只有一寺没钟声”，这里有一个典故，但今天不说典故，只借此说寺多。最著名的当属陈磁沟的清凉寺，为五台山东来第一大寺。清凉寺的壁画为明代所绘，相当有名。却在上世纪初被英、法洋人弄到了国外，现在英国大英博物馆的中国馆内尚藏有清凉寺的三尊菩萨彩绘壁画。

本来是说张建霞的，为什么要说寺院？这也和种庄稼一样，不能离开地土。行唐的大枣好，深州的蜜桃甜，错了地方就不行。人的好坏也要看地土，看心灵地土，看精神传承。行唐这块宝地，有着悠久的佛教传统，寺里有僧，僧践佛法，佛法是教人向善成佛的，而成佛则先要把人做到位，要仁要义要慈要爱，孝当然在其中，不孝不能算仁，不孝也不能为义，不孝不能说是慈，不孝不能说有爱。

因此大孝的张建霞出在这里就有了一种必然。

张建霞把69%的肝脏捐出去了，也没捐给别人，捐给得了肝癌的公公王振龙。情况就是这样，似乎也没什么，用张建霞的话说就是做了一件该做的事，不值得张扬。可是，我们拿身边的事对比一下就知道张建霞有多么了不起了。有多少人不养父母啊，有多少人视父母为累赘啊，有多少人为赡养父母的事闹到法庭啊，有多少婆媳不和啊，给老人二斗粮食或者几百块钱都舍不得，给老人个好脸色都很难，甚至还有打骂父母的，真是禽兽不如。好多人都不知道"孝"字怎么写了。"孝"字怎么写呢？上面是"老"字的头，下面是儿子的"子"——儿子把老子顶在头上才是孝啊。人老了嘛，依靠着儿女才能生活得好，如果没"子"可靠，只好一斜身子入"土"。这便是"孝"字的解法。

佛在《父母恩难报经》上说，母亲生育儿女，有十种恩："第一，怀胎守护恩；第二，临产受苦恩；第三，生子忘忧恩；第四，咽苦吐甘恩；第五，回干就湿恩；第六，哺乳养育恩；第七，洗濯不净恩；第八，远行忆念恩；第九，深加体恤恩；第十，究竟怜愍恩。"父母的恩爱绵绵无尽，"母年一百岁，长忧八十儿"，因此佛在《大乘本生心地观经》上说："善男子，于诸世间，何者最富？何者最贫？悲母在堂，名之为富；悲毋不在，名之为贫。悲母在时，名为日中；悲母死时，名为日没。悲母在时，名为月明；悲母亡时，名为暗夜。"有父母在，我们就身不孤贫，心不寒微。父母恩大难酬，佛这样说："假使有人，左肩担父，右肩担母，研皮至骨，穿骨至髓，绕须弥山，经百千劫，血流决踝，犹不能报父母深恩；假使有人，遭饥馑劫，为于爹娘，尽其己身，脔割碎坏，犹如微尘，经百千劫，犹不能报父母深恩；假使有人，为于爹娘，手执利刀，剜其眼睛，献于如来，经百千劫，犹不能报父母深恩；假使有人，为于爹娘，亦以利刀，割其心肝，血流遍地，不辞痛苦，经百千劫，犹不能报父母深恩；假使有人，为于爹娘，百千刀戟，一时刺身，于自身中，左右出入，经百千劫，犹不能报父母深恩；假使有人，为于爹娘，打骨出髓，经百千劫，犹不能报父母深恩；假使有人，为于爹娘，吞热铁丸，经百千劫，遍身焦烂，犹不能报父母深恩。”父母的恩就有这样重。可是我们知恩么？知多少恩呢？究竟报恩了没有呢？报了多少呢？

张建霞是个知恩报恩的人。

一开始张建霞也没想到自己会捐肝，因为肝源奇缺，因为几个直系亲属血型不符，这才轮到她。公公不同意儿媳捐肝，不仅公公，一家人都不同意。婆婆哭着对儿媳说：“你有这个心我就知足了，怎么能捐你的肝？你爸你妈只有你一个闺女，我那小孙子还小，你要有个好歹，咱家可怎么过？你父母怎么活？”

建霞反过来劝公婆：“别人能捐，我就能捐，你们要是不同意，就是没把我当自家人。从进了门，二老把我当闺女待，我就是把命献出来孝顺你们也是应该的。爹在，咱这一家人就是全的、团圆的，再苦也幸福。如果因为没有肝源，我爹不在了，我这个当儿媳妇的能给他捐却没给他捐，我一辈子也不会心安……”

2007年6月14日8时，北京某大医院，建霞躺到了手术台上。人间大爱在这一刻铸成。

张建霞在报恩上为我们做了榜样。她救的是公公，连公公都能救，何况父母！在她眼里，公婆与生身父母无别，因为那是丈夫的父母。

其实，在圣贤看来，不只自己的父母是父母，所有人的父母都应该是父母。孟子说“老吾老以及人之老，幼吾幼以及人之幼”，就是把别人的父母当成自己的父母孝敬，把别人家的儿女当成自己的儿女疼爱。孔子更是讲忠孝节义，不忠不孝何谈做人做事？不忠不孝的人便是小人，不忠不孝的事便是坏事。

佛陀这里讲平等法，同体大悲，无缘大慈，爱自己，更爱所有的人，所有的众生。没有条件，没有缘由，因为我们是一回事。不要以为宇宙与自己无关，其实我们自己便是宇宙本身。不要以为自己的一念微不足道，不是的，一念善，天下皆善，一念恶，天下皆恶。就像互联网，小小鼠标点击一下，即可打开一个世界。但是打开的是善世界还是恶世界，看你点击时怎么想了。因此，众生是我心中之众生，我是众生心中之我。你即我，我即你。自他不二，同体同根。你苦即我苦，你乐即我乐。因此佛家不杀生，因为宇宙是一个整体，大自然是一个整体，杀生等于杀自己。其实我们已经领略过了，地球上的环境污染、资源枯竭、怪病流传等等都怪不得别人，都是我们人类自己造作来的。其造作的原因，就是宇宙观出了问题，把自己和别人，把主体和客体，把自己和环境分裂开来了。一分为二了，就等于把自己的手指当成胡萝卜削了。把手指削完接着削胳膊、大腿，最后连脑袋也不顾了。

因此要孝，不仅要孝父母，不仅要孝别人的父母，还要孝天孝地，恭敬大自然，随顺大自然，爱护大自然，甚至连条小虫也该爱护，因为说不定将来毁掉地球的就是一条小虫。

说远了，其实也不远。远的或许我们还做不到，那就先从近的做起，先从孝敬父母做起。如何？

# 心灵消防

为了儿子孟轲，孟母不怕麻烦，接连搬了几次家，史称“孟母三迁”。孟母择邻，有点像现在的父母给孩子择校，只是现在的父母比起孟母来更加不怕麻烦。孟母择邻的结果，是出了个亚圣，现在父母择校的结果，相信也会出博士后之类。此是闲话。

今日之所以说孟母，是想说邻居的事。邻居若不好，不仅影响孩子，也会影响到大人。比如，我的朋友花大价钱买了一处自然环境相当优雅的住房。有多优雅呢？优雅到一般人买不起。我这朋友为了这份优雅，到银行贷了好些款，“为伊消得人憔悴”之后，终于入住。周围环境好，邻居们也都像环境那样亮丽，一个个潇洒帅派。人是游动的风景，我朋友每每为自己属于这风景之林而自豪。但是，好景不长，这份优雅被一家邻居打破了。每到夜半时分，人将睡未睡之际，楼上邻居便开始有响动，先是女的如狮吼，随后男的如虎啸，再随后就会有什么东西被掼在地板上，发出脆的或钝的声音，脆的如炸，钝的如夯。这样天天掼东西的结果，就是我的朋友得了一种类似相声《扔靴子》里那个老头的毛病，躺在床上瞪着眼睛，要一直等着那对夫妻把什么东西掼下来，然后心才安。后来不掼东西了，换了一种方式，那便是女人长笛般的哭声，真是不绝如缕，有绕梁三日之显效。自从有了这优雅“笛声”，我的朋友就真的患了失眠症。为此，朋友也想效法孟母，为迁居做准备。好长时间没见到他了，也不知他的迁居计划落实没有。

问题是，即便我的朋友迁居成功，也会有另外的倒霉蛋入住。只要那对吵架的夫妻不迁，邻居便无宁日。假使那对吵架夫妻迁走了，这座楼的居民自然斗转星移；但若是他们夫妻间的火气不息，走到哪里，哪里便成巴以边境，战火难熄，不得安宁。

由此我想到消防队，不论哪里有火患，一拨火警119，立即便有消防车呼啸而来。穿火色服装的消防队员，也像火那样融入火中，很快此“火”生，彼火死，这就叫水非水不流，火非火不灭。自从有了消防队，再大的火也用不着心慌了。消防队应该被称为火神。

火是好东西，只怕着的不是地方。其实最怕着火的地方不是别处，而是人心。人的心里一发火，比自然的火更可怕。发个平民之火，倒也罢了，不过是打一两场架，生一两次闲气而已，最多就像朋友的邻居一样，闹得四邻不安；若是大王级的人物发火可就麻烦了，弄不好国与国之间就起战争，直闹到尸骨成山，血流漂杵。不过，小人物也有把火发邪了的，比如瘪三一怒，人命不顾，流氓火起，便有人死。社会上之所以躁动不安，法庭上之所以官司不断，时时处处总断不了纷争纠扰，就在于人心不平，心火太旺。你那里有一句话藏刀，我这里便有八句话带刃；你那里有一件事突兀，我这里便有三件事莽撞；你懵懂，我便蛮憨；你无赖，我便无耻；你狭隘，我便小气；你狂妄，我便疯癫；你不怕死，我便不要命——就这样刀来刀对，枪来枪还，冤冤相报，无有了期。这是说外在的，还有内在的，不要以为人多的地方才有矛盾，才有火气频发，其实个人独处，也依然是心事难平，常常无明火起，烦恼不断，自己跟自己过不去。自己跟自己都过不去的人，能指望他跟别人过得去么？社会上矛盾虽多，归纳起来皆因人心这里出了问题。有一个人心火炽盛，便有一个人的烦恼。不过就是这一个人的烦恼，有时会给好多人带来烦恼。这样烦恼结烦恼，世界便成了个烦恼的世界。纵有快乐，也是以烦恼为底色。

自然的火，由消防队来救；心里的火，谁来救呢？能不能建立起一个心灵消防站呢？有没有一方清凉剂及时来灭掉心内之火呢？

灭火的要义在于弄清火源，火源不除，火灾难断。心火之源我们已经知道了，是烦恼。烦恼多了，便如积薪，只一星星火，即可酿大祸。可是烦恼从何处来呢？我们说不明白。为什么说不明白？因为我们都在烦恼中。人在烦恼中，最容易陷入局限，一叶便可障目。

先来听一个故事。两个小僧为一件事争论起来，各说各的理，相持不下，最后只好去问师父。甲僧先去，把来由跟师父说了一遍。师父说："你对。"甲僧很高兴，回来跟乙僧说了。乙僧不服，也去找师父，照样把来由跟师父说了。师父说："你对。"乙僧也高兴而去。师父身侧的侍者见了生疑，问师父："他们二人观点相反，为什么甲对，乙也对呢？"师父答道："哦，你也对。"不是师父糊涂，而是没法跟在局限中的人说明白。大象无形，人在局限中，难见全貌，只能是盲人摸象。"横看成岭侧成峰，远近高低各不同"，你说横看对还是侧看对？从局部看，都对；从大处看，则都不对。我们说不明白，只好听佛陀说。佛说人之所以有烦恼，是因为有贪、嗔、痴。人由于愚痴而生贪爱，贪爱不能得到满足而生嗔恨，嗔恨起而心火生，心火生则烦恼至。人为什么愚痴？因为人错把欲望当成了自己，而这个由欲望支配的"我"，每天便来分别是非好坏，好的给我，不好的给他。可怕的是人人都有个"我"在，都想要好的，不要坏的，都想趋吉避凶，得名得利，纠葛纷争由此而起，你想能不烦恼？

其实从"贫"和"贪"两个字上亦可看出端倪。何为"贫"？古时以贝为财，见财起心，分贝为贫；若不贫，见了别人的财也不会想着分点来。而"贪"呢？是今贝。何为今贝？眼前的财则是，见财眼开，也不管该不该得，得了再说。贪心大的人，必定贫。不贫则不贪，不贪也便不贫。这个贫不一定专指财富上的不足，也包括心灵上的匮乏。财贫好治，心贫难医。不见那些贪官，已经贪得床底下全是钱了，仍是嫌少，因其心壑难填。

由心灵上的贪爱而趋名利。名利得不到，或不满意所得到的，便起不平。嫌别人多，怪自己少，于是攀缘。攀缘仍得不到，便生嫉妒和恼怒。久而久之，心意就崎岖起来，沟沟坎坎，到处污泥尘沙，难见清净。由是恨恼怒恼烦恼，仅此一恼心，就把好端端的人生给毁了。

那么，心火的消防队在哪里呢？若是有一个心灵119多好，只需一个电话全都搞定，多简单，多潇洒。然而，这样的美妙尚属虚构。不过，有个比消防队还便捷的东西。这个东西一来，烦恼顷刻消解，其效果就如太阳出而阴霾散。什么呢？是智慧。孔子不是说“仁者不忧，智者不惑”么？仁者为何不忧？因为仁者无私，私心少则烦恼离。智者为何不惑呢？因为智者知道什么是无私，知道怎么样才能成为仁者。

可能有人会问，这个“智”和这个“仁”在哪里呢？若能花钱买来，定去抢购好些。其实，这个东西没在别处，就在你自己这里。释迦佛说“一切众生皆有如来智慧德相，但因妄想执著未能证得”，妄想一消，智慧立现。孔子也说“仁远乎哉？我欲仁，斯仁至矣”、“求仁得仁”，不是有没有的事，而是想不想的事。只要你这么想，它立即就来了。你若是想做个无私的人，那还不容易么？人一无私，智慧即来；智慧一来，烦恼即消。烦恼和智慧原来是一个东西。好比飘云雾是天空，悬日月也是天空；好比硬币，这么看是背面，翻过来则是正面。

有了消防，火患没了；有了智慧，烦恼没了。烦恼没了，才是真富有。花多少钱能买来个没烦恼？烦恼没了，才是真健康，因为心情好身体才棒。烦恼没了，才是真人生。人生若是总在烦恼中活着那还有什么意义？因此可以说，没智慧才是真贫穷，没智慧才是真病苦，没智慧才是真颠倒。

心灵消防则有这样的好，你想不想加入进来？

# 他人是另一个自己

他人是另一个自己
自己是谁
善待自己

# 他人是另一个自己

“嘭嘭嘭”，有人敲门。

“谁?”

“我。”

“你是谁?”

“我是你。”

主人将门打开，让另一个自己进来。

这是魔幻小说或魔幻影视吗？不是。这是现实。现实中天天在发生这样的事，只是你没有察觉。当另一个自己来敲你的门时，你或者听不到，或者听到了不以为然，懒得把门打开。即使你开了门，也不一定认得你自己。你会说：“咄！哪来的闲汉，走开!”他就走了，于是你就错过了一次与自己相见的机会。他若是不走，甚至你还会跟他打起来，从此白眼相见，成恨成仇。这是很可怕的。

那年暑假，有一位朋友的孩子到我这儿来找书看。他是一名在校大学生。说到老师和同学、学校的环境等等，突然他问：“有的人非常讨厌怎么办?”我问：“谁?”他说：“不用说谁，就是打个比方，比方一个人很脏，怎么办?”我知道他说的“脏”是什么，就是一个人身上散发出的令人讨厌的东西，其实很难说清楚到底哪里有问题，反正是言行举止都不让人舒服，见了他就像见了垃圾。这样的人，我也遇到过。于是我问他："你怎么办呢？"他说："我们都不理他！""结果如何？""他也不理我们……不理还好，他搞恶作剧，比如他会把我们玩的篮球放了气，把谁的自行车胎扎了，总之怎么讨厌怎么来。甚至有人担心，说不定哪天他会成为马加爵。"我对这名大学生说："你们错了。"当时他就睁大了眼睛："我们错了？他对了？"我说："我没说他对，但是你们错了。他的错，有好多是你们造成的。他是你们的影子知道么？可能是倒影。但倒影也是影子，是从你们这儿折射出来的。""我们怎么会有那样的倒影？"他没想明白。那天他是带着问题走的，而且也把问题留在了我这儿。

窗前是一株女贞子树，冬天也不落叶，每天有喜鹊飞来啄食树籽。女贞子的树叶为卵形，外面有一层蜡质。满树的叶子都相似，但又没有完全相同的。可见哲人所言不虚，世界上找不出相同的两片叶子。其实，人也如此。俗话说，人心不同，各如其面。人的心灵是有差异的，其差异就如人的面目，谁跟谁也不一样。虽然谁跟谁也不一样，但人的五官、四肢、八胲、九窍等等的，却又是极相似的。为什么不同而又相似？离远点不好么？比如长相靠近点我们的属相，我属虎，长一虎头，他属鼠，长一鼠目，你属鸡，长一鸡爪，这样不也有趣？有趣则有趣，但没道理。而相似是有道理的。比如这株女贞子，枝杈叶片虽各异，但它们系同根同株，是由一粒种子所繁衍。既然是源于一粒种子，为什么枝杈叶片又不同呢？因为它们发芽的时间不同，所处的空间不同，阳光风雨等诸多的受力亦不一样，因此它们才同中有异，异中有同。这便是道理。人与树不同，但道理一样，往上追溯，同根同种。虽分赵钱孙李周吴郑王，不过如树之枝杈而已。

老子讲："一生二，二生三，三生万物。"《易》也说："太极生两仪，两仪生四象，四象生八卦。"这是顺着说，从根说到梢，若逆着说，则万物本一体，都在那个"一"上，都在那个"太极"上。这里便有了我是他、他也是我的基础道理。有一个捏泥人的比喻，说把一团泥，捏一个我，捏一个你，然后打碎糅和在一起，再捏一个我和一个你，从而你中有我，我中有你。其实用不着这样，你中本来就有我，我中本来就有你。因此可以这样说，你我彼此为对方的影像，或者说镜子。你看到我在笑，其实我在笑你。我看到你在哭，其实你在哭我，兔死狐悲，物伤其类，我们就这样彼此难以分开。有一则故事似乎不这样认为，说人要认得自己，不要把他人作镜子。故事与爱因斯坦成才有关。说爱因斯坦的父亲与杰克大叔一同去扫烟囱，这位父亲从烟囱出来时，脸上没沾多少灰尘，而杰克大叔则灰尘满脸。父亲以为自己的脸也那样脏，于是洗了又洗；而杰克以为自己的脸也很干净，因此草草洗了洗了事。走到街上，杰克像小丑一样招笑。大家笑他，他也莫名其妙地跟着笑。由此得出结论说，别人当不得自己的镜子，要自己努力。于是爱因斯坦豁然醒悟，不再放逸，从而成才。可是，我要问一句，这别人当不得自己的镜子，不也是镜子么？爱因斯坦没把一个人当成自己的镜子，却把两个人当成了自己的镜子，把人类这种投影式思维引以为鉴，从而找到了自己。他的这个自己，恰恰在杰克那里找回。

既然有了这个道理，人就可以做好多有意思的事了。因为人与树不同，人有心灵性命，有主观意志，能思维会分辨，有能动性，有主动性，完全可以把好多事情按照自己的意思完满起来。比如能不能化异为同？即便不能化异为同，那么也可以把对方看成自己的影子，从而睹影知竿，提升自己。

比方说那位大学生说到的那位“脏”同学，如果他果然狭隘、自私、偏执等等，不可爱说明他很可怜，缺少温暖，正需要怜悯、同情和帮助。如果我们够聪明，就该设法与之接近，与之交心，从而窥其病根，慢慢把他内心的阴冷化开，把他争取过来，同享明媚。这是最好的。如果由于诸多原因暂时做不到，那也不应该嫌弃他，而应该包容。容许他个别一些，狭隘一些，另类一些。你看天，不因为彗星脏就不包容它；你看地，不因为大便臭就不承载它。天不仅包容，还让它显出灿烂的一面；地不仅承载，还化腐朽为神奇。如果你不能容纳，说明你也狭隘，如果你嫌弃他，说明你也“肮脏”，你是以“脏”对“脏”。不是因为自己干净，才看到对方脏，而是因为自己脏才对脏有感觉。一个小乞丐，泥垢斑斑，污秽不堪，妖艳女子见了，掩鼻而过；而一位母亲见了，会端饭来给他吃，端水来给他洗。同样是女人，高低立现。再比方一盆花，一个富有爱心的人看到了，想的是把它送给一个需要安慰的人；而一个小偷看到了，想的是把它据为己有。这盆花，在富有爱心的人这里，成为阳光；在小偷那里，成为赃物。花因人心的不同而不同。因此佛眼看众生，众生是佛，所以佛慈悲；因此狗眼看人，人皆恶毒，所以狗狂吠。最不好的办法，是“破鼓乱人捶”，把人孤立出去，这样“同仇敌忾”的结果是很可怕的，马加爵事件就是证明。

当年，曹洞宗的开山祖洞山良价禅师，过河时照见自己的影子幡然而悟，他唱偈道：“切忌从他觅，迢迢与我疏。我今独自往，处处得逢渠。渠今正是我，我今不是渠。应须恁么会，方得契如如。”他对自己的影子大加怀疑，这是我么？如果这个影子不是我，那么这个身体是我么？如果这个身体不是我，那么谁是我？从而大悟前旨。

他从自己的影子中找到了真正的自己。

佛教说，佛菩萨有无数的化身，其实我们也有。在哪里？谁是？附耳过来，我告诉你：留心时，到处都有。不信你到大街上走一走看，满街走着的，都是你的影子。你说他不是你，你怎么证明他不是你？那潇洒的，就是个潇洒的你；那委顿的，就是个委顿的你；那阔绰的，就是个阔绰的你；那穷困的，就是个穷困的你……纵然是殡仪馆的车走过，那里头躺着的，其实也不是别人，而是未来有一天的你。他们或者是你的现在，或者是你的过去和你的未来。说潇洒，谁不向往？说穷困，谁没有经历过？说委顿，谁不愿远离？这些人便是另一个你，或者为你作表率，或者替你敲警钟。别说监狱里的囚犯不是你，你若是犯了法，照样有你一号。别说那个颐使气指、满眼泛白的人不是你，如果你有一天骄纵起来，说不定比他还傲慢。别说那个向人乞讨的不是你，你的灵魂深处，说不定比他还穷困。更别说殡仪车里躺着的那一位不是你，早晚有一天，你也会像他那样任人摆布，而无怨无悔。当然也可这样说，别说那器宇轩昂的人不是你，只要你努力且诸事得当，有一天你也会那样。据说奥巴马当年是个小玩闹，谁能想到日后他当总统？一切都有可能，变好变坏都有可能，关键是你具备一副怎样的情怀。

一定要有一个好的情怀，阔大、宽厚、纯真、明净，那么你的化身就是好的那些。如果你的心灵委顿不堪，甚至真的很脏，很狭小，那些鸡鸣狗盗之徒说不定就是你。

谁都想着成功，成功的标志是，要做成一件或几件事。只要是对人类有好处的事，越宏阔便越成功。但是，怎么着才能成功呢？好多人的想法是：把自己的成功建立在别人不成功的基础上；我要做一件事，要盈利，要竞争，因此要设法挤对对手，让他让利于我，最好他垮掉，我吃了他；这样我笑了，他哭了，我活了，他死了。商场如战场，每天硝烟滚滚，这是恶性竞争。这一方笑、一方哭的竞争是好的么？肯定不是。这样的成功是光彩的么？这样的成功是大气的么？这样的成功是长久的么？对方在哭过之后，想干什么？像狼那样，会把牙齿磨得更锋利，然后重开杀伐。这是兄弟相残，这是人跟人过不去，这是自己跟另一个自己过不去。有一天，自己也被撕咬得血肉模糊，那时就会明白，是谁害了自己。是谁呢？是自己。

这么说吧，人伸出去的拳头，最终都会打在自己身上。不是有个作用力和反作用力么，我们的一言一行都有作用，也都有反作用的。你用手抚摸一只猫，猫会报以温顺；你用脚踢一条狗，狗会报以凶恶；你用砖头砸电视机，它马上显给你窟窿看，用的力越大，窟窿越大。可是你要是用软布擦玻璃呢，越细腻，它就越明亮。行为如此，语言如此，心里的念头也不例外。当你有好的想法，周围的鲜花都会开放得好；当你有坏想法，魔鬼都会朝你微笑。这么说也许更容易明白，你栽一棵花在这里，蜜蜂和蝴蝶就会飞来；你拉一泡屎在这里，苍蝇和蜣螂就会飞来。好坏没在别处，都在自己这里。因此我们才提和谐社会，人与自然的和谐，人与人的和谐，人的心灵与自我的和谐。就因为我们人是自然的一部分，自然破坏了，受害的是人；就因为我们人是一类，一人向隅，满屋不快；就因为我们人的身体和心灵是一体，心灵出了问题，身体也会跟着倒霉。如果以伤害一部分人，哪怕是很少的人，而让另一部分人得意，这样的事不应该说是好事。

应该把他人当成自己，因为他人的确是自己。

当你真的把他人当成自己，那你自己就会真的化身无数，好多的别人都会变成你自己，自觉地来为维护你，使你的事业更成功、更圆满。新东方的总裁俞敏洪曾经讲他的故事，他在北大当学生的时候，一直愿为同学服务。他没想到你的我的，他把宿舍里的事都看成是自己的。他每天为宿舍打扫卫生，一扫四年。每天都拎着水壶去给同学打水，也是一打四年。十年之后，新东方做到了一定规模，希望找合作者，结果就跑到了美国和加拿大去寻找当年那些同学。同学二话没说，都回来了，理由是：就冲着你过去为我们打了四年水，相信跟着这样的人做事不会吃亏。

那些同学便是俞敏洪的另一个自己。

另一个自己在哪里呢？就在别人那里。别人怎么能够变成自己呢？不是别人变成自己，而是先要把自己变成别人。当你把自己变成别人了，别人也就会变成你自己了。

在我老家，有一个朋友叫卢国欣。如今他已经拥有两亿多元的资产，且没有一分钱的贷款。他做的什么事这么发财？他也不会做别的，他是个农民，只会种地，他就在种地上发了这么大的财。种地的人很多，发财者却不多。为什么他能发财？就因为他有三头六臂，他拥有无数的自己。

一开始，十二户人家联合种棉花，搞科技示范，他凭的是一颗本然之心。十二户人家，互助互利，你想着我，我想着你。你不想着自己，我就更想着你，他们就是这样一种关系。事业慢慢发展，像滚雪球那样越滚越大。后来进了城，成立了农研会，拥有了大片的土地，拥有了种业公司和棉花加工厂。他们有钱了，却没有太把钱当回事。他们知道钱如青蚨，既能飞来，亦能飞去，钱不过是做事的条件。因此他们不骄不躁，不小瞧人。不仅不小瞧人，对所有帮助自己的人，不忘不失；对有难处的人，能帮则帮。世间千种变化，唯有我心不变。不是不变，是越变越大。

随着事业发展，他们的爱心也渐渐扩大。爱心不是泛泛地说，而是用农民的表达方式——做不到的不说，做到了用不着说。对于农民，不管天南海北，只要你种我的种子，你就跟我是一起的了，我会一直跟着你，从种到收，全程免费技术指导。不仅不收费，每年冬闲之后，他们就会把北京的农业专家请来，为各地的棉农代表做技术培训。免费吃住不说，临走时还要发路费和误工补贴。好多农民感动得哭：给我们培训，怎么还给我们发钱？天下有这等事？因此，已经有五万多农户加盟国欣农研会，中国农技协棉花种植专业委员会也挂牌在这里。

有这样一件事，听来让人感动。每年秋季棉花收获季节，都要在本地雇佣大批劳力奔赴各地摘棉花，都是些闲散劳力，妇女居多。这天，到新疆去摘棉花的队伍回来。活干完了，工资发了，大轿车把这些人拉回来，准备之后挨村送回家。这样做，这些劳力其实已经很高兴了。但卢国欣打电话说，不要把人直接送到家，先把人拉到总部来，让大家吃顿饭再走。这天傍晚，这些人回来了，总部为他们洗尘，备了很丰盛的饭菜。大家兴高采烈，又说又笑。卢国欣不巧没在家，待他回来后，那些人已经吃好喝好坐着大轿子车走了。卢国欣好不懊恼，对办公室的人说：“你们真粗心，我一句话嘱咐不到，你们就不知道做。”办公室的人很疑惑：钱也发了，饭也吃了，挺好的呀，大家都高兴着呢，还有什么事没做呢？卢国欣说：“我没说你们做错了什么，只是没把事做细。这些人泥里汗里这么多天，咱那培训楼上都有热水，你让他们冲个热水澡不好么？都是农民，谁家有这个条件？”

卢国欣以及所有的国欣人，都是这样来看待别人的。

你能说别人还是别人么？你能说别人不是自己么？

当这些别人都变成自己之后，会是个什么效果？

谁要说卢国欣不好，谁要说国欣种业不好，棉农们就不乐意。他们已经把国欣当成了自己。你变成了我，我就变成了你，这也就是佛说的自他不二。

说着说着，衍生出一个问题。有一个朋友听我说到别人是另一个自己后，双眼眯眯笑。我懂得那意思，他听出漏洞来了。果然，在别的人走后，他找个偏僻的地方问我：“你说别人是另一个自己，非常有意思。可是，我还是要问，你所说的别人是另一个自己，我没听清楚，是只说的好人呢，还是好人跟坏人都包括呢？”

我反问他一句：“谁是坏人？”

他说：“不是说谁，总有坏人吧？”

我说：“没有坏人。”

他说：“我不同意这说法。我这么问你吧，希特勒是坏人吧？”

我说：“不是。”

他把眼睛睁得大大的。我给他看《大学生 GE 阅读》上的一篇文章，上面讲了一个故事。美国新泽西州的一所小学，一个由 26 个孩子组成的班级被安排在教学楼里一间很不起眼的教室里。他们都是一些曾经失足的孩子，有的吸过毒，有的进过少管所。家长、老师都对他们非常失望，甚至想放弃他们。就在这个时候，一个叫菲拉的女教师接手了这个班。菲拉不像以前的老师那样整顿纪律，而是给大家出了一道选择题：选出一位在后来能够造福人类的人。有三个候选人，他们分别是：

A. 笃信巫医，有两个情妇，有多年的吸烟史，而且嗜酒如命。

B. 曾经两次被赶出办公室，每天要到中午才起床，每晚都要喝大约一公升的白兰地，而且有过吸食鸦片的纪录。

C. 曾是国家的战斗英雄，一直保持素食的习惯，不吸烟，偶尔喝一点啤酒，年轻时从未做过违法的事。

大家都选择了C。

菲拉公布答案：A是富兰克林·罗斯福，担任过四届美国总统；B是温斯顿·丘吉尔，英国历史上最著名的首相；C是阿道夫·希特勒，法西斯恶魔。大家都惊呆了。

菲拉对孩子孩子们说：你们的人生才刚刚开始，过去的荣誉和耻辱只能代表过去。真正能代表一个人一生的，是他现在和将来的作为。从现在开始，努力做自己一生中最想做的事情，你们都将成为了不起的人。

朋友看完这则故事后，有片刻的静默。然后他说："但希特勒后来学坏了。"

我说："是的。因此不能给某个人定性说他是好人还是坏人。说他是好人和坏人时已经错了。人是在变的，随时在变，随着条件变，随着环境变，有的在变好，有的在变坏。既然能变，就不能说好人或坏人。历史上有周处除三害的故事，也有浪子回头金不换的成语，有的人看似坏极了，但关键时候，正是他来挽救了危亡。有的人好极了，但关键时候，他却把敌人引来了。有一个屠夫，杀生无数。但正是他，明白佛理之后，一刀斩断是非根，立地成佛。谁好谁坏呢？"

他说："是的，人是在变。你说了，有的人变好有的人变坏，还是有好坏。"

我说："是有好坏。因为有一个标准。虽然这个标准很模糊，但大体还是能界定的。比如说仁义礼智信，合乎这个的是君子，反之则是小人。我们平时所说的好人坏人，大致不出这个范畴。正是在这个范畴之内，我才说没坏人。不是没坏人，是不要把坏人当坏人。”

“那当什么？”

“当老师。”

“当老师？”

“是的，当老师。孔子曰‘三人行必有我师’，而没有说好人是我师。好人是老师，没错，坏人也是老师。只不过，好人从正面教，坏人从反面教。好人教我们这么做，坏人教我们别那么做。好人教不到的，坏人教。坏人遭万人唾骂，以身示法，甚至舍去生命来教给我们‘千万别跟我一样啊’。学费他交，我们学东西。难道不该感谢他么？”

不只是“三人行，必有我师”，而是每个人都是老师。每个人每时每刻都在做示范，这样做好，那样做不好。你不是有评价么？按照评价找自己就是了。那好的，就是好的我，有一天做成他；那不好的，就是坏的我，一定不能做成他。好老师坏老师都要。好老师从正面激励，坏老师从反面警醒。正面激励有时反而不如反面警醒来得深刻。某领导天天在台上讲反腐败，效果不明显。突然有一天，警车把一个人带走了，好多人出冷汗。柳宗元曾说过“敌存灭祸，敌去招过”，这话说得太好了。有个对立面在旁边盯着你，老想告你的状，你还敢放纵么？你不放纵，能犯错误么？你不犯错误，能有灾祸么？没有灾祸，不是福分么？福分谁给带来的，不是敌人么？能给带来福分的人，还是敌人么？不仅不是敌人，还有了几分恩人的样子，因为他起到了甚至恩人也起不到的作用。你还应该怨恨敌人么？这个敌人不是你的另一根神经么？

比方一个企业生产的产品，遇到一个很别扭的买主，很刁钻，左右挑毛病。一般人会生气，不愿做这单买卖，甚至会把他骂走。那就错了。不仅仅是失去了一单买卖，而是失去了进步的机会。其实他是上帝派来帮你的，只是换了个方式而已。他在验证你的耐心，验证你的肚量，不想一下子验证出你的坏脾气。人也是一种产品，有残疵没残疵，一验证就出来了。

还说那位被认为很“脏”的同学，他以自己的“脏”照出了好多人的真面目。他的“脏”证明了好多人的心灵其实也不太干净。这个同学，是个很好的老师，他从好多方面让我们提升自己。

说别人是另一个自己，不对了，说别人是自己的老师才对。

# 自己是谁

他人是另一个自己，那么自己又是谁呢？自己是不是自己呢？

这么说吧，当自己真的是自己时，那别人就真的是另一个自己了。为什么呢？因为自己的真心是清净无染的，它像一颗晶莹璀璨的宝珠，能够映照世间所有；因为自己的真心是宽阔无比的，它像虚空一样辽阔，无所不包。佛菩萨就是这样的。君子仁人，也是这样的，因此儒家说“仁者爱人”，“泛爱众而亲仁”，“老吾老以及人之老，幼吾幼以及人之幼”。佛说的众生的自性就是指的这个真心本我，这个本我永不迷失，我们只是把它遮蔽了，就像乌云遮蔽了太阳一样。一旦乌云散尽，日光依然灿烂。

问题是，我们把这个自我迷失了，把这个肉体以及肉体的欲望当成了自己，而这个自己恰恰是个忘恩负义的，只认得眼前的一点小利益，为这点小利益患得患失。这是自己么？如果是自己，为什么死后带不走？带不走的肯定不是自己。我们就这样被这个假我骗了，被骗到死也不明白。我有个朋友得了病，他的领导去看他。本已病入膏肓，他还努着劲对领导说：“下次评职称的时候，你要照顾我。”这领导说：“好的好的，一定一定。”其实领导知道那已经是不可能的了，只是慨叹到这时候了他还这样执著不放，因此只能这样宽慰他。没过几天，这朋友一命呜呼。

虽然我们不一定知道在这个肉体的自己之外还有个真的自己，但是那个真的自己并没有一刻忘记我们。他其实不断地在提示我们，启示我们，引导我们，让我们觉悟自我，归向真我。

不信么？你看，当你做了好事的时候，是不是很妥帖？当你帮助了人的时候，是不是很高兴？当你做错了什么的时候，是不是很懊悔？当有人告诉你应该怎么做的时候，是不是很感激？这其实都是你的自性的显现。当你天真，当你实在，当你突然把沉重的东西放下，当你一下子从自己设置的层层关系中跳出来，当你独自在青山顶上看浮云，或者在路边低头与一株小草对视，你轻松不？你自然不？你自在不？这应该便是自我的短暂亮相。

什么是真心本我？

干净是，宽阔是，大度是，无私是，不造作是。

恰恰我们不干净，不宽阔，不大度，很自私，很造作。

因此，我们不认识自己。

你想，连自己都不是自己的时候，别人怎么可能成为自己呢？因此，要原谅和可怜那些自私的人，因为他已经把自己迷失了。你看他整天忙来忙去，整天着急上火，却不知道为了谁，你说多值得同情。

那天，一位朋友向我倾诉，他说他的一套房子被前妻骗走了：“那是我的房子，凭什么她弄走？”说话时他满脸溅朱，悲怆悲凉。

我问了他一句：“我有一事不明。你说那房子是你的，是你出生时带来的呢，还是你死时能带走的呢？”

他愣了一下，然后说：“虽不是我带来的，也不是我能带走的，但那是我挣来的。我的就是我的！”

我问：“那离婚之前呢？是不是你俩住。”

他说：“那时还是一家，现在不是了。是的时候行，不是的时候不行。”

因此，我们所谓的无私，也是有条件的，也是有限度的。我们爱人可以，但不爱与我们无关的人，更不会爱仇人；我们帮人可以，甚至帮不认识的人都行，但决不会帮坏蛋。

所有的仇人、坏人、小人，其实都是我们执著于自己这个假我而分别出来的。

分别出来之后，我们就在这个小圈子里活蹦乱跳，说是说非，因而矛盾丛生，漩涡复杂。这种矛盾和漩涡更加剧了我们的分别，于是恩恩怨怨，无有了期，你膘着我，我膘着你，扯不断，理还乱，在生死苦海中漂溺。所谓的轮回，就是这样造成的。

因此，我们要找回真正的自己。

这是个天大的事，这是个比天还大的事。

怎么找呢？

孔子告诉过，老子告诉过，佛陀告诉过。

中国的儒道释，三家教育，都是在说一件事：要人们朝着自己走，而不要迷失了方向。

孔子说：做好人，做君子，成贤圣。

老子说：成贤圣，犹是造作，不妨清静下来做神仙。

释迦说：神仙虽好，犹可堕落，若想彻底，须做佛菩萨。

谁是佛菩萨？本我是。

他们都不会骗我们。

他们都是体验到之后才告诉给我们的。

他们也都实践了自己的前行标准，而真的得到了。你看，孔子成了圣人，老子成了神仙，释迦牟尼成了佛。

由此可见，他们都是实在、真诚的人，没有说半句假话，如《金刚经》所言“如来是真语者、实语者、如语者、不诳语者、不异语者”，没有半点忽悠我们的意思。

我曾经参加过禅堂打坐，打坐的目的就是要净滤自己的心，一点一点寻找自己。参话头时，有这样的话头可参：打坐者是谁？娘生我前我是谁？这样一步步追问。参嘛，参就是问。追问那个真我。

当年的禅师东奔西走，找明师参化，其目的就是为了那个我。

百丈怀海未开悟时，是马祖道一禅师的侍者。这天，他在师父面前侍立。突然天上一群野鸭子飞过。

马祖问："什么?"

怀海答："野鸭子。"

马祖问："哪里去了?"

怀海答："飞过去了。"

马祖猛地死死扭住怀海的鼻子："再说飞过去了?"

怀海积集在心中多年的冥思，一下子冰释，好不畅快，他跑回到寮房哀哀大哭。

怀海就这样开悟了。

师父哪里是在问你野鸭子，而是问野鸭子飞过时的你。可是怀海的心依然在野鸭子那里，因此师父狠狠地扭他的鼻子，野鸭子飞过去了，你也飞过去了么？你若飞过去，那么这个知道疼的是谁?

所有的禅师都是在百般寻找当中，突然找到自我的。

"众里寻他千百度，蓦然回首，那人却在灯火阑珊处。"

为什么禅师开悟之后，往往高兴得手舞足蹈？而且举止言谈与原先的那个人竟是判若两人？就是因为假我与真我到这时候才真正的融为一体，那种状态莫可言状，无可形容。

总说自在自在，这才是真的自在，自己真在了。

我们活了一辈子，却是活在一种矛盾中，活在一种分裂中，活在一种假相中，真我与假我若即若离。他是我，我却不是他；我是他，他却不是我。很怪，很有意思，却也很不真实。因此，佛说："一切有为法，如梦幻泡影。"

有两个例子，有点像笑话，但不可当笑话听。

一家餐馆里，一位老太太买了一碗汤，坐下正准备喝时，突然想起忘了取面包。取了面包回来，发现自己的座位上坐着一个男子，在喝着自己的那碗汤。老太太想："这人或许太穷了，我还是一声不响算了。不过，也不能让他一个人把汤全喝了……”于是老太太与这名男子面对面地坐着，不声不响地用一把汤匙轮流着喝汤，两个人都默默无语。

一会儿，男子突然站起身，端来一盘面条放在老太太面前，面条里插着两把叉子。两个人继续吃面条，吃完后，各自起身，准备离去。

“再见！”老太太说。

“再见！”男子愉快地回应。

这名男子走后，老太太才发现旁边的一张饭桌上，放着自己那碗汤。

其实我们就是那位把自己的汤忘了的人。

这老太太还真不错，看着别人喝自己那碗汤，竟然默然接受。若是我们，非要打起来不可。

老太太：“这是我的汤！你瞎了眼啊！”

男子：“谁瞎了眼？这是我的汤！”

老太太：“我的，我的，就是我的！”

男子：“岂有此理，真不讲理！”

老太太：“谁不讲理，咱俩谁不讲理？”

男子猛地把汤碗弄翻，汤在桌面上流淌。

……

生活中的场景都是演示给人看，让人起反思的。

我们把自己的汤碗忘了，还把别人的汤碗当成自己的。

我们把自己的汤碗忘了，都来争夺一碗本来不属于自己的汤。

另有一个例子。

日本商人请一位犹太画家吃饭。坐定之后，画家取出画笔和纸张，在等上菜之际，给坐在边上的女主人画起速描来。画好后，画家把作品递给日本商人看。日本商人连声赞美。

听到赞美，犹太画家便侧转身，面对着日本商人，又在纸上勾画起来，还不时向他伸出左手，竖起大拇指，像在估计比例。

日本商人忙一本正经摆好姿势，让他画，一动不动地坐了约有十分钟。

“好了，画完了。”画家说。

日本商人松了一口气，迫不及待地凑过去看，不禁大吃一惊，画家画的根本不是他，而是画家本人左手的大拇指。

这也是我们在生活中常犯的错误。你以为是你的，结果不是。挺得意地在那里等了半天，到时候一看，与自己无关，被别人拿走了。

一个是把自己忘了，一个是总惦着自己。

忘了不该忘记的，惦记着不该惦记的。

我们就这样生活在错误中。

# 善待自己

在北京坐地铁，无论是一号线、二号线、五号线还是十号线，你观察一下，几乎所有的人，特别是年轻人，都没守着自己。人们在干什么呢？看报纸的、玩游戏的、听音乐的、接打电话的……纵然什么也没做，也是在东看西看，或者东想西想。人表面上都在这里，各人是各人，但其内心状态，却好像都在别处。地铁一车厢一车厢的都是些穿着整洁、面容光亮的躯壳。

当然不只是坐地铁，无论干什么，我们总是魂不守舍，不能安于当下。我们就这样把自己错过了，其实只有此时此地此事，才真正体现我们的心。这个此时此地此事，既是过去一切的归结，又是未来一切的开端。失此则失彼，没有了现在，也就没有了未来。

有一年到英谈。英谈是一个小山村，在河北邢台与山西交界的太行深处，明代留下来的一个村子，一个古寨，寨墙还保留着。我们到的那天刚下过雨，天仍然阴着，雨随时可下，看不到山顶上的白云和西天的晚霞了。但雨天有雨天的好，石板路上湿漉漉的，屋檐上的雨滴与山涧里的流水均可入诗入画。这天的晚饭说好了在老路家吃，天傍晚，老路的女人开始给我们做豆沫吃。豆沫怎么做呢？抓两把干黄豆，放在一个很大的石臼里，放上一点水，然后用石杵在里头滚动，“咣唧咣唧”响。直到把黄豆滚成又白又细的浆，然后再放到锅里煮，很费工夫。我们几个人在旁边看着，觉得不该这样，起码应该把黄豆泡泡吧，哪怕泡上两小时，就很好弄了。当时觉得山里人真是浪费时间。在等着做豆沫时，我到街上转了一下，结果看到好多人家都在做豆沫，也都是这样的做法。“咣啷咣啷”，不紧不慢的样子。突然明白，我们错了，我们这些城里人错了。对于英谈人来说，这便是生活。生活本身就是目的，除此之外，没有其他的目的。这样做着，不急不慌，做熟了，男人回来，一家人围着桌子吃着，同样不急不慌。这不就是生活么？人就应该活在这不紧不慢里，时时在照顾着自己的心。而我们呢，忙着这件事，想着那件事，快点快点，催命一般。到忙那件事时，又有另外的事在想着。我们就这样忙啊忙啊，而竟忘了为什么。

山里人在给我们上课了，说人只能做眼下的事，过去的事就让它过去，没来的事就不要想它。因此，他们不忙，也没有因为不忙而耽误下什么。我们用着同样一本日历，虽是同一本日历，却分出了闲和忙。山里人时时刻刻守着自己，我们却奋不顾身，把自己给丢了。谁傻呢？城里人傻还是山里人傻？

这天夜里天晴了，月亮非常好，星星非常好，好到不可说。城里人哪里见过这么好的星星月亮，再配上四围起伏不断的青黛山峦，简直美极了。我们觉得这样的夜色不被人欣赏简直太浪费了，于是我们的一位同伴突发奇想，想给村支书打个电话，让村支书到大喇叭上去喊：“乡亲们，起来看月亮吧！今夜月亮好看哩！不看后悔哩！”当然这只是个没有形成事实的事件，也不会形成事实。如果真的给支书打了电话，支书起床一看，就会笑出声来。这样的景色，在山里夜夜如此，不值得这样大惊小怪。

不要说山里人穷，山里人其实很奢华。

不要说我们富有，我们其实有时很可怜。

不唯做饭吃饭，就连看月亮，山里人也跟我们不一样。

他们把月亮揣在心里，我们把自己送到月亮那里。

南怀瑾先生九十多岁了，仍旧耳聪目明。他说他一生看书多多，眼睛却不坏。好多人没看几本书，眼睛却坏了。为什么呢？不会看。他说，我看书，是把文字收到眼里来；好多人看书，是把眼睛追到书上去。

这便是差别，这也便是境界。

因此我不骗你，守着自己是件很好的事情。

那天，一个朋友跟我说："我读了《地藏王菩萨本愿经》，哎呀，受不了。地狱里太残酷了，太可怕了。那是真的么？"这事我回答不出。他也没等我回答，就又问："那不是真的吧？"

他这样说，我倒可以说了。我说："肯定是真的。"

"为什么？"

"你不是已经害怕了么？"

"但愿不是真的。"

"别害怕。地狱是自己造的，你不造就没有。"

"自己造的？"

"地狱里的事我不知道，但人间的事知道。对于一个不犯法的人，警车是没有的，法庭是没有的，镣铐是没有的，监狱也是没有的。你听外面警车叫，我们照常在这里喝茶聊天，不惊不怖。但是对于罪犯，定然心惊肉跳。"

"不造就没有，那为什么佛还说《地藏经》？"

"佛在搞警示教育呀。对于犯法的人来说，监狱是个实在的东西。对于犯了重罪的人，枪毙也是实在的东西。这便是因果。世间的监狱只管行为，只在心里想，不付诸行动，就构不成犯罪。但地狱则不然，地狱是连心念也记录在案的。善念善行，恶念恶行，笔笔不漏。"

"谁在记？"

"应该没谁记，都是自己招致。此因此果，彼因彼果，不会差分毫。"

"你是怎么知道的?"

"佛经上这样说。"

一切都是造作而来。

佛说心外无法，除却本心亦无别佛。我们没有守着自己的心，精神外驰，这样就把自己丢了。不只是把自己丢了，而且还会造好多的罪业。整个地狱就是由心所造，由躁心所造，由脏心所造，由贪心所造，由嗔恨心所造，由愚昧心所造。

自心这里不是地狱，地狱在别处。地狱不来找我们，是我们找地狱。

一颗心如如不动才好。

因此我总劝我自己，把心尽可能地安静下来，尽可能地守着自己多待会儿。

谁不愿意对自己好点呢?

我们之所以有怨恨，有矛盾是非，不就是因为有的人对我们不那么好么?我做事，他阻拦；我说话，他打岔；我说那人好，他说那人不好；我想要那个东西，他却先拿走了；我不想要那个东西，他却把它塞给我，等等，总之是对我不好。凡是对我好的，就是朋友；凡是对我不好的，就是仇人，起码是不让人待见的人。

谁不想对自己好呢?除了受虐癖，恐怕没有对自己不好的人。

但是，恐怕你没有想到，对待自己不好的恰恰是我们自己。不仅不好，而且常常欺负自己、虐待自己。难道不是么?为了一点身外之物，生很大的气，气得肝疼肺疼，这是善待自己么?为了一个什么目标，然后拼命，不吃饭，不睡觉，不达目的誓不罢休，而这个目标正是自己定的。目标不知实现没有，身体却是真的垮了下来了。目标即使实现了，也有可能发现原来这竟是没有意义的。即便有意义，或者很有意义，但这意义能大过生命本身么?

当然，我非常赞叹那些为了做事而牺牲自己的人，那真的是菩萨情怀。我只是不赞成为了一个目的而不管不顾的人。正如孔子所说“暴虎冯河，死而无悔者，吾不与也。必也临事而惧，好谋而成者也”，做什么都有个成本核算，赔本的买卖不能做，我们却经常干赔本的事情。本者，本心本身，身本心本也。

善待自己，不是善待别的，比如给自己多吃好东西，多喝好饮料，多穿时髦服装，脸上搽好粉，头上戴好花等。这不一定是善待，说不定有时还是虐待。善待自己，不是别的，而是善待心灵。认真对待自己的这颗心，我们自己的这颗灵明不昧的心，是成佛的种子呢！要把它提高到这样的高度来认识。不是常说么？不能昧了良心，这个昧，就是隐昧、污昧，就是把它给遮蔽了，浸染了，不明亮了，不透彻了。人有良心好比人有眼睛，人昧了良心好比人瞎了眼睛。因此，人一昧良心，准犯错误；人一昧良心，准走偏，甚至掉下悬崖。

地狱怎么进去的？就是瞎了眼失了方向一脚迈进去的。盲人骑瞎马，夜半临深池，说的就是这情形，很可怕的情形。

善待自己的心，怎么个善待法呢？有没有好办法？

一天，遇到老中医白大夫。

白大夫说：“若想少得病，或不得病，就得好好地待自己这颗心。心里净，不生病。凡生病者，皆是心里不净。”

问白大夫，有没有净心之方。

白大夫说：“有。事不管好坏，过去的，管不了它；未来的事，不用管它；眼下的事，做就是了，也别在心里装它。别人的事，你管不了；别人的嘴，你管不了；别人的心，你管不了。别人怎么想、怎么说、怎么做，是他自己的事。他事多，他心不净，病在他身上，你只管心里亮堂。别人黑，你也亮堂；别人白，你也亮堂。无事不亮堂，无时不亮堂，怎么会生病呢？”

白大夫开这药方，能对治一切病，人人需备。

善待自己，就是对自己好一点儿，对自己的心灵好一点儿。

为什么要对自己好呢？

因为自己是佛！这是佛菩萨告诉给我们的最大的秘密！由此，我们的人生有了本质性的努力方向。而努力方向的最本质保证，则是精心保护自己这颗做佛的种子，进一步纯净它、滋育它，使之早一天实现佛说的现实。

怎么保护它呢？怎么滋育它呢？怎么纯净它呢？

有一点我们是应该知道的，那就是不要离它过远，应该每天守着它、看护着它，不然的话，说保护和滋育它，只能是空话。

因此，我想说的是：

我们每天尽量拿出一点时间来，守着自己坐会儿不好么？

每天空出一定的时间，什么也不做，什么也不想，不好么？

时常把自己格式化一回，把多余的东西清除一下不好么？

你若说好，那就试试。

# 花开花落

# 死　神

说人生不能不说生死，因为人生这一段落，就在生死之间。生之前死之后的事，我们不大关心，也不懂得如何去关心。因为我们就生活在这阶段里头，前看不到来历，后看不到去处。就如同行走在蒙蒙大雾中，宽阔平坦也走，陡峭险峻也走，身处险境而不自知，走着走着，说不定一脚踏空，这个人就没了。

那日，与友人闲谈，说到一个人。朋友说："这小子也不知干吗去了，总也不照面。"我说："你是真不知道还是假装不知道？""怎么了？""他已经死了。"朋友瞪大了眼睛，好不诧异："你开玩笑吧！两个月前他跟我还在一起喝酒来着，为一句话，我差点跟他打起来。自那以后没有再见过他，我还以为他还在乎那句话，故意不理我呢！这是啥时候的事？""一个月前，死于心脏病。"朋友感慨道："有他在准有故事听，古今中外没有他不知道的，多热闹的一个人，说没就没了。这有点像演电视剧，演着演着，突然停电，咔嚓黑屏了。"朋友多斟出一杯茶来，喊着他的名字，说："每次聚时，有你一杯。喝了这杯，走吧。"朋友将茶泼在地上。

最能够说明人生无常的是战争。《小兵张嘎》的作者徐光耀十三岁当八路，身经百战。他对我说战场上的事："刚才还在一起说笑来着，一回头，这个人就没了。"

徐光耀曾缴获鬼子一块怀表，首长说让他用着。这天半夜住到一个村子里，为防备敌人袭击，干部们轮流值班。轮到石俊德了，石俊德对徐光耀说：“特派员，我没表。把你的表借我用一下。”徐光耀把表给了他。突然敌人来了，全员撤退。撤到半路上，石俊德说：“特派员，真对不起，我把怀表落在桌子上了。”徐光耀说：“没关系。”这时一颗子弹飞来，打在石俊德头上，徐光耀一把抱住他，但他的头垂下来。

在战场上，人的生命都凋谢得鲜亮，因而愈加可惜。

人生亦如此，死神比拿枪的敌人还险毒，他隐在你不知道的地方，想让你怎么死，你就得怎么死，没有商量的余地。第一天还好好的，第二天说不定你就死了。吴家老扁在街上走，人们问他：“你干吗呀？”他说：“听说三胖家的儿子娶媳妇，我把礼送去呀。”人们说：“嗨，你去早了，明天才是正日子，待明天再去吧。”老扁说：“谁知道我能不能活到明天呀。”人们都笑他，好好的怎么就会死了呢。但是，就在这天半夜里，吴老扁真的死了。他那一句话成为谶语。

因此，要意识到人生其实是人死，人若不死，生命的旅程也就没得可说了。生之后，死之前，人就在这个阶段里填写履历表。或贵或贱，或荣或辱，或穷或富，或苦或乐，或长或短，或曲折或平坦，错综复杂，纷纷芸芸。

有人说，人死如灯灭。那是他不知道灯是怎么点亮的。其实人生只是一个阶段。人死后肉体烂掉，这是我们能够看到的；人死后灵魂仍在，我们没看到；没看到，就以为没有，这是局限。

人生中的所有善恶，都为后来的生命做铺垫。善得善报，恶得恶报。不要不相信这个，不相信这个的结果是会做很多恶。就像有的人不相信警察的能力，因此做了不该做的事，到监狱时，后悔已经晚了。

活着，不及时行善，死后，灵魂会没着落。不是没着落，而是落在黑暗处。

# 活　法

人生的整个历程，在生死之间。生之前和死之后的事，我们往往不管；不是不管，是管不了。小品中赵本山问范伟“疖子长在什么地方不让你闹心”，得到的答案是“长在别人身上不让自己闹心”。人就是这样自私的。但是生死之事，不是疖子——若是疖子的话，就是个大疖子，长在每个人的要命处，你不管它，它却管你，你不理它，它却理你，百药莫治。

生之后死之前，我们人好像只喜欢这一段，为这一段操心费力，患得患失。其实人生简单极了，人就在得失之间挣扎。总是期望得到好的，避免不好的。什么是好的呢？对延续人的身体有用、让这个身体舒适的就是好的，比如好吃的、好喝的、好看的、好听的、好玩的等等。再有就是对人的精神有抚慰作用的，比如名誉地位等等，满足人的虚荣心。金钱这东西好，好就好在它既能买好东西供人来用，又能满足人的虚荣心。钱也是地位。钱也真能提高地位，比如好多有钱人用钱去买名。

但这好不好，也得分时候。同样一碗饭，同样给慈禧太后吃，在皇宫里是一个味道，在逃跑的路上又是一个味道；不饿的时候吃是一个味道，饿的时候吃又是一个味道。我们都听过刘宝瑞先生的单口相声《珍珠翡翠白玉汤》，说的是朱元璋穷困之时，吃过乞丐们为他凑成的一碗饭，杂七杂八，汤汤水水，红白紫绿，被乞丐们戏称为“珍珠翡翠白玉汤”，那滋味美极了。不是滋味好，是朱元璋饿极之后的感觉。到他后来当了皇帝，山珍海味吃腻了，突然想起“珍珠翡翠白玉汤”来，觉得那才是人间绝馐，为此杀了好几位厨师，也没做出那样的味道来。其实不怪厨师，怪朱元璋心态变了，已经找不回当年的感觉了。

时空变化，境遇变化，都会把生活中原有的定义颠覆掉。据说有一次闹大水，水没过屋顶，逃生的人攀到大树上。一个穷汉身上带了几个菜饼子，一个财主身上带了几块金元宝。饿极了，穷汉在那里吃菜饼子。财主说：“我拿一块金元宝换你一块菜饼子如何?”穷汉不换。财主又说：“我拿两块金元宝换你一块菜饼子如何?”穷汉仍不换。财主说：“我把所有的金元宝都给你，你给我半块菜饼子如何?”穷汉只管笑。在这时候，金元宝和菜饼子的价值就倒置了。

人就是这样，先求身体上的温饱，身体上得到温饱之后，还有精神上的温饱。身体上的温饱好解决，精神上的温饱不好解决。为什么？因为人的贪心太大，难以满足。说是有一个人，虔诚地供奉吕洞宾。仙人吕洞宾被他的诚意所感动，一天忽然降临到这一家，见这家十分贫穷，不禁怜悯他，于是用手指一点，庭院里的一块石头立即变成了金光闪闪的黄金。这个穷人说：“我不要这个。”吕洞宾非常高兴，他第一次见到这样没有贪心的人，就说：“那这样，我传授给你成仙的秘法吧。”那个穷人说：“秘法我也不要。”“那你要什么?”他指了指吕洞宾的手说：“我想要你的那根手指。”此故事不一定真，但人的贪心真就有这样大。

贪心大，嗔恨心就大。为什么？因为我以为是我的东西，结果被你弄去了，心不甘，于是生气，想办法弄回来。即便弄不回来，也不能便宜了他。为此打架的，打官司的都有，还有杀人或者自杀的，还有因此起战争的。

世界这样热闹，无不与利益有关。

儿时常看蚂蚁打仗，无数只蚂蚁滚成疙瘩，黑乎乎一片，死的死，残的残。在蚂蚁疙瘩的两侧，各有一线长长的队伍前来增援。所有的蚂蚁都忙乱而紧张。有时这样的蚂蚁战争进行一天也完不了。为什么呢？只为一粒米。起因是一粒米，打起来后，就不知道为什么了。我曾为蚂蚁慨叹，觉得它们太傻。后来想了想，人不也这样？

想得到的都得到了，就叫成功，就叫有出息，就被人羡慕。想得到的没得到，就叫失败，就叫穷困，就叫没能耐，就被人瞧不起。人就这样活着，活在物质里，活在名分里，活在别人的眼光和别人的舌头里。有意思么？有意思，很有意思，人就为这个奔忙。

但有一样没意思，真没意思。这个没意思的事就是死亡。

死亡是谁给的呢？是疾病。疾病是谁给的呢？是自己。为什么要给疾病呢？因为生气、着急、忧伤、苦闷等等所导致。什么原因导致生气等等呢？因为利益。追求利益而损害了自己的生命，你说这利益是利益呢还是毒药呢？其实人生游戏就跟卖假酒的人一样，在装着有毒液体的容器上贴上五粮液、茅台等类的字眼，我们还喝得有滋有味。我们就这样把毒品当珍品，饮用了一辈子，到死也不醒悟。

我就见过一个人的死，人还不到五十岁，从发病到医院到死亡，前后不过三个小时，遗下万贯家财。他的老婆哭天喊地，把所有的存折拿出来，朝死人的手上塞；把所有的玉器、铜器等等的朝他怀里堆——这都是他生前最喜欢的，可是此时他却连半点表情也没有，手动也不动，眼睁也不睁。他老婆喊道："这是为什么呀？你睁眼看看你的宝贝呀，你怎么一样也不要呀？"

即使在此时，活着的人还在乎死者的悼词该怎么写。生前，他活在别人的目光里，死后仍要他死在别人的嘴巴里。

谁说人自私呢？

人就这样糊涂地活着。

# 自　杀

网上称，北京大学心理学系的一个学生跳楼自杀了。“呼”的一声，响在人的心里。

其实不只北大，地球上每天都有人在自杀，原因诸多，都很可怜。哪一个生命体不是可贵的呢？一草一木，一虫一蚁，都必须活得珍贵，何况万物灵长的人。

不敢正视现实生活的人，骨子里是怯弱的。在死者看来，一切办法都想了，实在是没有办法了，只剩下唯一一个办法，就是了却自己的生命。他是不明白，世界上的事了犹未了，更何况不了了之！其实，仔细想想，还会有好多的办法。实在不行，还有一个没有办法的办法。没有办法也是一个办法，甚至有时还是很高明的办法。当年铁凝见冰心先生，说到婚姻之事。冰心先生嘱咐铁凝：“不要找，要等。”这是冰心先生的人生的论。不做，反而是做，甚至比做还好。我相信我父亲的话——父亲那一代的人生活在艰难里，但我的父亲从来没有把艰难当艰难过——他说，没有过不去的。一天一天的，也没见把谁落在昨天。人就应该这样豁达。佛说芥子可纳须弥。如果没法理解，你就想想，人的大脑其实也不大，但能装得下全宇宙。如果你觉得事情太大，容纳不开，那是因为你的心量还嫌狭小。事没大小，心量有大小。心量小，事情才显得大；心量大，事就变小了。好比一只碌碡，放在客厅里，肯定碍手碍脚；如果放在山谷里呢，则小得几乎被忽略掉。不是碌碡小了，是山谷大了。

说到自杀，其实没有谁不是自杀的。如果不自杀，谁又能杀得了你？

比如贪官被囚在监狱，如果他不贪，他到监狱来，只能是视察。是谁把他送到监狱来的呢？不是别人，正是他自己。

比如病患者，有哪一种病是外来的呢？外面刮着同样的风，下着同样的雨，并不是所有的人都得感冒。为什么？内里有火才能外感风寒。内里没火，风寒自是风寒。

内里火怎么来的？还不是着急急得？生气气得？郁闷闷得？焦虑虑得？

气从何来？虑由哪得？无非是不得意，有别扭事，心里有几分不舒服。再往深里究，是什么呢？一是为了个虚名，二是图了个浮利，这两样囊括所有。你说不是为这个，我名也看得淡，利也看得开，我只是看不惯图名图利的势利小人，我是被这些人气得，这叫义愤填膺。哎呀，这也真叫我没有话说。不过，你把自己气成这样，那小人就不是小人了么？如果小人还是小人，你这气不是白生了么？如果小人已经不是小人，你还生什么气？其实小人有小人的好处，小人的好处就是告诉你不要做小人。小人图名图利，其实得到了什么呢？得到的是被人小瞧，遭人唾骂，让人在背后指指戳戳。他得到的多呢？还是失去的多呢？他已经是自杀了。再者说，他献身精神来为大家做反面教材，一个人的狭隘，换来好多人的宽阔，我们难道不该感激他么？因此生小人的气，是生得没道理。把好人气坏了，小人不更得意？因此，生小人的气，不是跟小人过不去，是自己跟自己过不去。

还有的说，我这病不是气得，不是闷得，而是吃肉吃得，喝奶喝得，吃打了农药的蔬菜吃得。对，除了你说的，还有呢，比如大气粉尘、汽车尾气、水污染、气候异常等等，都是要人命的。现在的好多病，都是因为这个得的。是的，这真是个大问题，好多人在为这个伤脑筋。但是，这问题怨谁呢？总不能怨月里的嫦娥吧？

还是人自身的问题。

人的欲望太大太大，人类的欲望太大太大。不能说地球不好，是我们把地球弄得不好了。是地球太好了，地球让我们生活得有声有色，有滋有味，有诗有画，有一条很好的生物链，相互依存，相得益彰。老虎吃鸡，鸡吃虫，虫咬杠子，杠子打老虎。我们不，老虎、鸡、杠子、虫，统归人类，烧杠子，煮鸡，烹老虎，炒虫！

本来人长腿是走路的，却要代步工具；老爷有轿坐就行了，且老爷有几个也够了。偏不，人人要做老爷，个个要坐汽车、飞机。为了快。慢，不也是生活么？快了干吗呀？原来出远门，或两三好友结伴而行，或一人独自而行，顶多骑驴。一路上吟诗作赋，就日而走，伴月而眠，小店也住，大店也住，农家户也住，"寒夜客来茶当酒"，好不安闲，好不温馨。路途上看好多风光，发生好多故事，作好多诗文，结交好多朋友。诗人如此，"细雨骑驴入剑门"细看"犬吠水声中，桃花带露浓"；禅僧如此，行也禅，坐也禅，睹影而悟道，见花而证心；商贾如此，走一路，盘算一路，纵是没赚到钱，也赚到了风光和人情。现在呢，高速公路，火车提速，真是快捷方便，但是人们好像没有利用这快捷方便来安息自己，而是把自己陷在里头了。比方说，原来骑毛驴到西安需要两个月时间，现在坐火车到西安，顶多两天，余下28天。按道理说，这28天就该闲下来。可实际呢，没有一刻闲着，反而愈发忙了。真不知道是咋回事？

的确是快，除了快，还有什么呢？这个快把我们弄得像陀螺，真不知是古人幸福，还是今人幸福。

我常想，坐飞机到海南岛，与步行到三家村，两千里与二里地，两厢比较，一路上感悟到的东西哪个更多些呢？到海南看到椰子树或者五指山了，但是到王村看到的不仅有树，还有树上的蝉，蝉下面的蝉蜕，树下的蚂蚁洞，谷穗上的蚂蚱，小河里的青蛙，半空中的蜻蜓和天上的飞鸟，说不定其中还包括到海南的那架飞机。

感受是心灵上的，不是路程上的。

人在自杀，却没有觉得是在自杀，在自杀的过程中还觉得很快活。

没有比这更可怕的事了。

有人给我讲过一个故事，太有象征意味了。

说在内蒙古大草甸子上，有一汉子手拿着大钐镰割草。此钐镰把长五尺，镰刀长过一尺，宽有三寸，锋利无比。镰把那端，是削尖了的，还箍着铁箍。草甸子太大了，不钐草时，就把大钐镰插在地上，送饭的女人来时好有个标志。太阳底下，汉子抡着它钐草，刷拉一声，草倒一片，刷啦刷啦，草倒片片。汉子热了，脱下汗衫，只着短裤，汗流浃背，肌肉呈青铜色。时到中午，送饭的女人还没来，汉子渴了。他想找水喝。他把大钐镰插在地上，且把汗衫挑在上面，使人从老远就能看到它。他在草甸子里穿巡，突然有水鸟飞起，一箭冲天。汉子朝那里走去。果然在一片茂密的草丛中，有一口深潭。潭水清澈，映着天上白云和潭边青草。汉子伸过脸来，潭水里马上出现一个宽肩膀和一张黝黑的脸。他正要蹲下来捧水来喝，突然发现潭水里有一条大鱼，这大鱼太大了，大得超乎人的想象，黑色的脊背露出水面，两根鱼须有半尺长，摇来晃去。大鱼不惊不怖，安然不动。汉子忘了饥渴，抽身而退，然后飞快地朝着大钐镰跑去。不一霎儿，他重新又站在了深潭边，手里擎着大钐镰。那鱼还在，依然优哉游哉。汉子屏住呼吸，双脚叉开，双手高高举起大钐镰，猛力朝大鱼戳去！说时迟，那时快，只听刷啦一声，潭水溅起一片水花，水里冒出一片殷红，殷红如绸如缎，慢慢散开。大鱼不见了，水面上漂着一颗人头。而潭边，汉子依然站着，宽宽的镰刃正贴在没了头的脖子上。

好多人都是这样死的，见了眼前的利，而忘了头上的镰刀。

据说在南亚，有一种抓猴子的方法，就是在椰子上掏一个洞，里头放上猴子爱吃的东西。洞的大小正好是让猴子的爪子能够伸进来，但抓起东西后拔不出去。猴子见到或嗅到好吃的东西后，纷纷前来，把爪子伸到椰子里，死死地抓住东西不放。但是想脱身已经不可能。不是不可能，如果把爪子松开，立即可以逃走，但请放心，猴子们是决不会放下已经抓到的东西的，它们会紧紧抓住，到人来捉住它们也不松开。

不要笑猴子，我们比猴子聪明么？一点也不聪明。我们自觉自愿地在自掘坟墓。在《西藏生死书》中读到这样一段话：

现代工业社会是一种疯狂的宗教。我们正在铲除、毒害、摧毁地球上的一切生命体系。我们正在透支我们的子孙无法偿付的支票……我们的作为，好像我们就是地球上的最后一代。如果我们不从心理、心灵、见解上做一番彻底的改变，地球将像金星一般地变成焦炭而死亡。

仔细想想，真是不寒而栗。

为什么不慢下来呢？

像商量好了似的，谁也不慢下来。

为什么要慢下来呢？因为我们把这个叫做进步。

由此想到当年布袋和尚说的一首偈子，这偈子正是说给我们听的：

手把秧苗插福田，

低头便见水中天。

六根清净方成稻，

退步原来是向前。

# 呼　吸

在小品中，小沈阳曾有名言：眼一闭一睁，一天过去了；眼一闭不睁，一辈子过去了。其实，若用更准确的话说，是：人的生命就在一呼一吸之间。一呼一吸，就是活着；一呼不吸，就是死了。

这一呼一吸，就代表着一去一来，一阴一阳，一死一生。

人应该意识到，这一呼一吸便是人生的长度。

这个长度，可长可短，亦长亦短。说它长，前无头，后无尾，所有的时间都可以容纳在里头；说它短，只有一瞬。因为人的生命表面看来只有几十年，那只是肉体的存在时间，其实人的生命本质是不生不灭的。物质不灭嘛，物灭，质不灭。不然的话，你就不能解释人为什么会出生。不要以为一男一女做爱后就会有新的生命产生，表面看来是这样，其实，必须有第三者参与才有可能。这第三者便是那个新生命的本质，我们有时候把他称为灵魂。这个灵魂带着原有的生命长度，又来投胎。你看，孩子生下来之后，很快就能看出他的脾气秉性。有父母的成分，但还有他独立的东西。俗话说，一生看小，三岁看老，非但脾气一生难改，连生命运程似乎都有了定数。为什么会这样？因为他是生命的一个段落，虽有后天的教育和环境影响，但先天的惯性仍在发挥作用。

佛家讲的应该更科学，他不说唯心，亦不说唯物，他说的是因缘和合。因是原因，缘是条件，当一个因素遇到合适的条件后就会发生相应的变化。比如一粒种子，在有了适当的温度和湿度之后，就会发芽；遇到土地之后，就会生根发棵；阳光雨露水肥等等条件具备，就会开花结实。遇到好的条件是这样，遇到坏的条件也会发生变化。比如，种子入土之后，天大旱，种芽就会干掉；芽好好的，牛过来踩一脚，芽就会歪倒或者断掉；开花时，突然一场风，好多的花就结不下果实；结果了，有嘎小子一镰削了，果也就结不成了。植物如此，人也如此，人的生命链条也会随着条件环境的变化而变化。当然人要复杂些，人有主观意志，有心灵意境。

正是因为人有心灵意境，在很大程度上能够把握生命的走向，因此人的人格修养和心灵造就就变得非常重要。

一呼一吸，要随时意识到这个长度。一呼不来，万劫不复，可不是闹着玩的。把生命的走向把握好，念念善，念念慈爱，念念大度，人生就有价值；如果不把生命当回事，随意放荡，从心所欲，只顾当下贪恋，只顾满足口腹之欲和虚荣之想，不计后果，这一呼一吸，就在为黑暗做铺垫。

佛家说的，要活在当下，指的当是这个。“于一毫端建宝王刹，坐微尘里转大法轮”，就像榕树的种子并不大、大象的卵胞也很小一样，这一呼一吸里能包容或者生成所有时间。抓住了这一呼一吸，就抓住了生命的全部。过去和未来，也都由当下这一呼一吸组成。

宋代五祖法演门下弟子众多，其中有三位得法弟子：佛鉴慧懃、佛眼清远和圆悟克勤。

一天，克勤、慧懃、清远三人陪侍师父，夜话于山间凉亭之上。下山时，天已经大黑，点亮的灯笼被风吹灭，四面漆黑一团。师徒几个小心地走在逼仄的山间小路上。走着走着，法演禅师突然对三个徒弟说道：“正当此时，各人下一转语，说说看。”他想勘验一下徒弟们的境界。

师父的话音一落，慧懃便道：“彩凤舞丹霄。”

在慧懃看来，天虽然黑，但一颗心灵明不昧；在这样的心灵中，光明与黑暗没有差别；眼前虽然夜幕笼罩，但他心里依然光辉灿烂，色彩斑斓，如凤如凰游弋在五彩缤纷的霞彩之中。

清远说道："铁蛇横古路。"

在清远看来，禅者之心不为明暗所转，就如铁蛇横卧在千年古路上；秦末刘邦起义，在夜有一蟒蛇挡道，刘邦抽出剑来，一挥斩断；而我这里是铁蛇，任何刀剑也奈何不得。

轮到克勤说了，克勤却指着前面的山路说："看脚下！"

此时此刻，山路崎岖，夜色朦胧，一脚闪失，则跌落深崖，唯一要做的便是留心脚下，扎扎实实走去。修禅亦是如此，日常生活亦是如此，只有当下最为切实。抓住当下一念，过去未来一切全得；失却当下一念，过去未来一切全失。

法演禅师听了这三人所下的转语，哈哈大笑，说道："灭吾宗者，乃克勤尔！"

这是一大赞语。通过这句话，师父看到克勤境界最为平实也最为殷切。修行之路与日常生活无二无别，禅没在别处，没有另外的禅可修，禅就在日常生活中。在日常生活中，能够把握住自己，一念一念不放松，一呼一吸不空过，步步踏着实处，就能达最高境界。法演禅师断言，超宗越祖，横行天下的唯有这个克勤了。日后，也果然数圆悟克勤禅师最为出色，在禅宗史上，影响深远。

没想到吧，人生最要紧处，却在这一呼一吸之间。

# 谁的生死

人的一生说短也短，短到如白驹过隙。俗话说，人有三晃，一晃大了，一晃老了，一晃死了。说长也长，长到八九十年，受苦受累，岁月绵绵，想死而不可得。我就遇到过一个老奶奶，她跟我说："你说，我怎么也不死？我活得够够的了，天天明了盼黑，黑了盼明，时间这个长哟，没头没尾。"我相信她说的是真的。

生死是谁的生死呢？如果是自己的，为什么自己管不了？如果不是自己的，那这个生死与自己是什么关系？这是个大事，比生死本身还大。好多人不去想这个问题，以为想也没有用。因此人们就稀里糊涂地活着，也稀里糊涂地死去。没这个问题，这自己还是自己么？佛陀就是在这里让我们用心。我们随心所欲、心想事成，那就不会死了。为什么呢？因为人是怕死的，如果能够随心所欲，那第一件事肯定是先把死灭了。把死灭了之后，接下来要做的肯定是，怎么快活怎么来。

问题就在这里，人是想快活的，可是怪得很，快活却是快死的代名词。谁随心所欲，谁死得快。不信你看那放纵欲望的，以为女人好玩便玩女人（现在也有女人玩男人的），以为毒品好吸便吸毒品，以为抢劫过瘾便去抢劫，以为赌博有意思便去赌博，以为酒肉好吃便大嚼大饮不已。结果怎么样呢？这些人能活久么？倒是那绵绵细细照顾着自己的人生的，能够长久；倒是那收敛自己欲望的人，活得最平实可靠；倒是那每日三省吾身、懂得三尺之上必有神灵因而怀敬怀畏、恭慎谦卑的人，能够脚踏实地、一生无忧。

在怎么做人上，圣者孔丘深得其妙。他的一言一行，就是教人怎么做人的。古人说“半部《论语》治天下”，说的便是按照老夫子所说的去做。人做到位了，事便能做到位；事做到位了，官也才能做到位；官做到位了，天下也就治了。做官是做人为基础，做人以修心为根本。因此孔子所言无他，就是让人一心一意照顾着自己的心：“非礼勿视，非礼勿听，非礼勿言，非礼勿动。”

孔子深谙因果道理，既然此生为人，就要珍惜当下，不要想别的。把人做好，剩下的事就好说了。做人是因，做鬼神是果；活着是因，死后是果。活得好，则死得好；活得不好，则不得好死，更别说死后。活得好，死后也会好。活得好，死后上天堂，做神仙是当然的事。活得不好，死后做鬼，或者连鬼都做不成，直接下地狱了。生而为人，已经是非常大的事了。佛说人身难得。有多难得呢？佛打比方说，好比盲龟遇浮孔。茫茫大海之上，漂浮着一段朽木，而一只瞎眼乌龟，在偶尔浮出水面时，头正好钻入那段朽木的孔洞中。这几率太小太小，小到不可说。在无限的宇宙中，一个生命能够做一回人，就这样不易。因此，孔子要人认识到做人的极端重要，悉心悉意做人，不必分心想死后之事，不必分心想鬼神之事。想得好，不如做得好。做好了，不用想；做不好，想也白想。

孔子是在修行，整个儒教讲的都是修行，修身养性，修身以养性。性者，生命本质也。身体的言行举止直接影响性的质量，性的质量直接影响命的质量，性命攸关的意思，其实是在说这件事。

孔子不说死，不说鬼神之事。不说时其实已经说了，而且说得好极了。

谁的生死呢？应该说是自己的生死。可是，说是自己的，自己却又做不了主。自己做不了主的生死，就不应该说成是自己的。其实真正的自己，是不生不死的。我们的生死是谁的生死呢？是欲望的生死，是妄心的生死，是呼吸的生死。你看我们的念头总是这样，前一个念头熄掉，后一个念头生起，这样生生灭灭，灭灭生生。人生是一个大念头，一念几十年。这个大念头歇下，另一个大念头就会生起。因此，佛说人生是虚妄的，“一切有为法，如梦幻泡影，如露亦如电，应作如是观”。

佛发现了人生的虚幻性，因此他要人识破这个，不要当真，因为它毕竟靠不住。什么靠得住呢？只有自己靠得住，只有自己的心靠得住。因此，修行无他，就是把自己的真心找出来。真心在哪里呢？没在别处，就在妄心处，被妄心所裹胁、所遮蔽。所以凡是明眼人，都不让人们到处求神拜佛，因为没有另外的神可求，没有另外的佛可拜。这正是遵照佛的教导做的。佛说：“若以色见我，以音声求我，是人行邪道，不能见如来。”怎么能见如来？“若见诸相非相，则见如来”。

真心在妄心后面隐藏着。熄掉妄心，真心即现。

妄心在何处？在欲望处。正是欲望引诱得人的妄心炽热无比，如疯如狂。

# 炉 鞲

人身难得。因此一个生命的诞生值得特别关注。

这些日子，我和老伴就关注着一个新生命的动态。再过几天，他就要出生了。这个新的生命，便是我们的孙子或者孙女。儿子、儿媳在北京打工，他们结婚已经五年，如今有一个小生命该要诞生了，这是值得庆贺的事。起名字的事，儿子儿媳早就吩咐下，让我来取。我取了一个，亲家那头说不好听，要再起。这说明这个新的生命还没出生，就已经被大家所关注、所吸引。

在此之前，儿子一位同学的女儿也诞生了。在未生之前，双方的老人齐齐集在医院里，安抚着孕妇。小女孩诞生之后，一家人好高兴。孩子在奶奶家，姥爷姥姥每天去看一趟。像看花那样看她每日的变化。

新生命的诞生，是这样的神奇，佛说人身难得，他们的到来应该是有使命的。

人生毕竟是很豪华的事，在人生旅程中，有好多的事会实现。这里有起有伏，有顺有逆，有好有不好，有得意有失意，有喜怒哀乐，所有这一切，都在考验着人，激发着人的智慧。人在这里头，或哭或笑，或慷慨或悲凉，都在智慧的运用上。虽有顺逆等等，智慧够的话，顺也随它，逆也随它。只要心里平和，哪里有什么顺逆之分、好坏之别？都是人生的组成部分罢了。顺境中，所有的鲜花和掌声，所有的赞誉和逢迎，说明什么呢？其实都是在考验，看你是不是清醒，是不是得少为多，是不是得意忘形，是不是忘了自己姓什么。如果真是这样，那就很快颠覆了你，让你陷身于绝望之中，让你众叛亲离，让你欲哭无泪，甚至会让你家破人亡，为的是让你幡然醒悟。在逆境中，就像在逆流中漂游一样，不敢有丝毫的懈怠，稍有不慎，则丧身失命。咽喉被扼，随时可以呛水，随时可以毙命。如果清醒，不会生抱怨，因为这是大炉鼓鞴、大锤钳，反复锤炼的结果是让你成为削铁如泥的莫铘之剑。

小时候，放学回家的路上，我常常绕路去铁匠铺看铁匠打铁。铁匠炉旁边永远有一堆废铁，都是人们废弃不用的，而新的农具就是从这废铁里生出来的。耠子、镐头、铁锨、瓦刀等等，每一件大小不同、用处不同的工具，都须选择大小不同、属性各异的铁来完成。在打造一个新的农具之前，掌钳的铁匠都要在废铁堆里反复搜寻，直到找到一个合适的。之后，就把它抻出来，放到炉里烧。铁由黑变红，变橘红，变炽白，然后拿大铁钳夹出来，放在铁砧上，响锤响起。（响锤是一小锤，响锤不打铁，只是敲铁砧。）响锤敲铁砧的声音清脆而清灵，为的是唤来大锤。大锤由另一个壮汉把持。大锤来后，听响锤指挥。只见小锤引领着大锤，小锤点哪儿，大锤砸哪儿。如果需要在一个地方反复锤炼，响锤就在旁边敲铁砧。大锤和响锤敲出的声音好听极了——“吭！”这是大锤；“叮！”这是响锤。“叮！吭！叮！吭！叮！吭！吭！叮！吭！吭！……”节奏鲜明，极富韵律。

如果铁的硬度不够，还要淬火。把烧红的铁一下子伸到冷水桶里，刺啦一声，冒出白的热气。

当时只觉得好看，没有想别的。

现在想来，这打铁也是在给人说法。

我们所有的人在没打造之前，都好似废铁。虽是废铁，但毕竟也是铁。凡是铁，都是有用的。我们等着命运的铁匠在搜寻。终于命运之神选择了我们当中的任何一个，被从人群中挑出来，放到火里烧炼，直烧得要熔化。然后被钳子夹着，放到铁砧上反复锤炼。锤炼过后，还要淬火。如果我们有这份自觉，肯定就认了，不但认了，还会感恩。但是我们没有这份自觉，无论我们谁，被命运之神看上后，就以为遭厄运了。不是么？生生地放在火里烧呀，然后大锤砸了小锤砸，正面砸了反面砸，无所不用其极。因此我们有怨言，有怨气，有愤恨，有不平。为什么那么多人之中偏挑我一个？为什么我这么倒霉？为什么已经挨了这么多锤还不拉倒？

生活中处处是铁炉，时时有大锤。

我们不认识。我们以为上苍有偏见，爱欺负人，因此还上苍以白眼。

殊不知，正是上苍垂青，才选择了你。

砸呀，砸呀，那是恨铁不成钢。铁在砸中，在淬火中，才可能成器。

没有逆境和挫折，人的智慧怎么能激发出来？我看过浸棉种过程，是用开水把棉种泡一下，然后棉种的芽苞才被激发出来。没有困难，没有难度，人的技能也不可能精到。不经一番寒彻骨，哪有梅花扑鼻香？

因此，不要抱怨命运不公，那正是命运对你的特别看顾。

当一柄青锋宝剑脱颖而出，所有的废铁都会黯然失色。

最大的悲哀不是没有成为宝剑，是没有成为宝剑的想法。有时命运已经选择了你，而你不认识，不感激，反而怨恨，反而想不通。时机就在这时候失去。命运之神不是铁匠，当你怨恨心起的一刹那，命运之神就会离你而去；他懂得，有怨恨心的人狭隘，而狭隘的人不堪造就。既然你狭隘，他就会用满足你狭隘的办法应付你，他会给你一块窝头，或者再给你一块酱豆腐，让你有滋有味地啃食。

人就满足于这个。

我的小孙孙就要诞生了，在他的父母结婚之时，我曾写了一段话，赠给他们：

事业：不论何时，当有自知之明，能做什么做什么。事无大小，只有好坏，关键在于心态。处世：不论有钱无钱，均要有情有义。拜智者为师，认仁者为友，择勇者为邻。不自傲，不自卑，多些慈悲心，少些骄躁气。爱情：二人世界，须相互体谅，相互包容，不求一时之炽热，只体会平平淡淡才是真。世事本来琐碎，世间本来烦恼，将此看破，则日日是好日。过日子：家庭度日，最重和谐。尊老、爱幼、恤亲、睦邻，样样都要用心。只要心存宽厚，自然天地佑之。

如今也要写给小孙孙几句：

要做大富贵之人，所谓的大富贵，不仅仅在于钱财的多少，而是对于真心的护持，使之明净、圆满、圆融。心地要坦荡、无私，多做有利于众生的事，而不汲汲于名利。要知道，求富者必定是贫，求贵者必定是贱。而真正的富贵没在别处，全在自己这里。自己的内心是一座富矿，应有尽有，因此不必外求。任何的自卑或自傲，任何的肤浅或放逸，都是忘失本我的表现，应时时处处校正自己，使之莫失莫忘。

（就在我写此书期间，2009 年的 7 月 1 日，儿媳生产，是一个女孩，8 斤重的非常健康的一个女孩。她很少哭闹，很讨人喜欢。五行缺木，我给她起名若禾，愿她如夏日禾苗，茁壮成长。女孩如花，木也该是柔木，花也定是好花。）

# 母　爱

一个人的降生，是非常大的一件事。这件事有多大呢？不可说。佛陀降生时也是一个孩子。老子降生时也是一个孩子。孔子降生时也是一个孩子。一切圣贤降生时都是孩子，与邻家的孩子没有分别。但是，无可讳言的是，一切恶魔、一切地痞流氓或匪或贼，在降生时也是孩子。几乎所有的人，都不会愿意自己的孩子做匪做贼，而是愿他做圣贤；即使做不成圣贤，那也得做一个体面人；做不成体面人，那就做一个好好的百姓，无灾无难，终老天年。人在孩子身上寄托了太多的想法和愿望，这也不错，这是人把自己没有来得及或没有机会做的事情交给他来做，人把后代看成了自己生命的延续，以为自己到死时本命就断了，而把后代看成是自己身上裂变出来的另一个自己。人对这个自己比对真的自己还好。这是人的痴迷处，也是人的可爱处。

但是母亲似乎并不太在乎这个，她很现实，很注重面前这个在她身上孕育成功而后脱落下来的生命体。他是她生命的一部分，而非另一个自己。也是，在孩子降生之后，他还要依附于母亲的奶水，母亲用身上分泌出来的甜液来将养婴儿，虽在体外，还跟在体内一样，还是不可分割的整体，特别是心灵上的感受，与孩子浑然一体，无二无别，多年后仍难以割舍。因此母爱无可替代。

读到一则故事，广西武鸣县孕妇唐喻，怀孕两个月时，忽觉头晕头痛，而且伴随着呕吐。经医院诊断，是先天性脑血管畸形引发脑出血，医生给她做了开颅手术。三天过后，唐喻没有从昏迷中醒来，成了植物人。又经会诊，医生认为，孩子会影响到大人康复，建议引产。唐喻的丈夫陆冰也担心胎儿会影响妻子康复，可他更加清楚，结婚3年来唐喻一直想有个孩子，如果拿掉孩子，她会伤心死的。经过艰难选择，陆冰同意拿掉孩子，但他要给妻子照一张怀孕时的照片，以证明妻子也曾当过妈妈。就在陆冰掏出手机给妻子照相时，手抖得竟然连快门都摁不下。突然，陆冰大喊一声："不！这个孩子，我们要保住！"这一声喊之后，陆冰惊讶地发现唐喻的眼角正涌出一行泪水。陆冰激动地说："我老婆不同意打掉孩子！"接着，他又马上俯下身安慰唐喻："好了，老婆不哭，都怪我早没看懂你的心思，这个孩子我们一定要保住！"

要保住孩子，就必须对唐喻补充营养，但植物人无法自主吞咽食物，于是医生就在唐喻的食管部位打了一个洞，由丈夫陆冰精心照料，靠一根胶管输入流质食物。这样7个月后，2008年11月6日，经剖腹，唐喻产下一名男婴。奇迹就在这时候出现。病妇唐喻紧闭了7个月的眼睛竟然慢慢地张开了一条小缝。陆冰轻轻抱住唐喻的脸亲吻："老婆，你好伟大，你刚才生了一个儿子！老婆，你高兴吗？高兴就眨眨眼睛。"说完之后，陆冰紧盯着妻子的脸。唐喻脸部在努力，似乎在酝酿力量，终于她微微地眨了一下眼睛，随之而来的就是喷涌的泪水。陆冰悲喜交加地拉来医生："我老婆醒了！"医生在检查了一遍后告诉陆冰，植物人流泪、眨眼睛并不是表明她醒了，不过这是个好的征兆。忽然，陆冰感觉自己的手臂被什么东西碰了一下，他低头一看，只见妻子的手指在来回弯曲，似乎想抓住他的手臂！这一回他更加狂喜了："你是不是能动了？"妻子再次眨了眨眼睛。医生也看到了这一幕，感慨道："没想到母爱的力量这么大，刚生完儿子就出现了奇迹。"

在山上，幼芽能顶起巨石。这名婴儿，没吭一声，却把母亲沉睡多日的生命唤醒过来。

不过，我想说的是，与其说这是新生命的力量，不如说是母亲自身的力量。一位母亲，即便成为植物人，在其内心深处，仍然潜伏有着巨大的爱，这爱的能量之巨大犹如原子核。为了儿子，活着的母亲可以死去；为了儿子，死去的母亲也可以活过来。

可是，却有长大了不孝顺父母的儿子。

不孝顺父母，就等于逆了天道、地道与人道，人不容，天地亦不容。依此来看，忤逆之子能有好命运么？若是有好命运，不等于天地倒置了么？不孝顺父母，就意味着忘失了根本。一棵树，如果没了根，还能舒枝展叶么，还能开花结果么？不孝顺父母，就等于忘失了来时路。一个没有来路的人，能有去路么？

说到生孩子，禅门里的一则公案颇有意味。佛的弟子殃崛摩罗，这天持钵到了一户人家，正值这家妇人难产。这家主人问殃崛："你是佛的弟子，为至高圣僧，有什么办法能解除难产？"殃崛对这位主人说："我乍入道，还不知此法，待我回去问世尊，然后再告诉你。"他马上跑到佛跟前，把这事跟佛说了，佛告诉殃崛："你快去告诉他，就说'我从贤圣法来，未曾杀生'。"殃崛忙去转达佛陀的话，"其妇得闻，当时分娩"。在我们看来这也太奇特了，但在佛陀那里，却有大因缘在。其中深奥，我也不懂，有能懂者，望能告我。宋代有一个叫径山杲的僧人却因参此公案而开悟，他开悟后的颂偈是这样的："华阴山前百尺井，中有寒泉彻骨冷。谁家美人来照影，不照其余照斜领。"这样的奇绝的诗，正好配那段公案。

说什么呢？说生命之奇崛之奇妙之奇怪。奇崛奇妙倒罢了，为什么还奇怪？难道不奇怪么？一男人一女人交触之后，忽然就有一个人诞生出来，他与此男人有关，与此女人有关，而自己又是独立的一个。他秉承了天地阴阳，从奇经八脉与四肢百骸中呈现生命的各种现象。他是一个，却又是整个宇宙的缩影。其生命密码没有谁够破译出来，就连他自己也不知道。但就是这么一个生命，却能够成佛，也能够成圣，却也说不定是匪或贼，是无赖瘪三。你说奇不奇，怪不怪？

因此，人生不可不庄重，不可不珍视。你以为生是你的、死是你的，其实生也不是你的，死也不是你的，生死全由不得你。虽说由不得你，却又与你有着生死关联。佛陀所教，殷殷切切，苦口婆心；圣人所教，因人而设，对机说话；都是要我们明白生死之事，慎重生死之事，超越生死之事，获得生命自由。

# 宿　命

我老家有一个人，出身为富家子弟。当年戴着瓜皮帽在高阶下玩耍，被一个相面先生见了说，这孩子日后必得冻饿而死。这话当时没人信。这人读到中学，遇到土改，一家人迁居北平。谁想文革期间，此人被押送回原籍。他是一个人回来的，谁也不知道他有没有妻子儿女。出身地主，天生坏蛋，被管制劳动。他身上有病，而囊中无钱，面色焦黑，身体瘦弱，其实已经不能劳动，却没有一天不劳动。谁都判断他活不太久，但竟然多年不死。到了21世纪的边缘上，大家都过上了好日子了，他已经风烛残年。七十多岁的他，已经做不动了，但饭还得吃。有一本家怜悯他，让他看果园，给他些米面。他就在野外的果园里躬着身子行走在树荫下，果子摘完之后，他仍旧住在果园里。果园里有一间屋，在冬天生上一只炉火，却也不很冷。这年年底，本家想起他来，把一篮子馒头和过年用的东西给他拿过去。掀开门板看时，人已经死了。灶凉炕冷，谁也不知道他死在哪天。

他的命不是相面先生说来的，是他从小面目上就带有的，不过是被相面先生一语道破而已。

死了也就死了，谁不死呢？但是有相面先生那一句话，这死就变得让人费琢磨。

记起一件事，因为过去好多年，可能我叙述得不够准确和完整。幸而故事本身不是目的，故事背后的东西才是。西安的人到上海开会，好多人一起去。买飞机票需要身份证，而其中一个人的身份证不巧丢了。为了叙述的方便，我们就喊他老王。老王就托在派出所的朋友给办一张身份证。朋友说没问题，时间足够。老王也以为没问题，因为这件事对朋友来说根本不是个问题，何况朋友不是个随便答应别人事的人。既然不是问题，也就没挂在心上，临买飞机票前，才想起身份证来，结果竟是朋友把这件事给忘了。把不该忘的事忘了，朋友那里很抱歉，老王这里很懊恼。不是懊恼别的，懊恼心里很生气而又不能跟朋友急。急了也不管用，只好赶紧去买火车票，提前上车像蜗牛那样爬过去。去前先跟同道说好，别忘了跟会议组织者说，派个车来接站。

到了目的地下了火车，东张西望，却看不到接站的。把电话打给参加会议的同道们，却无人接听。一个人不接听，好几个人都不接听。老王想，莫非人一坐过飞机就变傲慢了？只好打电话给会议方，会议方愣了好长时间，然后反复盘问老王的身份。老王急，老王不能不急——没捞着坐飞机不说，还被冷落；被冷落不说，还受盘问。

原来飞机失事！飞机上的那些人都遇难了！

老王真侥幸。侥幸自己没坐飞机，侥幸朋友的疏忽。原来所有的懊恼，现在都变成了庆幸。

哪是对的哪是错的呢？莫非真的有宿命在？

我们就是在这里遇到漩涡，走不出去。

河北的申身先生是一位老诗人，也是一位老实人，真诚坦荡如他的诗。已到古稀之年的他竟发少年狂，背起行囊，只身走长江、黄河、茶马古道、喜马拉雅山脉和十多条古长城，走出了一路故事，走出了一路豪情。那天，他跟我说起他走罗布泊的事。走别的地方可以只身独往，唯独走罗布泊需要搭伴，需要有导引。为什么呢？

不是因为有个彭加木先生失迷在此，也不是因为有个探险家余纯顺先生舍命在此，不是这个。每年都有人把命丢在这儿，好多骷髅背后都有故事。老先生讲，罗布泊本身并不神秘，其实面积也不是很大，照直了走，三五天绝对能走出去。但是，为什么那么多人没有走出去呢？就是因为人自身的弱点。不是人走不出罗布泊，是人走不出自己的弱点。人太自信了，人觉得这么点距离，照直了走，不会有任何问题，偏偏在没有问题的时候就有了问题。因为茫茫沙漠，没有坐标，以为朝着一个方向走，走的是一条直线，其实走的是一条弧线，是在那里兜圈子，兜一个很大的圈子。自以为方向感很明确，其实早已偏离了方向。人就这样在明白中糊涂地死去，一直到死都以为自己很明白，其实自己根本就没在明白里。

命运也如此。我们来探知命运就如同走罗布泊一样，往往迷失在自己以为的明白里。

每个圆，都是由无数的点和一段段的直线组成的。在很短的距离内是直的，把距离拉长，就会发现这个直线已经变成弧线了。再跳开看，这弧线也不是弧线，而是圆。一个圆尚且如此，何况比圆复杂得多的命运曲线！

庄子说过，对夏虫不可语冰，对井蛙不可说海。因为他在局限里，你没法跟他说清。我们人其实也活在局限里。活在局限里倒也罢了，但人偏偏不认为自己活在局限里，以为很明白。这个很明白，其实恰是不明白。这个很明白的不明白，耽误了好多人。比如说学佛，好多人不屑，以为是迷信。因为他并不了解佛教，只是看到了有老太太在佛像前磕头，看到有一些人烧香求福，看到了这些表象，就以为这是佛教，以为学佛就是学这个。其实他不知道，佛陀是最不迷信的，佛教是最彻底的反对迷信和破除迷信的。佛陀就是为了让人从迷信中解脱出来，真正认识自己，认识真正的自己，认识到生命的平等，才说了那么多的法。他要人们不要成为偶像的奴隶，不要成为欲望的奴隶，要找到真心本我，自己做佛。也只有这样，才能成佛。他反对迷信一切偶像包括佛在内——“若色见我，以音声求我，是人行邪道，不能见如来。”他也反对对法的执著——“汝等比丘，知我说法，如筏喻者。法尚应舍，何况非法!”他才是一个真正的觉悟者，他也愿我们像他一样觉悟，不要活在迷信里，不要活在局限里。而我们有些人却恰恰活在局限里，把局限当成了全部，以为真理在自己这里，一切与自己不想法不相符的就是不对的。这恰是迷信。

话说多了。既然我们活在局限里，就应该设法探讨没有局限的生命是个什么样子。其实，这探讨本身也是局限。虽然是局限，但毕竟有了一个方向。像申身老先生穿越罗布泊那样，需要一个导引，而且是好导引。在这个世界上，有谁不在局限里呢？想了想，大概只有佛陀。佛陀是梵语，翻译成汉语就是觉者，大彻大悟的人。他不但自觉，而且能觉他，而且他的觉不是只停留在理念上，而是在实践上也是觉悟了的，圆融无碍，因此称觉行圆满。比如他说因果，不只是说，而是看到，生生死死，死此生彼，六道轮回，如我们看电影一样，来龙去脉，清清楚楚。因此遇到难题，只有问他。他是那个看到了圆的人。

佛说因果，前因后果，缘在三世。“若问前世因，今生受者是。若问后世果，今生做者是。”我们说老了的一句话是：种瓜得瓜，种豆得豆。真理就这么简单。我们不知道有前生，知道有昨天不？我们不知道有来世，知道有明天不？今天把好东西吃完了，明天挨饿，我们不抱怨。昨天做了坏事，今天被拘留，我们没怨言。前生事、后生事跟昨天事、明天事一样一样的。

所谓的宿命，哪里有？皆因我们在局限里。我们只看到了自己这一生，而看不到前生，更看不到前生的前生，以致更远。我们为什么看不到？不是我们看不到，是我们的心太芜杂，太污浊。生生世世，造了好多的孽，把个本来清净明白的心，弄成了一团麦秸泥，各种欲望愈加蓬勃，污秽和遮蔽，污秽到不以为是污秽，遮蔽到不以为是遮蔽。人就这么傻定了。但佛陀慈悲，告诉我们，生命的本来面目应该是什么样子的，苦口婆心说各种法，教我们怎么样去掉污秽，找回光明。当智慧回到自身，那时你就什么都看到了。

我们看不到，但我们看得到身边的事物，身边的所有事物都在给我们讲道理。前因后果，没有一件事不是这样的。没有一件事是不受因果律制约的。比如你吃了一块馊馒头，夜里闹肚子。馊馒头是因，闹肚子是果；到医院看医生，医生说要开刀，闹肚子是因，开刀是果。就这样因成果，果又成因，组成一个链。比如一棵玉米，一节一节往上长，前一节决定后一节。比如一条河，它的走势，是诸多因素形成的，你不能离开整条河流而决定某一段水的流向。

人的命运也是这样的，你不能置整个生命链于不顾，而单独把某一生拿出来让他幸福或者痛苦。就说我们村那个人，冻饿而死是早决定了的，而且不是别人决定的，是他自己。诸多的前因导致了这个后果，而他自己不知道。如果知道了，也许他会从因上下手，来努力改变命运。

# 人与稻谷

人是明白因果的，因为谁都知道吃饱了不饿。这吃饱了不饿其实就是因果。懂得了这个因果也就应该懂得了所有的因果。但是人总是相信看得见的因果，而不相信看不见的因果。其实这看不见的因果才最厉害。古人早就讲：“形而上者之谓道，形而下者之谓器。”器是看得见的，如我家那陶罐。道是看不见的，如头顶之上的灵魂。凡是看不见的，颗粒细的，都是能量大的物质，比如电、X光射线、电磁波。老子讲“大象无形”，不是大象无形，是我们眼界太窄。我们的眼耳鼻舌身，只能看见能够看见的，只能听见能够听见的，只能嗅到能够嗅到的，只能摸到能够摸到的。在此局限之外，则无可奈何。非但无可奈何，而且固执己见，不以为有。这便是人的可怜处。

我们做事，目的是为了成功。如果不为成功，我们也不做。成功是果。为了成功所做的努力是因。如果因上有问题，果的问题就是问题。因此在做事的时候，我们总是在找不成功的原因。找到这个因，果就有了保证。事如此，命运也该如此，如果不如此，就没道理了。因此这里把袁了凡先生改命的事说说，顺便也把袁隆平先生改水稻的事说说。这两个姓袁的人，一明代，一当代，一个在人身上做实验，一个在稻谷上做实验，不仅有趣，也相当有用。

袁了凡先生改命的事，见于《了凡四训》这本书。

明代有一个人姓袁名昆仪，字学海，被一个姓孔的命相学家把他的命给说死了。为什么袁先生那么相信孔先生呢？因为孔之所测，无不应验。比如考试时他坐第几桌考第几名等等的，都能预知。包括当廪生时要吃够多少石米才能被拔为贡生，都是斤两不差。孔先生说出他今生宿命：没有子嗣，世寿53岁，在四川当三年半的县长。既然一切皆有定数，努力何用？于是懒散颓废，百无聊赖。正在无可奈何之际，在栖霞山遇到了云谷禅师。他与云谷禅师对坐，三日三夜。禅师问道："人之所以不得成为圣人，只因为妄念缠缚。你坐三日，不见起一妄念，这是为什么？"

学海答："我被孔公算定，荣辱生死，皆有定数，因此没妄想可打。"

禅师说："我原以为你是豪杰，原来只是个凡夫。"

学海大诧，究其原委。

禅师说："人为阴阳所缚，是有无数的。但定数只是对凡人说的，极善之人，数不能限定他；极恶之人，数也不能限定他。你二十年来，被他算定，不曾转动一毫，岂不是凡夫？"

学海问："这么说定数可逃？"

禅师答："命由我作，福自己求。诗书所称，的是明训。佛教教典中说'求富贵得富贵，求男女得男女，求长寿得长寿'，而妄语是释迦大戒，诸佛菩萨，哪能诳语欺人？"

学海问："孟子言'求则得之'，是说求在我这里。道德仁义可以力求；功名富贵，如何求得？"

禅师答："孟子的话不错，是你错解了。你不见六祖说'一切福田，不离方寸；从心而觅，感无不通'？求在我，不单单得道德仁义，亦得功名富贵，内外双得。如果不反躬内省，而徒向外驰求，即便是得到，也是因为命里有；这样会内外双失。"

然后禅师问学海："依你自己说，应该不应该得科第、生儿女？"

学海沉思良久，说："不应该。因为自己福薄，没有福相；再说自己也没耐心，又是个直性子，说话做事都很直接，因此科第无份。俗话说，地多秽而生物，水至清则无鱼，我有洁癖，因此不生儿子。这是一。二，和气能育万物，我脾气不好……”学海说了好多条缺陷，因此缺陷而使生命不能完满。

禅师也把好多条道理告诉给了袁学海，他告诫说：“你现在既然已经知道错在那里，那么从今开始，务必要积德，务必要包容，务必要和爱，务必要珍惜精神。从前种种，譬如昨日死；从后种种，譬如今日生。血肉之身，尚然有数；义理之身，岂不能动天？《太甲》曰‘天作孽，犹可违；自作孽，不可活’。诗云‘永言配命，自求多福’。孔先生算你不登科第，不生子嗣，这天作之孽，还可以改变；如果你扩充德性，力行善事，多积阴德，此自己所作之福，哪能不受享？《易》为君子谋，趋吉避凶；如果说天命不可更改，吉何可趋，凶何可避？《易》开章第一义，便说‘积善之家，必有馀庆’，你信不信？”

禅师一番话，如醍醐灌顶。从此袁学海改号了凡，意在悟立命之说，而不欲落凡夫窠臼。自此改过迁善，修养身心，积功累德，不敢有丝毫懈怠，“将所行之事，逐日登记；善则记数，恶则退除”，这样日积月累，自己把握住人生方向，不敢有丝毫大意，终于他渐行渐远，远离了原先的命运轨则，一路所遇都在那位孔老先生视线之外。

第二年（1570 年）礼部考科举，孔公算他该第三，他考了第一。1586 年考取进士，然后到河北宝坻县做县长，七年后升迁为兵部主管。孔公说他无子，结果他生了一个儿子，起名袁俨，《了凡四训》便是他为袁俨写下的诫子文。53 岁本为当死之年，却也无恙。袁了凡活到 74 岁。

袁了凡先生由此知道，人生命运没在别处，全在自己这里，生死由人，好坏随心，如果自己拿定主意，神仙也奈何不得。他感慨道：“《尚书》说的‘天难谌，命靡常’，又说‘惟命不于常’，皆非诳语。我由此知道，凡称祸福自己求之者，乃圣贤之言；若谓祸福惟天所命，则世俗之论矣。”

袁了凡改命，靠善念善行。为什么善念善行能够改变命运？这事别问我，应该问另一个姓袁的人。这个人便是袁隆平。袁了凡把自己的命改了，袁隆平把好多水稻的命改了。

人的行为，源于念头。有什么样的念头，才会有什么样的言行。就是说，有善行，先有善念；有善念，先有善心。从心底里生起来的善，才是真善；心底的改变，才是本质的改变。本质一变，人的命运自然也跟着变了。而袁隆平呢，是在大田里选稻穗，选那表现好的，籽粒饱的，优点多的，然后培育它们。得到鼓励的那些水稻成分，表现越来越积极。就这样水稻也变了。人改变的是心灵。水稻改变的是基因。

什么是基因？应该是事物最基本的因由。因变了，果自然变。

佛陀在《圆觉经》里这样说：“一切世界，始终生灭，前后有无，聚散起止，念念相续，循环往复，种种取舍，皆是轮回。未出轮回，而辩圆觉，彼圆觉性即同流转。若免轮回，无有是处。譬如动目，能摇湛水，又如定眼，犹回转火。云驶月运，舟行岸移，亦复如是。”

佛说了，有一个因，我们弄不明白。如果弄明白了这个因，把这个因灭掉，我们就不再轮回。为什么弄不明白？因为我们被裹在一个运动场中，认识不到自己。苏东坡认识到这个，所以作诗“不识庐山真面目，只缘身在此山中”。就好比坐飞机坐火车，感觉自己很平稳，寸步未移，其实却正在高速运行中。还好比肚子里的蛔虫，跟着人走了千里万里，却也不觉。“云驶月运，舟行岸移”，哪个动，哪个没动，我们往往弄错。错知错觉，却不以为错，这便是颠倒。

因此要跳出来，跳到山外看山，跳到心外看心。

这个“跳”也真好。有一句话这样说“跳出三界外，不在五行中”。怎么跳呢？孙悟空一个跟斗十万八千里，也没跳出如来手心。似乎有更好的跳法。那么怎么跳？你且附耳过来，我秘密告诉你一句话：跳是不跳，不跳是跳。世界上的事物都在动，人也在动，人的心也在动。人之所以有烦恼，是动得与世界不合拍了。与世界不合拍了，不是感觉我们别扭着了世界，而是感觉世界别扭着了自己。于是怨天尤人，好不委屈。试着把自己的心静下来看，保证试几次就会有感觉。觉得这个世界并不十分讨厌，或许还有几分可爱。不可爱的只是自己的烦恼。把烦恼丢了，就只剩下可爱了。因此，佛说："狂心顿歇，歇即菩提。"就这么简单。"菩提本无树"，怎么栽？不栽而栽。用懒法，懒到不用心。

生命的因就在菩提树下。

袁了凡把自己的命改了，是顺着自己的意思。他觉得老法师的话对，就真心去做了。袁隆平把水稻的命改了，是顺着水稻的意思。水稻若不改，袁隆平也没办法。能改是水稻的因，袁隆平不过是助缘。如同园中牡丹，开花是它的因，地软肥多水足就开得好，地硬肥少水缺就开得不好。牡丹园里的电线杆子紧挨着牡丹，施同样水肥，但它永远不开花。

因此要想改变命运，不要问我，而要问自己。如果不问自己，不妨问问灵隐寺的慧远和尚。

宋孝宗赵昚这天来到杭州灵隐寺，方丈慧远禅师陪着。走到飞来峰前，孝宗问道："既是飞来，何不飞去？"慧远禅师答道："一动不如一静。"又见到观音像手持念珠，孝宗又问："我们持珠念观音菩萨，观音菩萨持珠念何人呢？"慧远答："念诵观音菩萨。"孝宗问："为什么他也念诵观音菩萨？"慧远答："求人不如求己。"

求人不如求己，求己也须真求。若是真求，没有求不来的，没有得不到的。袁了凡求的是功名富贵，得到了。我家邻居求的是胖儿子，也得到了。这都不应该是难事。为什么这么说？因为佛陀反复告诉我们，"一切众生皆有如来智慧德相"，本来是佛。只要有真心，能够看破放下，是连生死都能免、佛菩萨都能成的。世间区区小果，岂有得不到之理。你若说你没得到，那是你求的方法不对，你定是只求佛菩萨，而忘记了求自己。

# 死的疑问

小时候不知道有生死。不知有生死时，不知有烦恼。爷爷在，奶奶在，父母在，邻家二叔在，外村的干娘也在，在的还有院子里那些鸡鸭牛羊，似乎这些从我在时他们就在了，而且会一直在下去。格局永远不变。不变的还有永远流淌不尽的阳光。对生命发生疑问缘于一个女孩的死。

这个女孩在后街，离我家很远，她娘给她起了个花的名字——秋菊，人也长得花一样好看。只是她家里穷，穿的衣服往往不大合身，但却是极干净的。她的妈妈也是极干净的一个人。妈妈领着她在街上走时，狗是不咬的。人们说这是因为她们干净。我闹不明白为什么干净了狗就不咬，但我真看到过她们娘俩经过一条狗的时候，那狗的确卧在墙角一动不动；可是换了一个人过来时，那狗却呼一下扑过去。

那年闹饥荒，普天下都闹。我们到地里去挖野菜，秋菊也去。只是秋菊比我们大几岁，不跟我们在一起，而是跟着几个比她还大的孩子在一起。我们喊："秋菊！"她听见后，只是看一眼，笑一笑，却不答应。其实，我们要的就是她这一笑。她的笑很好看。男孩不说，有女孩的人家在教训自己家的女孩时，往往跟秋菊比：你看人家秋菊，哪像你！

可是秋菊死了。秋菊没有死在家里，而是死在半路上。秋菊跟着几个比她大的人到山东去买山芋干，那年好像天底下只有山东还有那么一点儿山芋干，远在千里之外的人也都听说了，于是瘪着肚子去了。果然买到了山芋干，一人背着半袋子回来了。但是秋菊没回来。秋菊的身体回来了，灵魂没回来，回来的还有半袋子山芋干。秋菊是怎么死的，人们说不清。半袋子山芋干对于她来说不是问题，可是她竟然背着吃力。人们猜想她是饿的，但她却说不饿，不肯吃袋子里的山芋干。她走在队伍的后面，走着走着，突然扑地不起。全村的人都知道了秋菊的死讯，我娘不让我去看，说小孩子看了不好。但我还是偷着去了。我去的原因是想看看死后的秋菊跟生前的秋菊有什么不同。我没有看到秋菊，这时的秋菊已经被装在刚做成的一口白茬子棺材里。死人跟活人的区别，就在于在棺材里还是在棺材外。看到棺材，我有些害怕，不敢大声说话，更别说喊秋菊了。棺材放在一个大门洞里，她娘在旁边坐着，奇怪的是她娘竟然不哭，虽说不哭却有一行行的泪从眼里流出来。这是很让人奇怪的地方。看秋菊的人并不多，只是在墙角那里有几个人正在弄绳子。我有点害怕，我想再无论怎样喊秋菊，她也不会笑了。但我一想就看到她的笑，一想就看到她的笑。我忙着离开。就在我准备离开时，她娘突然站起来，像变戏法一样在手里拿出一朵大麦熟花。她把这朵花放在棺材头上，那是一朵很深的猩红。她娘说："秋菊，从小你就喜欢花。把这花拿着，走吧！"说完，她放声哭起来。这时我发现，她家院子里种着一片大麦熟花。

我从来没想到花与死人有关系，秋菊死后我就不这么想了。

云散水流天地静，篱间黄菊正争春。

秋菊死后不久，更让我深刻感受到死亡意味的，是我爷爷的死。我爷爷是个非常聪慧非常细腻的人，且非常有才气。虽说不认识字，却能出口成章，他的歌谣里还有预知未来的成分。只是世事嘈嘈，谁也没把我爷爷的话当回事，因此有好多歌谣随着岁月流走了。好在有一位玉树太爷，对我爷爷的事还记得清楚。他虽然辈分大，却比我爷爷小好多。我们两家曾伙用一打麦场，我爷爷知道他是认识字的，便对他说："我说的话你记着，都是有用的。你是我的秘书处！"这也许是玩笑话，但玉树太爷却当真负起了秘书处的责任，记下我爷爷好多的事情和歌谣。比如清末民初，老爷爷还不到20岁时，即有歌曰"穿鞋没脸儿，花钱没眼儿，抽烟没杆儿"、"不搽粉，不戴花，片儿片儿的大脚丫"。果然，没过几年，铜钱换成了纸币，烟袋换成了烟卷儿，女人的鞋脸儿竟然短到可以露到小脚趾缝了。女人也不再裹脚，不再打扮，走出闺阁，成了劳力，走起路来可以像男人那样呼呼生风。

据说他还设想过"风耕地，水打场"的工程。在土地南北两端，各矗立一架风车，靠风力引动，拉动犁杖，即可免除牛马之劳，这便是"风耕地"。"水打场"呢，是在打谷场周围挖一深槽行水，水上行舟辑，舟楫带动碌碡，以代牛马。这只是大概轮廓，具体细节尚有很多。这设想没有实现，或者也不可能实现，但借此可知我爷爷是个思维非常活跃的人。

他的最大的一件事，是访孔夫子第七十几代之衍圣公。其时军阀混战，生灵涂炭，面对乱世，我爷爷百思莫解。他曾经将希望寄托在孙中山身上，孙文、黄兴革命时，我爷爷还有歌谣赞他们。孙中山一死，我爷爷没了精神偶像，心生迷惘，一时手足无措。我爷爷想啊想啊，想到了圣人。圣人孔子是个有智慧的，世界瞎了，得有明眼人指路才行。孔子早殁，只能指望衍圣公。据说我爷爷像壮士荆轲一样，肩上斜挎蜡染的蓝布小包袱，披星戴月，日夜兼程，徒步八百余里，到山东曲阜访圣。访圣的目的，是想请教天下还有没有救？谁来救？

一介农夫，上有父母和爷爷，下有妻子儿女，小家尚且顾不过来，竟虑及天下。不是大疯大痴，便是大慈大勇。

这天走到济南，正是午夜时分，在泺口黄河大桥上，竟意外地遇到了衍圣公。当时衍圣公倒坐在马拉轿车上，从桥上穿行。爷爷把轿车拦住，问："圣人，怎么倒坐着?"衍圣公抬眼看了看这位衣衫褴褛的人，缓缓答道："治则进，乱则退。"

我爷爷的问语与衍圣公的答言，委婉曲折，似大有禅意。有点像唐代的大珠慧海禅师初参马祖：

马祖问："从何处来?"大珠答："从越州大云寺来。"马祖问："到这儿来有什么事?"大珠说："来求佛法。"马祖说："我这里嘛也没有，求什么佛法?放着自家宝贝不顾，抛家乱走干什么!"

"治则进，乱则退"，看来此乱世圣人也无奈。我爷爷立时知道自己错了。多少辈子，都是靠贤靠圣，原来这贤这圣也有靠不住的时候。

爷爷没待衍圣公的轿车走远，便折身回返。

偌大一个辉煌梦想，就这样草草终了。

圣人无靠，只能自己救自己。我爷爷回到家后，闷坐多日，终于想出一个救世良方——宣传。他把一首很长且很顺口的劝世文辞想好后，喊来本村没过门的女婿，口授给他，然后拿到河间城里石印出版，张贴到各村镇。

我爷爷救世的壮举，多少有点像西班牙那位与风车打仗的骑士堂吉珂德，在常人看来有些可笑，但在我爷爷自己，却是肃穆庄严。

现在我讲这些故事不是目的，而是想说，纵然我爷爷这样的人也会死。他的死是因为挨饿。上世纪60年代初，天下荒年。这个荒不是天荒，而是人荒。总路线、大跃进、人民公社，三面红旗万万岁，折腾得人没了饭吃。在没饭吃的时候，我爷爷还把家里的东西尽数送人。因此，我爷爷的死就不可避免。

秋菊死就死了，我爷爷怎么会死呢。秋菊死后，我不难过；爷爷死了，我很难过。可是爷爷真的死了，看来人是不管别人难过不难过，都要死的。我爷爷临死前，先是病了，躺在炕上，不能起来吃饭。死后，他就被移到一张木床上，一张单子把头蒙严。有了秋菊的死作铺垫，我知道我爷爷也会被装在一口棺材里，从此再也见不着他了。果然，第二天，我爷爷就被装在了一口红棺材里。再后来，棺材被抬到坟上，埋了。我这才知道，那些坟头都是埋的死人，而死人曾经都是活生生的，是爹娘的儿女也是儿女的爹娘。我爷爷曾经在冬日的坟上扫碎草，装满一大筐背回家来。他那时知道有一天他也会躺在这地底下么?

好好的一个人，说死就死了，从此世界上就没这个人了，这使人无论如何想不明白。我们村的一个人，他心爱的小女儿死了，他天天闹着要到坟上把坟挖开，后来终于挖开了。挖开与不挖开是一样的，人死不能复生。

后来明白，人都是要死的。虽然人都是要死的，但人却还是要好好地活。人虽然都在好好地活，可是人毕竟还是要死的。人若是不死多好，可是这多好的事没有发生。

人生下来之后，就有老、病、死的问题伴随，任谁也不能逃离。它就像一张网，紧紧把你罩住，无论你怎样挣扎也无济于事。仔细想想，从古至今，为了保证这个身体不出毛病、少出毛病，为了疗疾治病，为了延缓衰老和死亡，人们真是想尽了办法，出了好多位大师、神医，滋衍出好多的行业和机构。死亡也许可以得到延缓，却没有一个人长生不老。

日本清泰寺仙崖义梵禅师的书法非常有名。一位地位显赫的政要新建了一座豪华住宅，客厅里需要一幅名人字画，于是托人来求义梵禅师的墨宝。

义梵禅师倒不难求，当即展纸挥毫，写道：

祖死父死子死孙死

来人一看，惊讶万分。

义梵禅师问："怎么啦？嫌字写得不好？"

"不是不好，而是这恐怕太不吉利了吧？这怎么能挂得出去呢？"

禅师大笑起来。他说："你说不吉利？这是我想到的最吉利的话了。你看，首先是爷死，之后才是父死，再之后才是子死，再再之后才是孙死。这是人生过程中最正常、最吉祥的顺序。一个家庭，没有年轻的人夭亡，还有比这更吉利的么？”

是的，没有白发人哭黑发人的家庭是最幸福的了。

佛陀住世的时候，有个人母亲暴病而死，他接受不了这个现实，于是找到佛陀。在他眼里，佛陀是无所不能的，应该有办法让他的母亲复生。佛陀说，办法是有的，只是先要你来做一件事。那人说，别说做一件事，做十件事都可以，只要让我的母亲活过来。佛说，你到舍卫城中，去找一户没有死过人的家庭，回来告诉我，我就有办法替你解决问题。那人去了，挨门在舍卫大城寻访，结果没有找到没有死过人的家庭，一家也没有。

有生就有死。这是谁也抗拒不了的人生铁律。若想不死，就得不生。若想不生，就得超越生死游戏。死不是别人给的，死是自己生长的结果，是一环套一环的。

释迦佛陀就是看到了人的生老病死才舍王位而出家。佛陀毅然决然，义无反顾。为什么呢？他觉得人生没有意义，不管一时间多么有意义，人一死也就没意义了。比如财富，比如地位，人一生所追求的东西，两眼一闭，人生如戏，再多的财富，再高的地位，再好的亲属，立时变得如泡沫幻影，不可靠，不可信。

正是为了探问生命真谛，佛陀才舍弃别人难以舍弃的，实行别人难以实行的。日中一食，树下一宿，苦修成道。他告诉我们：有生就有死，生是一种无奈，死是一种必然。虽然有死，但生不是没有意义，人生的意义就在于要真正认识自己。人生的过程，外在的东西不重要，重要的是要发现和珍视内在的东西。人不能舍本逐末，可人偏偏最喜欢舍本逐末。人就应该在舍本逐末的过程中，觉悟到此举的虚幻和不可靠，从而升华和超越自己的生命。佛陀已经证明，这不是不可能的，而是切实有效的。佛陀悟道之后，讲法四十九年，殷殷切切，苦口婆心，就是在告诉我们这件事情。

佛陀还告诉我们，人之所以活在差别和层次里、不能平等，是因为心灵上的差异造成的。而这心灵上的差异，则是由自己的身、口、意造成的。杀生、偷盗、淫欲，此三项犯的是身业；妄语、两舌、恶口、绮语，此四种犯的口业；贪爱、嗔恚、愚痴，此三项犯的是意业——加在一起一共十项。这样做了是十恶，不这样做就是十善。人就在善恶之间活着，由于善恶的程度不同而影响到人的心灵。由于心灵的善恶、清浊、明暗等种种差异，决定了来生的生命形式和生存质量：胎生、卵生、湿生、化生……天堂、地狱、畜生、饿鬼……沉浮变化，死此生彼，不断轮回。此因此果，彼因彼果，好因好果，坏因坏果。道理很深刻，却也很简单，不过是种瓜得瓜、种豆得豆而已。

这样看来，人生怎么能没有意义呢？人生也是有质量要求的。你不能忽视你的人生质量，你不能麻痹或疏懒，你不能心存侥幸，你不能没有顾忌和敬畏，你必须知道善恶、清浊、明暗、好坏，从而决定自己的思想和言行，从而避免堕落和下滑，从而净化和提升心灵，改变和提升未来的生命质量。

# 潇　洒

超越生死之后的事我们不知道，因为我们尚在局限中。在生死圈中讨论生死之外的事，就好比一群井底之蛙讨论大海。说是有一只海蛙遇到了井底蛙，海蛙说它住的地方很大。井蛙说，有我这井的一半大？海蛙说，大。井蛙说，那定然是我这井的三分之二了？海蛙说，大。井蛙说，不可能跟我这井一样大吧？海蛙说，还大。井蛙不信，难道世界上还有比我这井还大的井？于是井蛙跟着海蛙到了海边，一看……其实，井蛙没有走到就回去了，它不相信世界上还有比它的井更大的井。它不受这个骗。不仅是一只井蛙不受骗，所有的井蛙都不受骗。这样一群井蛙讨论大海，会是个什么结果？顶高明的结论是：大海真的有一个井大。

我们也是井蛙，如果讨论生死之外的事，就好比一群没有到过西藏墨脱的人，来争论雪山的高低和路途的宽窄。

生死之外的事不说也罢，说几件与死有关的事例。

死是一件痛苦的事，是一件让人恼恨、让人惧怕、让人绝望、让人无可奈何的事。但是，这是在我们凡夫这里，若是在禅师那里，死亡就变得非常有趣。他们会把死这件事弄成游戏，使之变得轻松自在，使人在死亡的过程中感受到无限的意味。他们不是死，而是解脱，使真正的自己从肉体的束缚中解放出来，从而变得无拘无束、自由自在。

禅师们是谁？禅师们是一群实践佛法的人。佛陀住世时，由他本人来教化众生。佛陀涅槃之后，留下了经、律、论三藏法宝。这些佛法不是理论，且不可言说，“一切言说，都无实义”，言说背后的东西才是。这些是要靠人来实践的。就好比地图，标明了某个地方，北京、天津、上海等等，但地图上的地名并不等于实际的地方，要了解那个地方，必须亲自到那个地方才行。佛经的意义就是地图的意义。禅师们就是一群躬身践行、要到佛国实地去的人，因此出家人的僧团被尊为僧宝。

这些禅师们在实践佛法的过程中，得到了真正的受用，生死之事在他们这里被看穿。他们懂得了“生以不生生为生义，死以不死死为死义”，生也不生，死也不死，生和死不过是生命过程中不同的表现形式而已。哪里有生？哪里有死？生是相对于死来说的，死是相对于生来说的。将生死之事看穿之后，一切如梦如幻，会像庄生梦蝶那样，庄与蝶是一不是二，可以互化。

让我们举几个活生生的例子，看他们在死的时候与凡夫有多大的差别：

邓隐峰禅师是马祖道一的法嗣，在师父们的反复锤炼下，终于彻悟。显示开悟的竟是这样惊心动魄的一幕。

这天，邓隐峰推着车子在路上行走，突然发现马祖正坐在路边，且把脚横在路中间，挡住了车子的去路。邓隐峰说道：“请师收足。”

马祖说：“已展不缩。”

邓隐峰说：“已进不退。”说完，便推车子从马祖的脚上碾了过去。

马祖虽被轧伤了脚，但是心里好生高兴，他知道邓隐峰心里已经无有挂碍，一颗果子终于成熟。但他还是要勘验一番。他瘸着脚回到法堂之后，拿着一把斧头，大声喝道：“适来碾损老僧脚的出来！”

邓隐峰便走到马祖的跟前，伸出脖子让马祖砍，马祖于是放下手中的斧子。

开悟之人，是连生死都没有挂碍的。

这天，邓隐峰来到沩山，直接走进法堂，将衣钵放在上首板头上。沩山灵祐禅师听说师叔到了，便来到法堂看望。邓隐峰禅师看见沩山，便作卧势。沩山禅师便回到方丈里去了。于是，邓隐峰禅师便起身离开了沩山。过了一会儿，沩山禅师问侍者："师叔在么?"侍者道："已经去了"。沩山禅师问："他说什么了么?"侍者道："无话。"沩山禅师道："莫道无语，其声如雷。"

这样潇洒的邓隐峰，在死时同样潇洒。唐元和年间，邓隐峰来到五台山，决定在金刚窟前示灭。他先问信众："坐着死的卧着死的，我都见过，请问你们见过立着死的么?"信众们回答说："见过。"邓隐峰说："那么，你们见过倒立着死的么?"信众们说："没有见过。"邓隐峰禅师于是倒立而化。奇怪的是，他的衣服居然整整齐齐地顺着身体，没有倒挂下来。后来，众人商量着把他的尸体抬到火化窑里荼毗（火化），却发现无论怎么用力，他的身体却屹然不动地倒立在那里。远近前来看热闹的人，都惊叹不已。

邓隐峰禅师临终前留下了一首偈子：

独弦琴子为君弹，松柏常青不怯寒。

金矿相和性自别，任向君前试取看。

曹洞宗开山祖师良价悟本禅师，小的时候跟着老师念《心经》，念到"无眼耳鼻舌身意"时，忽然摸着脸问老师："我脸上有眼耳鼻舌等，怎么经上说没有?"老师听了非常诧异。后来他出了家，经过多年修行，一天因过河时在水面上照见自己的影子而悟道，从此不仅悟得了"无眼耳鼻舌身意"的真正蕴含，而且大张法席，以绵绵密密的宗风行于天下，走出了一条颇具特色的禅修之路。

63 岁这年，三月初的一天，良价禅师将圆寂，他对众人说："我有不好的名声在世上，谁能给我除去?"没有人能回答得上来。这时，一个小沙弥站出来说："请问师父的法号是什么？"禅师说："我不好的名声已经除掉了。"一徒弟问："师父身体不舒服，这个世界上还有不生病的么？"禅师说："有。"徒弟说："不病的来看师父您么？"禅师说："只能我去看他。"徒弟说："不知道师父怎么去看他？"禅师说："老僧我看他时，不见有病。"禅师问徒弟们："离开这个身体，你们在什么处跟我相见？"没有谁能答上来。禅师说了一首偈子："学者恒沙无一悟，过在寻他舌头路。欲得忘形泯踪迹，努力殷勤空里步。"然后剃发沐身，让一个徒弟去敲钟，在钟声中禅师晏而化。徒弟们恸哭不止。良价禅师忽然睁开眼说："出家之人，心不附物，是真修行。劳生息死，于悲何有？"言外之意是你们还有愚痴，心地不明。于是复活过来，让主事僧办了一期愚痴斋。这愚痴斋办落七天，到第八天斋毕，良价禅师才在方丈室端坐而寂。

临济寺的普化禅师整天疯疯癫癫，凡圣莫测。他的岁数与辈分比方丈临济义玄禅师还要大。一天，普化在僧堂前吃生菜。义玄禅师看见后说："这汉真像一头驴。"普化便学着驴鸣的声音叫起来。义玄禅师说："这贼！"普化说也回音似的说；"贼！贼！"说着便走出去。他就是这样潇然无碍。

一天，普化禅师在大街上化缘，要化一件直裰（长袍）。人们给他，他又不要。临济义玄禅师知道普化的意思，就差人买了一口棺材给他。普化禅师自己扛着棺材，高兴地对人们说："临济和尚为我做了一件法衣，我可以到东门去死了。"大家听了好奇，纷纷跟着他到东门，看他如何坐化。普化禅师到了东门，一看人多，就说："今天不死了，明天到南门去死好了。"第二天，有更多的人赶到南门，普化禅师却对大家说："今天还不成，明天到西门吧。"众人心想，八成是普化禅师捉弄人，因此第三天到西门的人少了好多。不过禅师仍说："这回还是不行，明日到北门去死。"

第四天，普化禅师扛着棺材到了北门，对仍旧跟着他的几个人说："你们几位很有信心，我现在可以死给你们看了。"说罢，禅师躺进棺材，向在场人微微一笑，自己将棺盖盖上，示现圆寂。消息传开，人们争相前去，围者如堵。“市人竞往开棺，乃见全身脱去，只闻空中铃铎声，隐隐而去。”那铃铎，便是普化禅师平日里在街上边走边摇的。普化禅师真的普化生天了。

高僧大德的坐化方式千奇百怪，无不潇洒自在。他们在向众人演示人生完全可以这样来去自如，毫无挂碍，不一定非要躺在病床上哼哼吱吱，痛苦万端，更不会有恐惧和无奈。生时活泼，死时照样活泼。生与死像硬币的两面，一正一反，其实是一个东西。不仅禅家如此，只要是修禅者，不管出家不出家，都可以这样宛然自在，无滞无碍。

唐代的庞蕴居士，湖南人衡阳人。他本是儒生，家里很有钱。自从悟得禅理之后，他就把家中金银装到船上倾倒在江里。有人劝他布施出去，他说，这辈子布施了这么多的金钱，来世定是大财主。成了大财主，不一定肯学佛，恐怕造罪更大，我不干这样的傻事。

他和妻子庞婆、儿子耕获、女儿灵照，一家四口安贫乐道，儿子种地，女儿编笊篱卖。他把禅修与生活结合一起，生活即禅修，曾作偈诗道：“日用无别事，唯吾自偶谐。头头非取舍，处处没张乖。朱紫谁为号？北山绝点埃。神通并妙用，运水及搬柴。”

庞居士决定这天日当正午时迁化。将近中午，他嘱咐女儿灵照到外面看看日头是不是到了正午。灵照看过之后，对父亲说：“日已午，不过有日食。”这有点出乎庞居士的意料，于是到屋外亲眼看日。哪里有什么日食，分明是女儿调皮。待他回转身，要对女儿说话时，却见灵照端坐在他座位上，已经圆寂了！庞居士笑道：“这丫头，比我还利落！”

庞居士只好先给女儿料理后事。七天之后，襄州牧于公前来问候。庞居士对于公说：“但愿空诸所有，慎勿实诸所无。”说完，将头枕在于公膝上，倏然而去。

庞婆得知了丈夫的死讯，来到田里，对正在锄地的儿子说：“你老爹撒手去了。”儿子听完之后，站在地头，锄头拄着下巴，洒然而去。

这三人中，灵照坐着死，庞公卧着死，儿子站着死。庞婆更奇，她看一家人都去了，便说了四句偈：

坐卧立化未为奇，

不及庞婆撒手归。

双手拨开无缝石，

不留踪迹与人知。”

庞婆怎么死的？没有人见到。

不颠倒的人生就是这样的，这便是人生的真意味。

我们颠倒，我们痛苦。我们在生死之间垒了一堵高大的墙，然后又被自己垒的这道墙折磨致死。

# 随处花开

# 一株花

禅门的一则公案：陆亘大夫与南泉话语次。陆云："肇法师道'天地与我同根，万物与我一体'，也甚奇怪。"南泉指庭前花，召大夫云："时人见此一株花，如梦相似。"

不知这陆大夫是谁，不知肇法师是谁，也不知南泉禅师是谁，我只见一株花在庭前开。

当年佛陀在灵山法会上传禅，手里也是拈着一枝花。那枝花是什么样的花，以致摩诃迦叶见了，莞尔而笑？

佛陀手上的那枝花，与南泉禅师庭前这枝花，是两枝，还是一枝？若是两枝，为什么同样千年不败？若是一枝，为什么一在手上，一在庭前？

如今就说这一株花。

我们每个人，其实都是一株花，或牡丹，或芍药，或腊梅，或春桃，抑或茇茇草。这一株花开在梦里，也开在现实的风雨里。

有人问我：有没有命运这件事？我也学南泉禅师，把庭前的一株花指给他看。

孩提时，我家院子里也种着花，是那种大麦熟花，花为宿根，每年春天发芽，初夏开花。此花开时，正是麦子成熟季节，因此在它背后便是大面积的金黄和那种焦熟的气息。植株丛生，能高到两米，长到第七八个叶子时开始开花，此后每叶都有花，或单朵，或并蒂，就这样蒜瓣一样开上去，茎长多高，花开多高。花瓣有单有复，单的灵秀，复的雍容。颜色也多样，粉、红、大红、黄、白、绿、蓝、紫，还有比紫的颜色还重的，近乎黑，我们把它叫做“狗屎摊”。花谢后，留下一包一包的籽。我把花籽采下来，放着。待到雨季，大雨过后，我就在窗前松一小片土，把花籽埋上。不几天便有嫩芽拱出来。花芽虽小，却异常灵动。先是一两枚，很快是一大片，在一起挤着，很热闹的一群生命！

经历了虫咬、鸡刨、日晒、雨淋以及大人们随意踩上去的脚，那些花苗苗能够活下来的不多。为了不让这些花苗死，我想了好多办法，把一些树枝盖在上面，或者夹上篱笆，日头烈时把一块雨布给它们遮上等等。到底有花苗活下来，子叶出来，慢慢长大，活泼泼的，直到深秋霜寒风冷，叶子在一夜间枯萎。我很高兴，这一株花算是真正活下来了。到第二年的春季，不用管它，它也会像其他大麦熟花那样，发芽、窜莛，成为很蓬勃的一株。

窗前的这株花开花时，也正是到了中午把窗户打开的时候，这株花便像美人似的被屋里的人窥到。人看花时，倏忽间便有某些感触生出；而花看人时，想也会有莫名的惊诧！

佛说生命轮回，我似懂非懂。可是我却曾经站在花丛旁看花开花落、花生花死！

花跟人哪里有区别？

花的根、花的植株如果是命，那么花所遇到的日月星辰风霜寒暑蜂蝶虫蚁等等，就是运。命和运是两回事，彼此却又分不开。花活在它自己的命运里，受命运支配，却也支配命运。花的形状、花的色彩种种不同，既受内因支配，又受外因影响。它们就在这影响中活出自己的样儿来。同样的花在同样的条件下，花的大小、花的艳丽程度、花期的长短等等却有种种不同，这里头到底是什么在起作用？

春日里，花事纷繁，随处有花看。一次，在赞皇的山上看杏花开，那个地方被称为杏花沟，沟长十里，花开如雾，煞是好看。没想到天上还下了雪，本不是下雪的季节却下了雪，雪压花枝，别有意趣。那次看杏花的是一帮诗人，花纷纷，诗作亦纷纷。还有一次在涞水的山上看桃花，平原上的花都谢了，这里的桃花却正好看。真如古人说的，“人间四月芳菲尽，山寺桃花始盛开”，山坡上，这里一片，那里一片，犹如天女遗落的粉色纱巾。

其实最好看、最壮观、最动人心魄的，莫过于泊头的梨花。我与泊头有缘，在那里待过几。泊头是梨乡，年年梨花开。梨花开时让人感动，其实梨园一年四季都让人感动，起码让我感动。按说冬季里没什么了，可我却觉得冬季里的梨园才更多玩味。大面积的梨树，在暖阳中沉默着，枝枝桠桠，或粗或细，黑褐如铁，比画家弄出的墨色更有意味。虽无半点叶芽，却并无枯疾沉闷之感，反而倒使人觉得有此一季节，才更显示出梨树的深沉和深刻。为什么？就因为它们是活的。它们是在酝酿什么，因为成竹在胸，所以不露声色。及到春天，似乎是在一夜之间，千树万树，所有的梨花都开了，“雪似梨花，梨花似雪，似与不似都奇绝”，玉树琼枝，没有半点杂色，到这时候你才恍然整个冬季梨树们所酝酿的是什么了。这么大的一个行动，这么浩瀚的一个工程，没有半点纰漏，日子、色调以及与周围其他花朵的配比……都是商量好了的，甚至连天上的纸鸢和孩子们嘴上的柳笛似乎也经过了认真的策划，不然不会这么和谐，这么恰到好处。

我就在这时赞叹大自然，真是好，好到无可挑剔。可是，有一天，我却看到一支出殡的队伍在梨树林中穿行，引魂的旌幡在风中飘动，纸钱如蝶，还有臃肿的孝服。这也是白，比梨花还白，但却是死亡的颜色。孝子们悲痛欲绝，我想，在他们眼中，根本没有梨花开放，若有的话，白花花全如孝服，没有半点喜幸。这么说来，梨花虽然开出一样的颜色，一样的规模，但在人们眼中并不是一样的。在诸多的游人中，多是赏春的，但伤春的有没有呢？一样是有的。纵然都是赏春，都在说梨花的好，但彼此所说的好真的是一个么？

在梨花开的季节，别的花也在开。桃花、杏花已经说过，不必再说。再说怕梨花嫉妒，因为梨花不能与之争艳丽。榆树花开了，似乎没有谁看见。待到看见了，那已经是花结下的种子——榆钱了。柳树是先把叶子长出来，有意不让人看到它开花，然后在人不经意时却大肆地飘柳絮了。杨树呢，把花开成毛毛虫的样子，丑陋不堪。能把花开成这样，也真不知道杨树的感受。菜花是金黄的，油菜、白菜的花都金黄，像是迎春花，因为有蜜蜂参与，显得比迎春更热烈。如果面积大，那就更炽热和恣肆，似乎也有点黄巢那样“我花开后百花杀”的霸气。野花就更多，多得数不过来。苦菜花、婆婆丁、荠菜、燕子尾、地丁、打碗棵、荼、野萝，还有好多不知名的，这里那里，地头、树下、墙角处、田埂上、土场边、坟堆旁，或者一棵棵，或者一簇簇，或者一片片，都开出自己的意思。

还有不开花的。不开花的似乎更多。除了开花的，剩下的都是不开花的了。

有一句话要问：为什么同在春天里，有的开花有的不开花？为什么同是开花，花却如此不同？朵大朵小，瓣多瓣少，味浓味淡，色深色浅，草本木本，花期长短，或开在高处，或开在低处，或开满枝，或开一朵，种种不同。有的虽然开花了，却不及别的植物的叶子好看，不开倒好，开了反而似一种屈辱；有的开得浓艳，却被人折了枝去，反倒留下难于愈合的伤口。总之，分不完的层次，说不尽的品类。如果花们也有情绪，真不知它们该有怎样的想法和举动。

人也如花，人也是活在层次和类别里，不信你留心观察，看你的邻居，你的亲朋，你的同事，你的家人，书报所载，影视所演，种种不同。有富翁，亦有贫婆；富者金砖铺地，贫者如诉如泣。在富翁和贫婆之间，有诸多的层次，或富或穷，或偏富或偏穷，多得数不过来。这是从外在分，若从内里分，从心态上分，层次会更多。因为金钱与快乐不成正比，不是说富有就一定快乐，说不定富有反而烦恼更多。烦恼不烦恼，与财富有一定关系，却也关系不大，烦恼种种，种种烦恼，是每个人都有的。穷有穷的烦恼，富有富的烦恼，不穷不富有不穷不富的烦恼，由穷变富有由穷变富的烦恼，由富变穷更是烦恼得不得了。为什么会这样？因为人生的快乐是不久长的，是不永恒的，是随着境遇的变化而变化的，是与痛苦相比较而产生的，是一种情绪，一种心态，一种感觉。像柳絮那样，经不住轻风一吹。因此，佛陀才劝我们，不要贪恋世间之乐，世间之乐不是真的乐，而烦恼倒是真的。

近来看到一幅联，却一下子时话说到好处。联曰："春色无高下，花枝有短长。"花枝长短是比较而来，没有比较则没有鉴别，但或长或短都是花枝，有这一点就够了。就好比说富翁和贫婆都是人一样，有人这一层就够了。或长或短的花枝，都是春色。花枝之外不好说春色，春色是抽象的，花枝是具体的，花枝是春色的具体体现，"归来手把梅花嗅，春在枝头已十分"，有花在，春天就可把握了。花枝长短是由诸多因素决定的，梨花白，桃花红，桃花不如梨花白，梨花不如桃花红，两者不可比，不能因此赌气或者攀缘，梨花开成桃花色，或桃花开成梨花色，都不可取，大概只有傻花才那样。花与花虽不可比，但在体现春色这一点上是一样的。正是因为花枝有短长，才有这多姿多色、万紫千红的春天。人亦如此，虽有金钱多寡、地位高低、相貌丑俊、皮色黑白种种不同，但心灵却同样是充满灵性的。换句话说，人的烦恼和快乐虽有种种不同，但感受快乐和烦恼的心是同样的。用佛陀的话说才彻底——"一切众生皆有如来智慧德相"，生命本质没有任何区别。之所以有烦恼，是因为心灵上不够干净。这也如天空，天空若无云，哪里有雨下？

# 苍老的浮云

还要说一件与花有关的事。这是一个非常苍老的故事，苍老到好像不是这个时代发生的，但又确实发生在这个时代。

那是在海边渔堡，朋友领着我在堡子里转，终于转到一间老屋子里。记得是在五月里，阳光很强烈，以致进到屋子里有一霎那看不到东西，双目如盲，而后才慢慢发现有一位老婆婆坐在炕上。这位老婆婆很老很老，老得似乎已经没了年龄，也老得似乎没了性别。朋友喊她二嫂。二嫂见我们来了，忙下了炕，让我们坐到一条板凳上。这板凳是榆木做的，纹路清晰凳面光滑，不知年代。虽不知年代，却知道它已经有了非常多的岁月。果然二嫂说，这是她的嫁妆。而这嫁妆曾是她妈妈的嫁妆。与板凳相配的还有一个橱子，但那橱子已经没了，只剩下这条孤零零的板凳。

朋友问她："二嫂，想我二哥不?"这是开篇第一句。仅一句就够了，剩下的就是二嫂的叙说了。二嫂辨认了一下我这个生人，然后说："想呗，能不想?"然后说，我活得时间太长了，活得够够的了。你说你二哥这个狠心的也不来喊我。如今我也走不动了，也不能到你二哥的坟上去了。你二哥昨天来过了，一掀门帘就进来了。没打着鱼，却是一身的腥。我说你洗洗吧，他说不洗，不洗就上炕，年轻人就这样啊……

从她时空颠倒的叙述中，一个故事凸现出来：

她是从邻村嫁过来的，夫妻恩爱。丈夫是一高大汉子，有的是力气。下海捕鱼半夜归来时一脚踩到炕上，似乎整个渔堡都会忽悠一下。她觉得这个男人会给她支起一个晴朗的天空。这个男人不仅是她的指望，也是婆婆的指望。婆婆守寡多年，守着儿子这根独苗。及到儿子大起来，眼看着却被一个小媳妇夺了去。婆婆不甘心，不让他们住在一起，经常找个不是理由的理由来跟儿媳妇吵架。丈夫被逼无奈，只得躲开自己的媳妇，在外屋搭起一张临时的床。日本鬼子来后，丈夫响应政府号召当兵走了。剩下这两个枯寂的女人，开始还吵，后来就不吵了，她们终于明白一个家庭没有了男人，就没有了生机。她们在等这个男人回来，回来后好好过日子。但是，却没了男人的音信。等了三年，或者比三年还长，终于有一个信息传了回来，说二哥已经战死沙场。二嫂哭了一回又一回，后来改嫁到内地。在内地，二嫂生儿育女，也不知过了多少年，忽然听说二哥没有死，不仅没有死，而且回来了；不仅回来了，而且还带回来一个女人。二嫂又喜又气，喜的是二哥还在，气的是又来一个“二嫂”。二哥是她的，永远是她的。内地的男人是男人但不是丈夫，她心目中只有二哥，任何别的男人也不能取代二哥的地位。但毕竟二哥身边还有个女人，有这个女人她就不能进这个家门。没有别的办法，她只能等着。等了若干年，这个女人终于死了，二嫂毅然决然，抛下内地的儿女，再嫁二哥。跟二哥过了多年之后，二哥死了。二哥死后，她说，她一天只吃一条小鱼，瘦得不敢照镜子。

在我们就要离开二嫂的时候，二嫂却提出一个要求。她问：“花开了吗？”朋友问：“什么花开了？”二嫂说：“连什么花开都不知道？开了的时候给我摘几朵来。”朋友问：“干什么呀？”二嫂说：“我要嫁人呗，你二哥那头都等急了。我就等着花开了，头上戴一朵，花轿上也要用，一个角上插一朵，有五朵也就够了……”

二嫂一生的命运也真够坎坷的，可是，我要问一句：二嫂一生是悲苦的还是幸福的呢？

命运是个很深的东西，没有人能够说得清楚，除了佛陀。佛陀说因果，没有没有因的果，也没有没有果的因。因果是一个链条，因成果，果又成因，因再结果，循环往复，无穷无尽。人生的错综复杂，千变万化，喜怒哀乐，六欲七情，都在因果之内，且又在制造着因果。有一句话说人是他人的环境，其实自己也是自己的环境，自己就活在自己的命运里，自己的际遇必然是自己的。如果际遇变了，那是因为你自己先变了。在因果之间，还有缘在。缘是什么？缘是条件，是因素。在因果之间起促使或者阻止或者转化等多种作用。这么说太费劲，还是说花。

一株花，种子为因，开花是果。有种子才有花朵，有花朵定有种子。因果关系就这样简单，但简单中却也包含着复杂和深刻。有了好种子就一定有好花朵吗？不一定，还要看缘。花是一株，缘有好多。比如土的厚薄、水的大小、肥的多少、管理到位不到位还有天气好坏等等，都会与最后的花朵有关系。

过年，朋友送来一盆郁金香，红的，开得齐齐的，蓬勃而亮丽。我想我这朋友真也有如郁金香那样的好心境，馨香雅致，无尘无染。每日面对郁金香，便如面对朋友，虽不发一言，却也契如欣如，相看两不厌。但我却不会管，虽在网上查了郁金香的管理办法，却也如懒汉对美人，因为爱，反倒手足无措。不几天，花便枯萎了，枯萎到没办法。我每每为这郁金香感叹，只因遇人不契，才遭此苦厄，若换了一个人，则不会是这样结果。倒是我那两盆酒瓶兰，在我这里已经十年，剩茶也给它，剩水也给它，却蓬蓬勃勃，给足了我面子。大概郁金香与酒瓶兰不是一个世界的东西：一个是公主，需软软的鸭绒被和软软的巧克力；一个是女仆，吃粗饭干粗活别无所求。

人的命运也是如此，前因不可更改，后果却又不是不可能更改。更改与不更改，更改得多与更改得少，更改得坏与更改得好，就看自己有没有这份自觉。

# 苹　果

我老家有一个果园，种着苹果。每到秋天，果枝都弯着。我爹、我弟是果园的主人，一条黄狗为奴仆，负责看护果园。秋日天高，云淡风轻，虽有各种鸟叫及四处的人声，但果园里却显得非常静。大概是虫儿惊动了苹果，或者是苹果自己的努力，忽然就听“叭”的一声，一只苹果落在地上。树上掉苹果的事时有发生，有一次还差点砸了黄狗的腰，那狗躬了一下身子，叫着跳开了。

可惜牛顿没在。

牛顿大概就是在这种情形下，灵机一动而发现了万有引力。从此，牛顿成为著名的牛顿，苹果也成为著名的苹果。而我爹、我弟则丧失了好多次成为牛顿的机会。

机会这个词含有两个意思，机是一个意思，会是一个意思。天地之机随时随地有着，就看你见与不见。纵见了，还有个知不知道与之相会。当年达摩从天竺来到东土，先见的是梁武帝。这梁武帝与达摩祖师对面而坐，一问一答，终因心灵不契，而当面错过。

武帝问：“朕即位以来，造寺写经，度僧不可胜记，有何功德？”

达摩答：“并无功德。”

问：“何以无功德？”

答：“此但人天小果，有漏之因，如影随形，虽有非实。”

问：“如何是真功德?”

答：“净智妙圆，体自空寂，如是功德，不以世求。”

问：“如何是圣谛第一义?”

答：“廓然无圣。”

问：“对朕者谁?”

答：“不识。”

几句话把梁武帝说得愣在了那里。

于是才有达摩祖师的一苇渡江，到少林寺面壁。

达摩祖师圆寂后，梁武帝亲撰碑文勒石以记：嗟夫！见之不见，逢之不逢，遇之不遇。今之古之，怨之恨之！

机来了，没有会！遂成千古恨事。不然的话，梁武帝就不再是我们知道的这个梁武帝。

梁武帝不像摩诃迦叶，金波萝花一到佛陀手上，摩诃迦叶就笑了，那笑容比花好看。一机一会，好比我跟我爹传土坯，他那里脱手抛出，我这里马上把手伸出去，坯到了，手也张开到恰到好处。且这手上同时有两种力，一方面是迎的力，一方面是回缩的力。如果没有出迎的力，土坯会落地，弄不好就砸了脚；如果没有回缩的力，则会让土坯的冲力搓着手。

一只苹果落地，是机。牛顿看了，发现了万有引力，是会。一只苹果落地，我爹由此想到市场，于是忙着编筐，为运货做准备，也是会。有人灵机一动，给自己的电脑起名叫“苹果”，也是会。有人因此想到苹果里的虫儿，于是创作出一部动画片《果园》，也是会。而狗只会跳开，而跳开也是会。机有一个，会有好多。好比太阳是机，万物是会。河水把太阳留在河里，而聚光镜则把太阳变成火，花见日而开，豆见日则成荚。天地之间，天天发生的事无非是这个。

有一句话叫“机会是留给有准备的人的”，说的也是这个。因此不要抱怨，不是生不逢时，不是天上没馅饼，是机来了，见不到；

见到了，不以为是；以为是，却错认了自己。正是千错万错我的错，错在当时一刹那。

有人说抓住机会，其实机会不是抓的，说抓时就已经错了。机与会两者，不是在捉迷藏。机是无形的，怎么抓？苹果落地，不过是机的一种表现形式，是机的象。关键是牛顿心里已经布满干柴，只待一星火种，就会盎然成势。纵天上掉下一块砖头，也会引发他的万有引力之想。苹果落地这件事牛顿碰到的肯定不只一次，但是其他时间、其他地点，苹果是苹果，牛顿是牛顿，也是见之不见，逢之不逢。

牛顿以前牛顿以后，苹果园依然枝绿果红。苹果还是苹果，但牛顿已经不是原来的牛顿。所有的苹果都已朽烂，只有落在牛顿面前的那一只不朽。说了半天机与会，机在哪里？会又在哪里？

赵王问年迈的赵州和尚："老法师，您还剩几个牙齿？"赵州和尚说："只还有一个。"赵王问："能吃得了东西吗？"赵州和尚答："虽然一个，下下咬着！"

除了赵王，赵州和尚还在答给谁听？

# 梅的态度

有人问我：有没有一个好命运呢？我反问他：有没有一个好心情呢？

他想了想，眼睛朝外看。这时我阳台上的一株梅花开得正好。于是掉转话头说梅花。

这梅花的来历源于两个女孩，这是姐妹俩，两人的名字里头都有一个梅字。因此，我曾学着鲁迅的口吻说：“墙外有两株树，一株是梅树，还有一株也是梅树。”“不!”姐妹俩纠正我说，“还有一株呢!”原来是姐妹仨，我想她们的爹也真有福气。

一年冬天，这姐妹俩从花卉市场买下一株梅，给我送了来，意思是让我这儿也有一株。我说，其实我这里早就有一株了。她们睁大了眼睛，东看西看。我说，一株老梅。我老婆的名字里头也有一个梅字。于是她们说，那你这里也是“一株是梅树，还有一株也是梅树”了。

这姐妹俩其中一个的丈夫前几年下岗了。一个大小伙子就在家里闲着。别人替他们上愁，不想这夫妻俩谁也不愁，说：“两个大活人，还愁没饭吃？歇下来，正好可以把平时没工夫看的书看看。”

不是运不好，是不把坏运当坏运，反而把坏运为下一个好运做了铺垫。

因此我说，好运气是有的，坏运气也是有的。但要往彻底里说，好运坏运却没分别，关键在对待它们的态度。别人看着你好，你不以为好，好也不好。别人看着你不好，你不以为不好，不好也好。

一位副省级官员，在县长眼里，那是天大地大，想也不敢想。可是，这位副省级却好懊恼，总为自己升不上去而苦坐愁城。终于他为了升上去而走错了路，一步迈到悬崖下了。到了悬崖下，不知他怎么想。

我的一个朋友，也没当官，也没发财，有一天却对我说："我真好，我一家子真好。孩子考上大学了，挺知道事，在班里经常帮助人。媳妇没工作，挺知道疼人，每天把三顿饭做好。我呢，每天上班，也不累。周围的人都挺好。"他这样说时，我也很感动。其实我知道他很累的，是他没把累当累。人累，心不累，人穷，心不穷。他每天生活在幸福中。

拿他与那位副省级干部比，谁好呢？

有一个世俗的标准，但世俗的标准从来不是标准。有一个心灵的标准，心灵的标准才是标准。

因此，不必忙着调整衣袋里的钱财，也不必忙着调整社会上的位置，而应该调整自己的心态。

掉转头再说梅花。

梅兰竹菊被尊为四君子，把它们人格化了。为什么呢？因为梅抗冰雪、兰耐寂寞、竹守空虚、菊傲霜寒，没有哪个平庸。看来平和庸往往连在一起，若想不平庸，就得经历不平事。梅花好，好在它开在冬天。所有的花都谢了，谢得有理由，花嘛，就得有好的季节来配。梅花不在这时开，也没什么。但偏偏这时，在不是花的季节里，在不该开花的时候，梅花开了。"已是悬崖百丈冰，犹有花枝俏"，这在花界是一件大事，在她面前所有的花都黯然失色。梅花一开，就不能说冰天不是开花天了。

因此说，真正有魄力、有胆识、有想法的人，是不把人生中的困难当回事的。在这些人眼中，没有好运坏运之说，他会随遇而安、随缘做事。不仅随遇而安、随缘做事，更努力寻找所有的可能，来完成自己。在他这里，没有不能做事的概念。他甚至不愿意在平庸的境界里做平庸的事，倒愿意在艰难的条件下做出不凡的事来。这便是梅花的态度。

网络上有一位“天使奶奶”，我想她就是寒天里的一株梅。

在汉口北湖，一位74岁的老奶奶为了供养生病的老伴、抚养上学的孙子，每天蹬着三轮车给人送货。车上的货物有五六百斤重，年轻小伙子蹬起来都吃力。她每天要蹬6个小时的车，风雨无阻，每月能挣到700元。她感动了网友，网友把她的事传播到网上，感动了更多的人。好多人为她捐钱，她谢绝了。她说：“我谢谢你们啊！但我不要这些。我很好，我还能干。还有好多干不了的人，还有好多不如我的人。去帮助那些人吧。”她说的这些话就如同梅枝上的朵朵红梅，光彩照人。但对于她来讲，这些话都是内心的自然流露，没有半点刻意。电视上也播出了她的故事，我看到她做事和说话时的神态安适、平和，却又透出昂扬和坚韧。在她眼里，人生就是这样，不可能一帆风顺，遇到什么就是什么，好也好，不好也好。没难处时也不轻浮，有难处时也不抱怨，好也坦然，不好也坦然，就这样扎扎实实。

在生活的冬天里，这位老奶奶有好多种人生态度可以选择：抱怨、流泪、求助、逃避，选哪一样她都有理由。但她不选这些，她知道选这些于事无补。她只有挺起身子，昂扬了心态，像梅树那样使她的冬天更像个样子。她不是有意开花，而是强者的自然而然。辛弃疾说梅花时也就说着了她——“更无花态度，全是雪精神”。

还有一位陆放翁，这位南宋时的爱国者，面对着冰雪里的梅花，他想到了自己。他这样说：“闻道梅花坼晓风，雪堆遍满四山中。何方可化身千亿，一树梅花一放翁。”他愿化身无数，梅花无数，放翁无数，像梅花那样开着，不知有季节。

# 黑衣秀才

黑衣秀才不是花，却又好似飞到天上的花。那是童年才有的景象。我不知道现在的孩子们还见没见过，我想还应该见到。那是在春天，一群孩子在闲着的院子里玩，“跳房子”或者“饽饽菜”还有“黄鸟和家雀”，都是些农家孩子玩的游戏。玩着玩着，就看到天上有秀才飞来。我们停止了游戏，扬着脖子冲着秀才喊：“秀才，秀才，下来吃口肉来!”那时没有肉可吃，因此以为肉才是好东西。我们以为好，也愿慷慨地献给秀才。但是那秀才不被这个诱惑，依然在天上飞着，不肯下来，不仅不下来，连飞低些都不肯。它飞得真高，都高到大树的上边去了。

秀才是什么呢？到现在也不知它的确切名字，更不知道它属于什么科目。应该是蝴蝶，但所有的蝴蝶都不能跟它比，在它的映衬下，所有的蝴蝶都显得太平凡、太低俗甚至龌龊。它洁净无比，翅膀宽展舒朗，通身墨黑，不染点尘，形体比蝴蝶大很多，却比蝴蝶还要轻盈。从来没见过它飞到低处过，也从来没见它落到什么地方过。它就那么飞来，随后又飞去，也不知它从哪里飞来的，又会飞到哪里去。反正它就像梦境一样飞到我们这里来，也使我们好像置身在梦境里。

在院子西北角的两间小屋，住着一位老者，都喊他百顺爷。我们问百顺爷，秀才是什么？是不是蝴蝶？百顺爷告诉说：不是蝴蝶，它是读书的秀才变的，是个穿着黑衣服的秀才，变成蝴蝶后还穿着黑衣服，也还叫秀才。

为什么它那么干净呢？也不吃东西呢？百顺爷说：读书人么，读书人就是这样干净的。因为读书人不用下地，下地时会踩两脚泥，浑身也总有泥土。夏天出汗的时候，庄稼人的脊梁上总能搓下泥卷，庄稼人是泥做的。而读书人不是泥做的，原来也是泥做的，而人一读了书就变化了，哪儿变了呢？心变了，心变得轻灵，知书达理，有智慧了。

后来我们知道，百顺爷就是我们村一个读书人，曾读过好多的书，但不知道他是不是秀才。后来他死了。他死后，在他的屋子里发现好多的书，都是线装的，颜色都发黄了。那些书都在他的灵前烧化了，那些书也变成了一个个的黑蝴蝶，翩翩然然朝着天上飞去。看来百顺爷也定是秀才了。

就是因为这个，我才一心想着读书，想着变个“黑衣秀才”在天上飞，有多好！

人的命运变化，向好处变，还是向坏处变，是有一定规律的，就看你的心怎么想。人说心想事成，还真的这样。如果人总想着干好事，总想着帮人，心不杂使，那他的心灵就会很干净，很简单。如果人总想着干不好的事，总想着占别人的便宜，用心很杂，那他的心灵就会很污秽，很沉重，很杂乱。心地是种子，什么种子发什么芽、开什么花，因此人要想使命运朝着好的方向变化，就一定要好好用心。好好用心的意思就是不用心，让心歇下来，不再为自己的一些私利操持谋划，使之简单和干净。这样，你的命运就会朝着好处变。

当然你首先要知道什么是好运。

怎么才能知道什么是好运呢？这事不能问毛毛虫。为什么不能问毛毛虫？因为毛毛虫没智慧。为什么毛毛虫没智慧？因为毛毛虫只知道吃，一味地贪婪。毛毛虫倒不杂用心，它只会贪婪，有了这个就没了智慧，贪婪会遮蔽智慧。这事问谁呢？就像我们当年问那个老秀才，你得找心灵干净的人问。

因此，要交善友。孔子说："益者三友，损者三友。友直、友谅、友多闻，益矣；友便辟、友善柔、友便佞，损矣。"我们当与正直的人、诚实的人、有知识的人结友；而不要与喜欢走邪门歪道、谗媚逢迎和花言巧语的人交朋友。为什么？为的就是让人心灵简约、心灵向上。因此交到一个好朋友或遇到一个好老师，就等于拥有了一笔巨大的财富。

交朋友好了，找老师好了，何必要读书？

交朋友、找老师当然好，问题是好老师、好朋友不容易遇到。人是有局限的，空间和时间都有局限。那年在北京交到一好友，可是我若不到北京去呢，这好友就交不上。说不定我海南岛也有好友，但是衔接不上。我想，我若是生在宋朝，说不定与苏轼是好友，还有辛弃疾。但是错过了，不在时间上错过，就在空间上错过，错出好多遗憾来。怎么弥补这遗憾呢？这就要读书。书不受时空限制。书是读书人写的，读书人心灵干净，书是他心灵的外化。人已经作了古，但书还在。书是他不死的灵魂。有了书，我们就不愁不与古人同时了，也不愁不与那人同地了。异地异时，读谁的书就等于与谁在一起，能够做思想上的承接和交流，而没有任何的不便和顾忌。书便是朋友，书便是老师。

但是现在不能泛泛说读书，因为现在的书太杂，现在的读书人与古时候的读书人不是一个概念。古时候读的是圣贤书，归纳的是自己的心灵和行为，言语和行动皆合规则。现在读的书多是知识，惜乎知识不等于智慧，知识只是工具，谁都能用。你看现在好多刑事犯都读过书，特别是高科技犯罪的，都是高级知识分子。名字也概括得好，知识分子，知识很多，不一定有智慧。古人读书为的明礼，现在读书只为名利。孔子曾感慨："古之学者为己，今之学者为人。”原来读书人是为自己读书，提高自己的人格，完美自己的心灵；现在读书人是为别人读书，是为了装门面给外人看，是为了教导别人。孔子尚且如此说，现在就更是如此。你想，名利之徒写的书能看么？好色之徒写的书能看么？没有礼义廉耻的人写的书能看么？读这些书，就等于与这些人为伍。

现在的出版物一年下来不下千种万种千千万种，但真正有用的不多。因此读书要慎重，要仔细挑选。若不然还不如不读。

在圣贤时代，人们没有多少书可读，似乎也用不着。因为那时人心纯正，质朴无私，没有杂染。孔子时代没有《论语》可习，佛陀时代没有《佛经》可诵，但那时却人人皆可成贤圣。就因为是圣贤时代，明月当空，太阳驻世，人的心中阴翳少。

圣贤时代不在，圣贤亦不在了，但有圣贤留下来的书。我们只能借此与之神交，沐浴、更衣、焚香、顶礼都是该当的。

当你读了这些圣贤书，你的心灵就会得到净化和提升，包括你的身体也会轻盈起来，像“黑衣秀才”那样翩翩来去，智慧就会悄悄来到你的身边，这样的时候，哪里还会有不吉祥的事！

# 河　说

命运问题是个老问题，据说西方古哲苏格拉底为了教育众人，做了一个游戏。他把一些学生带到一片果园，要求大家从果园的这头走到那头，每人挑选一只自己认为最大最好的苹果。不许走回头路，不许选择两次。

众人穿过果园之后，苏格拉底问学生：“你们挑到自己最满意的果子了吗？”大家你看看我，我看看你，不作回答。一个学生恳求老师说：“老师，让我们再选择一次吧。我刚走进果园时，就发现了一个很大很好的苹果，但我还想找一个更大更好的。当我走到果园尽头时，才发现第一次看到的那个就是最大最好的。”另一个学生说：“我和他恰好相反。我走进果园不久，就摘下一个我认为最大最好的果子，可是后来我又发现了更好的。所以，我有点后悔。”

“老师，让我们再选择一次吧！”其他学生也不约而同地请求。

苏格拉底笑了笑，语重心长地说：“孩子们，这就是人生，人生就是一次无法重复的选择。”

真的不可重复。没有看到谁活到昨天去了，亦没有看到谁会比儿子年轻，所有的化妆品和整容术只能说明人的无奈和在无奈中的挣扎。我们得着了苹果是幸运，没有得着苹果也不能说就不好。在这方面佛陀比苏格拉底更明白，因为你的今生所有的经历、所有的得失都是由前因决定的。有一个长长的因果链，因成果，果又成因，循环往复，以致无穷。而这因不是外在的，而是自己造的。既如此，又能怪谁呢？怪又能管什么用呢？不能说不管用，只能因此又种下怨尤之因，而怨尤结果必定苦涩。

只是我们的心难以平和下来。

我侄子考上了大学，只是这大学一般，他有点不高兴，觉得不够妥帖。我跟他说，北大、清华、复旦等等是好。好虽好，但那是人家的。人家的东西再好，于你来讲是没有意义的。不用说大学，就是家庭也一样。克林顿家是一家庭，李嘉诚家也是一家庭，而门口修自行车的也是一家庭，咱家也是一个。家庭条件亦有好坏，但是别人家的好坏与你无关，只有你自己的家庭才是你的。它好它坏都是你的唯一，你离不开，逃不掉。依此类推，工作单位、领导以及社会上的人，凡是与你有关联的，都是与你有缘的。凡是与你有缘的，都是最好的。因为只有他们才是你的，别人的再好再坏，都与你无关。

我也是这样。我不能设想我有个比尔·盖茨那样的富豪儿子，也不能设想有个郎朗那样的天才侄子。你们或好或不好或更好，我都疼爱你们。因为你们是我的，只有你们才是我的。

道理如此，但有谁认可呢？

突然我想说说河流，说说水。水真的比人聪明，难怪老子说“上善若水”。

从黄河说起。

黄河壶口瀑布好多人见过，壮丽极了。有朋友跟我讲述他们黄昏时分到达壶口瀑布时的情景，太阳已经没入山顶，天色暗下来，还没走到壶口，便听到了声若奔雷的瀑布响，那一刻他被震住，只觉得那声音铺天盖地朝着他裹挟而来，他像只小甲虫那样被浪涛掩埋，过了好久他才从这种感觉中回过神来。

入海口时的黄河也极美丽，但那是另一种境界。此时的它更像一位老人，慈祥、宽厚、没了脾性，所有的湍急、暴烈、狂躁，都化作了平和安详。一只只的渔船随意飘在河面上，太阳的光或者月亮的光散开来，与河成为和谐的整体。而面前那无边的海，是这河的延续，而又与这河不同。海如子，而河是母亲。正因为如此，河才这样慈柔。

有一年坐飞机到银川去，在飞机上看到了夹在大山之间的黄河，从北向南，那样细细的一根线。这是在高处看，若是临近了看，定然是浊浪滔滔。当年一名老八路跟我讲过1947年他们东渡黄河的故事。已经是11月天气，天寒地冻，每个战士身上背着20多斤粮食和一杆枪，走到河边时都已经大汗淋漓。船上载满了人，快到对岸时，突然一块巨冰撞到船上，船翻了，所有的人都落下水，落下水的还有一匹骡子。这匹骡子救了8个人，先后有8个人摽到了骡子。骡子带着这8个人，奋力游到岸边，前腿着岸，猛力一窜，跃上岸来，随即倒地而死。8个人也已经快冻僵了，有担架过来，抬到附近村子里抢救。船已经坏了，不能再摆渡。余下的人，包括这名老八路，只好另找渡口，另找船。他们绕到另一个渡口，顺利过了河，再回到骡子上岸的这个地方与原来的队伍集合。在他们绕渡口过河后又返回原来渡口的对岸时，一件非常奇特的事发生了。他们养的一口老母猪和8只猪崽，在黄河里潜水跟行，跟到另一个渡口，又跟回到这个渡口，然后上岸来。来回七八里地，潜行无阻，犹如过江龙。这些事，不知黄河还记得否？

待到到了银川，黄河又是另一番样子：平和、清亮，如少女般清丽，似少男般单纯，岸边长满芦苇和蒲草，不是别人提醒，不以为它是黄河。

在地图上看黄河，那是一条曲线，弯度非常非常大，从北向南跨了半个中国，这时你不得不感慨，何必要拐这么大弯呢？何必要拐这么多弯呢？这符合黄河的本意么？如果黄河有意志，有情绪，它会没有委屈么？它不会抱怨么？

黄河好像专门是为人而流的。它像是一位循循善诱的老师，在给人们讲人生，沟沟坎坎都在讲，一湾一渎都在讲，“溪声便是广长舌”，不信你看它这样讲。

青藏高原是众河之母。你看这位母亲生了三个儿子：长江、黄河、澜沧江。小时候，他们差不多一样，每天在鲜花野草之间嬉戏、流淌，清纯无邪，无忧无虑。后来他们便选择了各自的道路——因为流向不同，所以境遇不同；因为境遇不同，所以命运各异。然而，这三个孩子都是胜利者，他们都走到了目的地，实现了各自的目标，达到了自己的终极理想。

河流以蓝色的大海做最后的归宿，所不同的只是途径。至于命运起伏高低，际遇或顺或逆，与选取的路线紧密相关。其实选取或选择只是一种方便说法，所谓的选取或选择并不是随心所欲，而是受到了诸多因素的限制；在诸多因素的参与下，只能如此。人也如此。人在一生中经常会面临抉择，选这个而不选那个，在当时是个必然，因为各种因素决定了你。最明显的莫过于男孩女孩找对象，种种原因，种种对，种种错，就成就了你和他。如果换一个，则可能是另一种活法。但那另一种活法没法兑现。职业也是，当你选择了一种职业，你就选择了一种活法。警察就得那样当，纺织工就得这样干，卖菜者就得起早贪黑。在这里，你就会遇到这个人，而在那里，你就会遇到那个人，而遇到这个人和遇到那个人是不一样的。但是怎么个不一样法，你又不能比较，因为人生不能重复。

还是以黄河为例。黄河东行，经后套而南行，是因为地势，是随顺自然。就像我们的人生，有好多是不能选择的，比如父母，比如国度，城市还是农村，平原还是山区，这些就决定了一开始的不同。而开始不同，流向就不会一样。生在北京的书香门第与生在深山的残疾人之家，这两个孩子的起点迥异，差距有如天壤。虽然如此，但谁也不敢保证这两个孩子就必然一个在天上一个在地下。人生变数不可思议，这里头有着难以说清的奥妙。在这里，人生态度自始至终起着决定作用：有出息的孩子，优越的家庭条件会使他如鱼得水，困顿的家庭条件会使他锻炼意志；孩子没出息，优越的家庭条件只能使他更颓废，而困顿的家庭条件只能使他更卑微。

肯定，黄河也愿意早日到海，就像我们愿意早日成功一样。但是，河流入海的时间和方式是不能确定的，就像人不能确定什么时候死和以什么方式死一样。虽然不能确定，但是河流和人的态度却不一样。河流似乎比人更自如，更随缘，更深沉。而人是刻意的，刻意而不能如意，就容易着急。岂不知你越是刻意就越是不能如意。好多人不懂得这个道理。人为什么刻意呢？也是因为着急。因着急人刻意，因刻意而更着急。人为什么着急呢？因为攀比。看到别人已经那样了，而我还这样，就着急；看到别人得到了什么，而我没得到或者得到的不如他多，也着急；甚至别人长得比他胖或者比他瘦，都会成为着急的理由。这就好比黄河与澜沧江，如若它们也来比对，也会着起急来。黄河觉得自己不比澜沧江差，为什么自己如此浑浊？澜沧江也会想，我也不比黄河差，为什么我就没有壶口瀑布？这样比的结果，是都会生出一肚子情绪来。人一着急，就会犯傻；人一犯傻，就会更着急。着急的结果是别的没得到，得到了疾病，得到了短命。

河流不这样。河流遇到低处，就默默灌满它，然后前行；遇到高处，冲不过去，就悄悄绕开，照样前行，从不怕曲折，从不止步叹息。遇到四面都是阻碍，无处可绕，那就坦然面对，不急不躁，一点点积累自己、提升自己。一旦积蓄到一定程度，越过障碍，就有瀑布之壮美，就有排山倒海之力量。这样下来之后，曲折自成趣味，险处必是风景。

因此，人不要怕这怕那，凡是遇到的，都是最好的。为什么是最好的呢？因为它是你的。你的不好，谁的好呢？你看那黄河，也平淡过，也曲折过，也坎坷过，也壮美过，平淡是黄河，曲折是黄河，坎坷是黄河，壮美是黄河，通身上下没有一处不是黄河。黄河几次改道，改道还是黄河，没有哪点不是黄河！

人生也该这样，遇到什么就是什么——平坦处，缓缓的；坎坷处，稳稳的；背运时，积累自己；好运时，展现自己。把挫折，看成是对自己的磨砺；把险峻，看成是对自己的考验；把赞美，看成是对自己的鼓励。嘲弄和辱骂，正好可以开阔心胸；栽赃和陷害，正好可以磨炼意志。

人的一生就是这样，地位和金钱都不算什么，算什么的只有心灵。心灵是肮脏还是干净，是慈悲还是自私，决定了人的高贵和低贱。

河水流着，高山耸着，青草绿着，鲜花开着，人就在这里认识自己。

一条河，就是人生的全部。一株花，也是人生的全部。

自然中的所有，都不刻意。我们也不该刻意。

# 冰　花

冬天是个寂寞的季节，南方还有梅花，北方则众花凋零，一片枯寂。但是，你要仔细看，仍旧有好多的花开，比如雪花或者冰花。雪花和冰花很好看，一般是六出，对称，图案精美，精美到人构想不出来。冰花俏丽、凄美、肃穆、郑重，就因为是在冬季。

每逢看到雪花和冰花，我就想起一个人，这个人叫王纯。

这事发生在我老家。在村子的西头，有一个叫王纯的人，个子很高，且会木工手艺，经常骑了一辆破旧的自行车到外村去。我父亲有时会跟他说话。跟他说话时，他就跳下车子。若不跟他说话，他就径直骑过去。他是个不善言辞的人。就是这个不善言辞的人，却做出了一件大事。有一天黄昏，他把一个女人和三个孩子领回了家。在此之前，他是个光棍汉，按道理说，这样一个干净利索的人，不会娶不上媳妇，但他却真没媳妇。大概是他心太高，一般的女人看不上，挑来挑去，都错过去了。也可能该着有这一姻缘，一直在等着这样一个奇遇。据说，他是到几十里外的一个村子做木工活时，发现了这娘儿几个。当时一个小孩子来这院子里玩耍，说着地道的北京话，引起了他的注意。那家主人告诉他，这是个可怜的孩子，她的爸爸被打成反革命，被抓进监狱，后来听说被枪毙了。但造反派对这几个“反革命家属”也不放过，把他们赶出了北京。这娘儿几个走投无路，只好回到了老家。但老家的人又能怎样？家家粮食都不够吃，人人都在困顿之中，连条闲狗都不敢养。对这样几个没有户口的人，纵有爱心，也是爱莫能助。只能是本族的人，这家给点，那家给点，将就着活着。过程没人知道，但是过了几天之后，王纯就把这娘儿几个领回了自己家。也没办理结婚手续，也办理不了。村里干部知道了，也装作不知道。那时生产队卖牛是这样卖法，如果是带着一只牛犊，那这牛就没人要了，因为牛犊吃草却干不了活。于是先把大牛牵到集市上，把小牛藏在一边，待把大牛谈好价钱，把牛缰绳递到对方手上，然后偷偷地把小牛犊放开。对方牵着大牛走，后头突然就多出一头小牛犊，说不要已经晚了，对方只好认倒霉。牛尚且如此，何况人！只要你王纯能养活，你爱养几个养几个。没有户口，即使粮食堆成山，也不能分给一颗。这些王纯都明白。他想，这不是性命么？反正不能眼睁睁地看着这几个人饿死吧？我饿不死，就不能让这娘儿几个饿死。当然这话他没跟任何人说，但他是这样做过来的。

在原来，王纯的日子是很好过的，一个人吃饱，全家不饿，即使吃不饱，也好将就。突然有了一家子人，且一添就是四口，大女儿 10 岁，二女儿 6 岁，小儿子才 3 岁，都要吃饭。吃饭不要紧，关键是无饭可吃。青黄不接的时候，都指着地里的庄稼成熟起来。但是，别人家有这样的盼头，王纯家不行。因为那庄稼仅有王纯的一份，其余四口人没有资格。连做梦向往一下的资格也没有。

这应该是 1968 年的事。

当大家都在闹革命，肚子里一挂肠子闲半挂时，王纯竟然没有让这娘儿几个饿着。到底有多难，用不着形容，没有经过的人也想象不出来。反正王纯的头发很快就白了，全白，突然间像是老了十岁，人也更瘦了。院子里的几棵树也刨掉卖了，配房也拆了。再就是他冒着犯投机倒把罪的风险，偷偷做木工活。他不但让一家人吃上了饭，而且他还让三个孩子先后上了学。据说孩子们初来时是不跟他喊爹的，但是后来几个孩子便离不开他了，见他来了，都跑过去抱他的腿。这一家子就这样在村里生了根，孩子们也都姓了王，那北京女人也成了人们挂在口头上的嫂子、婶子甚至奶奶。十年过去了，艰难中的十年似乎比一辈子还长。文革结束了，政治空气缓解了，孩子们大起来，倒是那北京女人似乎并不见老。人们都说她会打扮，不管多破的衣服穿在她身上也是好看的。只是王纯老了，老得有点不像样，腰也弯了，背也驼了，白发也脱落了不少。

但是就在这时候，有一个惊人的消息传遍了全村：王纯老婆在北京的丈夫（看这话多别扭）没有被枪毙，只是被抓进监狱了，现在放出来，并且平反了，就要来村里接他的媳妇和孩子回北京呢！

好多人都替王纯惋惜，说好不容易过来了，如今挺好的一家人，说散就散了。也有人给王纯出主意：不能让那人把人带走，他凭什么？若不是你搭救这娘儿几个，他们早就没命了，他连骨殖都找不到。还有人要王纯要一笔钱，要那人拿钱来赎。

王纯不说话。王纯本来就不喜欢说话，这下更沉默了。无论谁说什么，他都不言语，只是低着头默默看着脚尖，似乎他那长长的岁月和诸多苦难全在脚尖上。后来听人说，王纯已经想好了，孩子大人本来就是人家的，人家来要，就给人家。别说是人了，就是拾个东西，有人来找，也是要还的。王纯还说，原先自己是一个人，他们走了之后，自己还是一个人，也没缺了什么，倒是有了这几年的热闹，也行了。听到这话，好多人都替王纯窝囊，说这人真是属软柿子的，随便谁捏都行。

终于有一天，北京那人来了。那人没有在村人面前露面，据说他是夜间来的，一个人悄悄在王纯家住了一夜，天不亮就走了。彼此之间说了什么，做了什么，也没人知道。据说那人给王纯鞠了一个躬。有人去问王纯，王纯也没说有这事也没说没这事。

很快，有一个消息又传遍了全村：北京那人要把一家子连同王纯一块接走！说他非常感谢王纯救了他的全家，他要把王纯接到北京养他的老。王纯不想去。王纯说，人家本就是一家人。若不是文化大革命，人家好好的，就没我什么事了。如今人家团圆了，就行了。我一个人在家里，正好也清静清静。王纯还有一句话，那就是有点想孩子们，不过也能克服。

但是北京那人又来了信，说王纯是必须要去的，从此王纯是他的大哥，孩子们仍可喊他爹，这些都不重要，重要的是他要接王纯走，他不能让老去的王纯独自一个人留在村里。

王纯不再坚持，心想能跟孩子们在一起也是好的。这也许是老天爷的安排。不然的话，怎么就有了这样一档子事呢。

一个冬天，那天早上下了一点雪，那雪刚刚把路面遮住。人们一早起来，就看见雪地上有两道车辙，非常清晰，那轮印上的花都是村里人没有见过的。车辙从王纯家开始，一直通向村外，通向远处的公路。人们说王纯一家走了，王纯也走了，接他们的是一辆红色小轿车。

冰花是寒冷的冬季开的花，有了它就不能说冬季是枯寂的了。

太阳一照，冰花就化了。但化了的冰花会浇开更多的鲜花，因为春天到了。

# 艾九章

1983年，我在县文化馆当创作员，虽是创作员，但身份仍是农民。当创作员与当农民应该说没有区别，区别只在我爹用犁耕地，而我用笔耕纸。笔耕以犁耕为榜样，因此就要下乡。

我来的这个地方叫留古寺。

留古寺，莫非这里当年有一座寺院？这应该是肯定的，但现在只剩下了一个名字。留古寺没有把寺留住，不见寺，更不见僧。在原来，寺院是很多的。一个地方，有寺院没寺院是不一样的，寺院里有僧没僧也是不一样的。为什么？因为僧是继承佛志、实践佛法的人，而佛法是教人向善、让人成佛的。因此，僧就代表着善法，而寺院则为善法的兴盛提供了必要的条件。佛僧法雨普施，教化一方，使之人心向善，因而民风必然淳厚无邪。这个叫留古寺的地方，虽多年无寺亦无僧了，但毕竟有过，有过即不同啊。

这是现在的想法，在当年，我蒙昧难凿，到这里来根本不知寻问寺僧遗痕，只是敷衍眼前事。

正是初冬，霜叶满地之时。公社正在征购秋粮，在粮站门口排着很长很长的交粮队伍。责任制才没几年，粮食和棉花就显出来的多了，交粮也难，交棉也难。正是中午，我在公社吃过午饭就溜达到粮站看交粮。

一位老人站在队伍中间，因其老，因其酒糟鼻子，更因其守着一只很大的布袋而吸引了我。这么大一袋粮食我不知道他是怎么弄来的，每当队伍向前移动，他就努力抱起沉重的大布袋向前挪。他很老了，看其面容，大概有八十岁了，穿一件旧棉袄，敞着怀，里头套一件发白了的蓝绒衣，臃肿而肮脏。

我走过去，站到他旁边。

他主动跟我说话，不知是感慨还是抱怨："真难啊！从早晨一直到现在了，还没有交上。有的人中午没带钱来，还没有吃饭。"

我问："您吃了没有啊？"

"临来时，我多了个心眼，带了几毛钱。让别人给我看着，我买了一斤饼。我算吃过了。"

他还接着说："别人说你这么大岁数了，上前边去吧。我不能去，大伙都这么等着，单我到前边去，我不去。就是等到天黑，也等着。这不，快交上了。"

队伍又向前移，他去抱口袋，我忙去帮他。他有些措手不及，而后裂开嘴，感激地笑了。

"哎呀，真是，真是。"他说。

这是我听到的世界上最好听的谢语了。

收粮食的那儿要挪磅秤了，这儿的粮食已经堆得很高，需要挪到一个宽阔的地方，重新起堆。

交粮的人也必须要把粮食扛那么远。

我决定帮这老者交上。

终于轮到他了，我抱过他的口袋，说："我的吧。"

他张了张嘴，却没有阻拦，任我把口袋抱过去。

他跟在我的后面，没牙的嘴张开着，看得出是一脸的感激。

我把粮食过了磅，然后代他回答过磅员的问话："艾庄，艾九章。"

我把粮食倒到粮食堆上，是谷子。只是有点不太干净，有些飞糠在里面。

我把空口袋递给他，他叠了叠，提在手上，弯腰去扇那些飞糠，把它们扇到远处去。向门外走时，他对我说：“我在院子里使场，有些树，扬不出去。”他是在说那些飞糠，在为它们找理由，说明他一直在为它们难为情。“不过挺干，我晒了好几个过。”他说。

我知道，若是不干，那些飞糠也飞不起来。

向外走时，他不时地停住脚，问我叫什么名字，并说：“去艾庄吧。”

我不想为这点小事让他记着我，但他总是问，遂把姓告诉给他：“我姓靳。”

“哦，我记住了，你叫心近。”他指了指自己的心口，“我忘不了，你要是工作不忙，就去艾庄，我在西头住。我有时去地里干活，可家里老有人，老伴在家呢。你一定要去。”

我答应着。

他走了，一步三回头地走了，直到快听不见了，他还说着：“记着，到艾庄来啊！”

我食言了，没有到艾庄去。我想，我去干什么呢？就为帮了他那么一点忙么？到第二年，我就离开了文化馆，离开了县城。再想去看他，已经没了理由。

事过多年，我已经把这老人忘了，忘得死死的了。是无意中翻一个笔记本时，发现上面竟然还记着这事。

二十多年过去，艾九章老汉恐怕早就没了。但是，这件事还像当初那样令人感动。在他身上，我发现了人心的纯正和洁净。他的谷子里有飞糠，但他的心里没有。当然，艾九章老汉只是一个代表，这些普普通通的人，像是地上的星星草或者苦菜花那样普遍，可以说微不足道，但是，他们内心的纯正和高贵，绝非一些所谓的大人物所能比拟。正是因为这些人，人类才呈现出勃勃生机，人间才充溢着向上的力量。

佛说：“一切众生皆有如来智慧德相。”这如来智慧说起来玄妙，其实一点也不。人的那种善良，那种真诚，那种纯净，那种朴厚，就是善根生处，就是成佛的资粮。

留古寺的古寺不在了，艾九章老人肯定也不在了，但人间的真善美时时处处都会在，只要你留心，随处可见到它耀眼的光泽。

# 文都河

1998年深秋，我生病了，在晚上加班看稿子的时候两只眼睛突然失明，眼前一片漆黑。这样待了一会儿，才慢慢恢复过来。那时不知是颈椎病，只道是累了，于是要到个清静的地方歇几天。我跟单位请了假，可是到哪里去呢？老家正在秋收，回去之后怎么能忍心歇着？于是想到山里去，自己一个人，在野山旷地，与大自然亲近，定然很好。也不想跟单位要车，就到汽车站，看看有通往哪里的车。凡是旅游景点都是应该通车的，凡是旅游景点的山也是好看的。随便一片山，也够我看几天的。到了车站一看，竟然不是这么回事。因为是旅游淡季，所有旅游景点的车都停开了。还好，西柏坡还在通车，那就到西柏坡去。

西柏坡的中共中央旧址几年前已经看过，这里记载着解放前夕毛泽东等中共领袖在这里指挥三大战役的情形，这种情形看了让人紧张，似乎不宜休息，于是我决定不到旧址而到周围的山上去。山里多静啊，一棵棵柏树像煞了古人的画，就那么静静地立着。

但是需要住下来，大的宾馆已经停业，还有几家小旅馆开着。我到了一家写着西柏坡旅社字样的一家，觉得这家应该正统。这是一个二层小楼，共有十几间房子。接待我的是一位老太太，她说住下吧，只你一个客人，愿住哪间住哪间。你在这吃饭么？我说吃。

她说连吃带住一天10块钱。我心想，真是便宜。

说着天就黑了，晚饭就由老太太做，炒了一个白菜，还放了肉，馒头和粥。有点像在老家的感觉。这老太太也有点像我老娘。吃饭的时候，她不吃，只看着我吃。彼此说些闲话，由此我知道，她家是西柏坡乡陈家峪的，不远，将到西柏坡时公路左侧的那个村子就是陈家峪。旅社是她儿子开的。叫陈建学。平时儿子和儿媳妇在这里忙，现在是农忙，旅游却是淡季，住旅社的人少，她便来临时支应，一个小孙子也跑来跟着她。她知我从石家庄来，便说他的一个儿子也在石家庄，她也去过的。“石家庄多干净呀，不像乡下这么脏。”她说，然后将我的家人一一问到，后来便问，“怎么你一个人来，不带上家眷呀？”

第二天起，我就开始爬山，到山上一个梁一个梁地走，累了就在山梁上摊开四肢，无拘无束地晒在太阳下，看天上白云随意舒卷。

有一天我大着胆子突然翻到山的另一边去了，没想到，山的另一面是一片开阔地。开阔地的远处还是山，能望得见远山下的村舍。在我感觉，这里似乎是另一个国度。如果从远处走来的那人是外星人，我也不会觉得奇怪。

开阔地上横着一条河，河床很宽，夏天的时候应该很有气势，但现在只剩下了一线水，曲曲弯弯地流着。除了这一线水，河里裸露着的全是大大小小的石头。这些石头干净极了。我随意坐在一块状如卧牛的青石上，下看水，上看云。水里有小的游鱼，水面上滑行着长着四条细长腿的以水为生却不会被水浸湿的卖油郎。白云在蓝天的衬托下，愈发洁净，有一点点的黑在移动，那是飞得高极了的苍鹰。若是在城里，该有人放送纸鸢了，但这里没有，虽没有，却比有还好。有一个人唱起了山歌，可惜只唱了两句，没等我听清唱的什么，就不唱了，四下里搜寻，也没见到人。想着想着，就似乎成了梦境。更有意思的，是满河滩的那些大大小小的石头，它们随意而自在，没人注意它们，它们也无怨尤。阳光照耀它们，它们就放出光泽；河水流过它们，它们就发出声音；有蟋蟀或者任何的甲虫来，它们就把这些小生灵掩在身下，庇护起来。周围是高山，它们也不觉得自己低；被人踩来踩去，它们也没任何的怨恨；有人把它们运走去，砌墙就砌墙，垒猪窝就垒猪窝，无论在哪里都保持着自己的坚实。就是这些大大小小的石头，似乎也有爱美之心，随意地弄些花纹在上面，这些花纹似云影，如花卉，若草虫，肖文字……均处在似与不似之间，细细审问，便能得着些深趣。

后来的几天，我又到过这里两次。正是这条河使我身心放松，宠辱皆忘，哪里还有病生！我在这山水间得大愉悦，此愉悦难可与人道也。

我在这河滩上拣了几块甜瓜大小的石头，带回旅社，放在桌子上欣赏。老太太看见了，问，拣这个干什么呀？我说，带回家。你看，多好看。她说，有什么好看！这里到处都是。

这天我要走了，结了账后，老太太跟我过来，见我收拾桌子上的石头，就问：你真的带回家呀？我说，真的呀。她说，出来这好几天，就带这个回家呀？我说，是呀。她说，这不行，老婆孩子在家等着你，就带这个回去还行？我说，挺好，家里什么都有，就是没石头。她说，这不行。说完她就走了，一会回来，给我提来一兜子柿子和两个很粗很长的窝脖南瓜。我不要，她不干，命令我带上。她说：一定要带上。这都是自家产的，不值钱。虽说不值钱，但到底比你那石头好。我没办法，眼睛热热的，把东西收下。告辞出来，背着柿子、南瓜还有石头，一步步走下楼来，老太太站在楼头走廊上目送我走远。

老太太还告诉我，山那边那条河叫文都河。

文都河是滹沱河的一脉支流，因临着文都村而得名。

文都河，单这名字就感觉好。况且我曾几次走近她，况且她馈赠我那些好看的石头。

而热心、慷慨、慈爱无边的老太太，是另一条文都河。

# 边城佳话

我们总抱怨人与人之间的关系不再单纯，好像有什么东西在中间给隔膜了，这东西应该是金钱。没金钱的时候想着金钱，真到有了金钱，这东西反而会坏很多事。其实金钱本身并没有什么不好，不好的是人对金钱的态度。有的人不把金钱看成是做事的资本，而是把金钱看成了目的，因此对金钱特上眼。对金钱特上眼的人，则会把人歪看。歪看的结果是把人看歪。把人看歪的结果是他自己先歪了。世界上有一两个葛朗台式的人物还不可怕，因为葛朗台可以做靶子，让人来嘲笑。但这样的人多了，就很可怕了。因为你歪，我也歪，歪的人多了，歪就成了正常的，而正的东西反而被挤到边沿上去了。

但这一天让我感动，在一座边城，不期之间，我发现了失之已久的东西。这东西比夏日草原上那洁净的晴空还好，比草原上无尽的绿色还好，比天上移动的白云和地上移动的羊群还好。这是我随一个作家代表团，到华北油田去采风，到了与外蒙古接壤的二连浩特。

这天下午，我与一个文友走进宾馆附近的一个根艺奇石馆。故事就在这时候发生。店主是个三十多岁的女人，她热情地接待了我们。我们看石头，看根雕，无论石头的底座还是根雕都很见匠心。她介绍说这都是她丈夫的手艺。我看上了一块小石头，问她价钱。她说，这是她丈夫留着玩的，不卖。我说，多给钱呢？她说，多给钱也不卖。就是说，在她丈夫心中还有金钱买不走的东西。这使我很敬佩。在里间屋，除了大大小小的根雕之外，四壁上还挂满了裱好的书法作品，有几幅是真好。女主人说，这是她丈夫写的。对话间文友提到我也是书法行家，当然文友是在为我溢美。但女主人高兴了，非要我写一幅不可。甚至说到晚上要与丈夫一起到宾馆去求墨宝。虽说我的字不好，但感其盛情，也就答应下来。但我表示不在二连浩特写，因为没有那个心境，我回到河北后定会好好写，写好后寄来。她把名片给我们，告诉我们详细地址，这时才知她的汉文名字叫冬梅，她丈夫的名字叫皇·吉日嘎拉图，是内蒙古自治区命名的年轻的民间工艺美术大师。这时，我多说一句话："我给你寄来后，是不是也把你丈夫的字回赠我一幅啊。"她说："不用等那时，现在你就挑。喜欢哪幅就挑哪幅！"这反倒让我不好意思起来。她反复说，没有关系，没有关系。说着就离开柜台，带领我们进了里屋大厅，让我们看里面墙上挂着的字幅。我真的挑了一幅，吉日嘎拉图写的蒙文字，不知道怎么念，但那字真性情，正是这性情感动我，让我手为之舞，足为之蹈。回来之后，越看越喜欢，还专门为此写了一首长诗，并把此诗写成条幅，寄给了吉日嘎拉图和冬梅夫妇。

让我高兴的不仅仅是吉日嘎拉图的字，而是人与人之间的这种关系。你想啊，异地初见，萍水相逢，谁也不认识谁，却竟然是这样自然而亲切。心无隔栏，彼此真诚相对，谁也不怀疑谁，甚至连怀疑的概念也没有，这多好！我答应写字，却不想字的好坏，她慨然赠书法，并不问对方是谁。是我们不小心一步迈到唐朝去了呢？还是在为人与人之间的关系做诠释？人就应该是这个样子的。

记得我在老家时，每逢雨天，到中午吃饭时，我家的饭桌前经常会坐着一位陌生人。那是来我们村卖菜的，被大雨阻住，我爹在街上遇到了，就把人邀到家里来吃饭。肯定我爹到外村时也遇到过类似情况，也会有人把他拉到家里去吃饭。人就应该是这样亲。人如果不跟人亲，那还跟谁亲呢？

# 山茶花

那年在湖南湘西——只这一句话就能把人说老，因为这个“那年”是1986年，20多年就隐没于这一句话里——我随河北作家代表团到湖南去，那时养在深闺的张家界刚刚被媒体披露，还处在犹抱琵琶半遮面的状态，湖南作家协会也愿意把她亮给我们看。于是由湖南几位作家陪着，到湘西张家界去。

张家界的风光自不必说，我想说的是在这里看到了比山水风景还好的东西。其实仅是一件事，严格说来也构不成一件事，只是一个因由，然后几个人来演示。

6月4日这天，我们坐车到水绕四门，然后步行到张家界主风景区。一路上风景如画，移步成奇，天上还下着蒙蒙细雨。上有翳翳树木，下有潺潺溪水。溪水正是赫赫有名的金鞭溪，溪里动的是鱼，不动的是彩石。雇了当地两个小孩子给背行李。那时整个风景区还没有什么建筑，一路都是野趣。众人为大自然的鬼斧神工所惊羡，一座座峰林笔立，插于云天；摩天高处生有各样的奇花异树。走了七八里路，腿脚正有些累时，突然路边闪出一个茶棚，茶棚下摆着竹桌竹凳。我们决定在此喝茶。于是先到的拣竹凳坐了，说这说那，等着后到的人。还有另外的游客也在喝茶，一时纷纷扰扰。正乱着时，却看见一个身着蓝衫头上缠着蓝布头饰的老太太在路侧蹲着哭，她的旁边放着一只背篓。她哭得很伤心，我和李泗看到了她，心生疑惑，心想她有什么事，这样悲伤？她见我们看她，就止了哭，凑到我们这茶桌来，哩哩啦啦说好些话。我们眨着眼睛听不懂，后来终于听出大概：她的儿子离家出走了，她和小儿子要去寻他。这大儿子流鼻血，从小就爱流鼻血。她在寻他的路上看到了血，那是儿子流的血呀，湛红湛红。说着又哭。她说：我有五瓶汽水，想卖给你们，我好做盘缠。别人卖四毛，我只卖三毛五。我想给她几块钱，但犹豫着。这时湖南作家刘舰平见到这边情形，忙凑到这桌来，听了她的诉说，刘舰平给她两块钱，把汽水买下。老太太要找钱，刘说，就按四毛钱，不找钱了。“我只卖三毛五，只卖三毛五。”她反复这样说，然后把零钱递给刘舰平。刘舰平坚持不要。老太太这才收回，满脸的感激，然后说出好多好多的话。刘舰平与开茶棚的几个人也跟她说，都说本地话，把我们听得傻傻的。大意是：她生了十二个孩子，只剩下这两个儿子。没了大儿子活着还有什么意思，因此要去寻，去长沙。别人说，不要去了，寻不到的，长沙好远。她坚持说，寻得到的。临走时，他留下字条的，说三年后回来。身上带着两块钱的，他能去长沙。有人给他算过卦，说他是星宿下界，在家待不住的。已经走了一回，寻了回来。还有一回跳水，救了上来。这是命。别人说：寻不到的，长沙好大，比洪家关大好多，好多个洪家关，好多个桑植县。她说：俺是洪家关贺龙老家的，姓周。别人说：你儿子会回来的，不要去寻了，不要去了，寻不到的。刘舰平又给她一块钱：“给你寻你的儿子作路费。”那时的一块钱真的是钱。她说：“不要，俺没得报答。”刘说：“不，拿着，没关系的。”老太太往外推刘舰平的手，刘舰平的手坚持着。老太太只好把钱接住，但又不好意思。刘舰平说：“不要去寻了，我们到长沙帮你找，找到他让他回来。”“你们是哪里的？”“我们是长沙的。”老太太睁大了眼睛看着刘舰平，那一块钱还捏在手上，始终没有收起来。这时，她把钱递给刘舰平：“你们出远门的，用钱。”“不，没关系的，没关系的。”“你们给我找找我儿!”“我们给找，找派出所。钱你拿着!”说这话时，刘舰平肯定在设想怎样具体布置来帮她寻找那个出走的男孩。另一个本地汉子坐在门口说话，他一直在跟老太太说话。他倒很轻松，很风趣，一行说，一行笑：“你不教育，他跑了正好。”“俺咋不教育?”“你若教育得好，他能跑?”还有好多的对话我们听不懂，但见老太太的阴郁与老汉的风趣相互映衬着。突然那汉子说：“昨天下午 4 点钟我还见他来，不会在长沙。有人看见他在南站。你儿子没钱就回来了，很可能早到家了。”怪不得老汉风趣，原来他知道那孩子没走远。南站应该是离地不远的一个地方。“没有。他留了字条，说三年后回来。”虽如此说，却又跟他身边小儿子说：“五辈儿，昨天还看见你哥来!”老太太笑了，眼角带着泪花。老汉说：“不要寻了，回吧。长沙找不到你儿子，还不把你丢了?”“俺带着米哩。”她手上提着半书包大米。她从来不知道长沙有多远，有多大。她笑了，她的儿子没有走远，这就好。她把钱又递给刘舰平。刘不要。彼此说了好多的话。

我们起身走了，老太太送，送了老远，流着泪送刘舰平，一边送一边说。刘舰平翻译给我们说，她在为刘舰平祝福，愿他得三男二女，大福大贵。刘舰平说：“回吧，站住吧。”她到底站住了，又忙扬起左臂，冲刘舰平晃动。她的手是褐色的，暴露着些青筋。她说她曾在砍柴时，掉到天坑里，左胳膊残了，动不得。可是她竟然举起了左臂。

我在路上注意看，看路面上有没有点点的血红。循着那梅花样的血红，就能找到老太太的儿子。我没有见到鼻血，却看到崖壁上火红的山茶花，一丛丛的，比鼻血染得还红!

那是花么?是花，但更像是母亲彻心的爱。儿女们只顾自己的意愿毅然离家，哪里知道母亲的感受!母亲为寻找儿女，可以倾其所有，可以舍弃生命。没有儿女的消息，她悲泪长流；有了儿女的消息，她转悲为喜、破涕为笑。儿女就是她的心、她的命、她的一切。我们都是父母的儿女，我们走出的每一步路，其实都踩在父母的心上。我们身体可能没有出走，但是我们的心灵呢？听说一个儿子因为经济问题获罪之后，母亲来探监，还没见面，先瘫倒在地。她一直以为儿子在外面好好的，好体面，好风光，她也因此而自豪，没想到儿子却因几个铜钱而入大狱，使母亲的老脸蒙羞，使母亲的心灵结疤。这是灵魂出走。灵魂的出走比身体的出走更可怕。

我们都是父母的儿女，更是佛菩萨的儿女，连父母也是佛菩萨的儿女。我们出走得已经很远很远，远到已经忘记了家的模样，“无端更渡桑干水，却望并州是故乡”了。但佛菩萨像母亲一样，时时在惦记着我们，时时在呼唤着我们，其情形就像本文中的这位母亲一样，急切而悲伤。她要的是我们一念回心、迷途知返。

除此之外，刘舰平的施舍也给这件事增添了一抹亮色，钱虽不多，却是别人没做出来的。虽然没做出来，有了刘舰平的举动，却使所有的人都有了轻松的理由。刘舰平把这事做得恰到好处，除了尽量不让对方难为情之外，也照顾到了我们这些外地的似乎有些吝啬的客人。而老太太那里，虽有天大的事，但也不想白得别人的一点好处。她为此深感不安。不要说她穷，她的穷在钱财上，而没在心灵上。在心灵上，她高贵而富有，你看她送给刘舰平的是什么就知道她有多富有了。

面对着山崖上一丛丛灿烂的山茶花，我想，世界上之所以有花开，那定然是美好人心的折射。我们看到的不是花，而是人心深处那种说不出来的美好。

# 一瓣莲花

对于我们居住的这个城市来说，白洋淀一点都不遥远。白洋淀里的莲荷开得好，远近闻名。不仅因为孙犁写过一篇《荷花淀》我们就说它好，是真的好。好到你没法夸它，任何的比喻和形容在它面前都显得蹩脚。

我的朋友毛剑宾与佛有缘，北朝和唐代的佛像他拥有几尊，因此很想得到几枝莲蓬，插在瓶里供佛。莲蓬是什么？是莲荷开花之后结下的，状如洗浴的喷头，一粒粒光滑坚实的莲子就镶嵌在里面。那一粒粒的莲子既是莲花的结果亦是未来的莲花，由于她不再凋谢而让人喜欢。

佛教为什么把莲花作为象征？一是因为莲花"出污泥而不染，濯清涟而不妖"，示现着烦恼即是菩提之意；二是因为莲花花果同时，花正开时，莲蓬已现；花瓣落后，莲蓬渐长。表明菩提心的不失不退，花是心因，佛是心果，如黄念祖老居士所说"念佛是因，成佛是果，念佛时即成佛时。"

毛剑宾就这样有了得到莲蓬的理由。

就在前不久，2009年8月下旬的一个雨夜，朋友真的给他从白洋淀弄来了好些莲蓬，不只莲蓬，还有未开的莲苞。朋友放下这些就走了，留下了满屋子的清香。毛剑宾好不欣喜，立时就把一些青色的莲蓬和粉色的莲苞插在瓶里，供在佛前。然后静静地看，看青莲后面佛陀的微笑，看佛陀前面青莲的清影，他自己也进入了清凉平和的状态。这样看了好一会儿，突然，从花苞上垂落的一瓣莲花让他内心一悚：他要的是莲蓬，何必又弄来些莲苞？这些莲花该是在盈盈的水里，开出自己清丽，结出自己的莲实，让欣赏到它们的人，得到心灵上的愉悦。如今却为一己之私，而不惜折断生机。虽说是来供佛，却恰恰违了佛的本意，于是有一份惭愧在心里。

毛剑宾跟我说起这些时，脸上还满是悔憾。

我在附议了他的意思之后，内心其实却有几分欣然。

莲花虽然负载着佛教的奥义，但毕竟只是象征。这些莲苞当然不该被折断，但莲花不过是莲花。

毛剑宾惜花，我惜他那颗惜花的心。

他有此心，说明他内心深处仍是洁净无染、清柔如初，还有比这更好的信息么？

表面看来，毛剑宾多年被六根牵引，欲海浮沉，甚至还比别人多出一份懒散，因此好多朋友批评他，包括我在内，也总愿他多一些清静。他每每领受朋友们的善意，而老习旧惯却总使他不能幡然改掉。如今这惜花之念，却也如莲苞出水，一下子显露出他的内在的优柔和美好，怎不让人高兴？

人就是这样，错以为这个肉体是我，为了满足它的各种欲望，不惜牺牲自己的本心。别人有的，我该有；别人没有的，我也该有。人就在这样的攀比中慢慢迷失，以为尘世中那迷人眼的花团锦簇是自己的故乡，结果走到之后却发现是魔窟，到时后悔已迟。

毛剑宾的前生定然是在福慧双修上用过功的人，不然的话你不能解释他今生的才分和财分。他孩提时调皮至极，想游泳而部河里没水，便钻到横穿河底仅可容身的引水渠的水泥管中去游，钻到十几米时感到呼吸困难竟然像杂技演员那样挣转身子又钻了回来，若不然的话，他消失在了哪里怕是至今也不会有人知道。6 岁时带着两个小自己一岁的玩伴跋涉15华里到一个叫做连家庄供销社的地方去找妈妈，偏巧妈妈没在，只好跋涉回来。而这期间整个行唐县北关村全村大小正在河里渠里井里以及连绵无尽的青纱帐里进行着一场轰轰烈烈的找人运动。就是这么个捣蛋鬼，文革时还没上学，从父亲工作的废品收购站上拣来也不知是何年何月的《看图识字》、《国文》，不由他教，竟自就认识了好多字。学校还因此请他给一年级的学生读课文。那样的一个年纪，甚至连没头没尾的《大八义》、《小八义》等繁体字竖排的书也能囫囵吞枣地读下来。长大之后，喜好文学，却又不竟学，但却能做很好的诗文。很小的岁数就发表了好多诗，上大学作家班时老师同学大都欣赏他的文才，可他却突觉无聊就此不再作新诗。曾构思过好多部书，题目都有了，内容极别致，内涵也极深远，开头几页看过，你不得不击节赞叹。但是，也仅这几页他便没了兴趣。他耐不住那么长的寂寞。虽然没耐性也不想付出多大的辛劳，却从不用忧衣食，不用愁没钱花，生了个儿子跟他比起来好到天上去，不用他操心却样样用功。他也相信自己定然有着前缘，不然的话为什么见到佛寺遗址就走不动。不久前在老家见到荫护了无数代行唐人，自己出生起就陪伴在身旁而将近坍废的显法寺，不由大发感慨，并作诗一首，把自己说成是“显法殿前一痴僧”。为了修复这座寺庙和保护家乡的文化遗产，一个写起文章来没耐性的毛剑宾竟然不辞辛劳引经据典、上下游说、奔波往返，这样已经八个多月。

就是这“痴僧”，对我和臧振利说起他的一段奇遇。就在几天前的一个近暮时分，突然无由地赶回老家，拉上老爹一起奔了40公里外的两岭口。这地方他老爹1957年下乡时住过几天，有着很好的印象。他们开车去了那地方，到时已是朗天满月。两岭口因坐落在小果岭和鳌鱼山口而得名，但距小果岭远些，实在鳌鱼山下的一条沟里。鳌鱼山是行唐县很有名的一座山，山下有着峨嵋岩寺的遗址。据说这峨嵋岩寺比五台山上的寺还早，后来文殊菩萨在五台山显瑞之后，峨嵋岩寺便成了僧众从镇州（今正定）前往五台朝山拜圣路上的挂单寺之一，其路线是镇州临济寺—行唐陈磁沟清凉寺—行唐峨嵋岩寺，然后经阜平、龙泉关、长城岭而至五台。峨嵋岩寺建在一块巨石上，如今那寺已经没了，但巨石还在，那么这巨石应该就叫峨嵋岩。这峨嵋岩有几间屋子那么大，向阳的一面还雕刻着56尊佛像，且有金代的文字。每尊佛像高尺许，安详慈悲，栩栩如生。他与老爹看了，抚摸了，感慨了。然后在此处信步流连，其景象虽难比当年，但地方还是好地方，好多好多的树，夹杂着一些石头，有溪水从山上流来，汩汩作响。说到溪水，老爹就感慨了，说当年这里仅有4户人家，溪岸生满了金银花。到花期时，溪水里漂满了落花，一沟的香气弥漫。溪水从院子里流过，吃茶时就随手舀起溪水，在炉灶上煮开即可。

看啊看啊，看不够，如梦如幻，似曾相识，应该来过这里，却又从没来过，老爹来时自己还没出生。但却恍惚，似乎有个挑水的僧人从眼前走过，仔细一看却没有。而又感觉那僧人应该是另一个自己，宽袍大袖，就在这里出出进进，梵唱与溪声相应相和，白天是日，晚上是月，而心中是佛。多好。因了什么没能跳出三界，而轮回生死，多少年又多少年，变成了个逸人毛剑宾在这里发感慨。

终于要辞别。就要走出遗址时，突然一阵蛙鸣，欲寻来处，那鼓齐了的蛙声却又戛然而止，似乎刚才犹是梦境。再走，就要离开这里了，像是有谁下了命令似的，所有树上的叶子摇动起来，哗哗作响，如笑声如掌声，是欢送离去还是欢迎再来？再回头，竟又阒然。追上前行的老爹问问，耳聪目明的老爷子答复得毛剑宾更觉诧异：“哪有声音?！只是月亮地儿。”

毛剑宾在给我们讲这些时，眼睛仍是润润的，而插瓶中的莲蓬也向着他，做出倾听的样子。

我们决定去一趟两岭口，实地看一看那个有着花溪的村子、那个有着佛雕像的峨嵋岩和寺庙遗址，验证一下毛剑宾的感觉。

我们果然去了，是在一个风和日丽的下午，毛剑宾带路，我和篆刻家臧振利，还有随缘而来的报社记者祁胜勇。都看了，证明毛氏所言不虚，的确像他说得那样好，或者比他说得还好。

回来，仍是在毛剑宾的居处，回味此行感受，静静地谁也不说话，忽然就看到插瓶中那莲苞已经脱落几瓣，且有的地方已经露出小小的莲蓬。脱掉的几瓣莲花飘落在桌面，仍旧呈鲜艳的荷色。有一瓣就在我的眼前，突然我起了联想，想到那花溪，那寺庙遗址，甚至那宽袍大袖的僧人，这些情景就在这莲瓣之上活了起来，莲瓣越来越大，大若须弥山，大若全宇宙，所有时空都在里面，于是这里就有了无数的佛、无数的菩萨，无数的佛菩萨面前站着无数的我和无数的毛剑宾，就像《华严经》里描绘的华严境界。

当然这只是一刹那的感觉，一会儿就听毛剑宾问："喝什么茶呀?"

窗外的都市，分明已是凌厉风雨中漆黑如夜的黄昏。

# 大富贵

# 钱奴与富翁

在现在这个崇尚金钱的社会，谁不想发财呢？我想发财久矣，只是没有发起来，但我身边好多朋友真的发了财，经常请吃饭，我也经常被请去吃，但是我却很少请客。有一次在席间，有个朋友说了一个笑话，说有一个人，从来不请客，但是不管谁请客，他总跟着在一起吃。有天喝酒时大家作诗，无诗不许端杯，他便吟诵道："我从不请人，人也别请我，但愿人请人，其中有个我。"我怀疑这是在影射我。

有了钱就能很好地请客了，有了钱就是不请客也会被认为是不骄奢，有君子之风。是不是这样呢？因此我跟你说，我便是那个急着想发财的人，急着发了财之后潇洒起来的人。但是，我又遇到另样的情况，就是有的人真的发了财，但发财之后并不快乐，或者说比不发财之前还不快乐，曾发感慨道"穷得只剩下钱了"。这一发现使这个人从富翁一下子变为穷汉。穷者，钱能治；有钱之后仍旧穷的人，怎么治？

其实发财之后突然感觉到了穷，这本身即是一味药，知道钱乃外在之物，不是真富。这发现也真好，可以使我这没钱的人得到好大的安慰，也使我避免走有钱人所走过的弯路。从钱坑里爬出来的人，还有好多人，至今仍被钱所囚。钱是好东西，被钱所囚就不好了。被钱所囚就不仅不是富翁，也不仅不如穷汉，而是成为钱的奴隶了，等于是在服刑了。

后面我们就讲发财。讲什么是财？怎么发财？发什么样的财？使人真的成为富翁，不仅要成为富翁，而且要高贵起来，或者这样说，人只有高贵起来，才有可能成为富翁。

容我慢慢道来。

# 为什么要发财

这是一句很傻的问话。虽然很傻，但毕竟也是一问。谁能很准确地回答这一问呢？

为了好回答，我们先把发财圈定一下，圈到钱上来。这也是世俗的看法，以为有钱就是发财，有钱不算发财什么叫发财呢？有钱当然算发财，但发财却不仅仅在钱上。不过现在就说钱。

有钱好不好？这得看问谁。若问百万富翁，他会笑笑。因为百万富翁已经对钱没有感觉了。若问一穷汉，他会很诧异地看着你，以为你在讽刺他。因为在他这里，钱是必须，而不是问题。若问我老婆，我老婆会反问：你说好不好？因为总有人告诉她，别让人骗了呀，有人敲门时，先在猫眼里看看是谁。她那本来单纯的心渐渐变得复杂了。那次把这话问邻居，邻居说：这还用问么？没想到用这一问换来的还是一问。

那天在储蓄所存钱，某保险公司帮助理财的一个人很积极地推销一种存钱方式，说这样可以多拿好多钱。好多人都在那儿办，没想到在一个老者那儿却遭到拒绝。老者说："我不。"推销员说："为什么不呢？会分红的，钱会多出很多。"老者说："越多越不。"好多人都诧异地看着他，以为他是公园里逃出来的大猩猩。老者说出理由："我这钱，存在这儿，不图利息，为的是让你们给我看着。这点钱够我和老伴用，够用就行了，多了不好。”推销员说：“多了才好呢，多了有什么不好的？”老者说：“要是没钱，我要死的时候，儿女们还有可能顾得我。要是有钱，要是有很多钱，说不定快咽气的时候，儿女们还没等我死利索，就先打起来了。”他把好多人说得笑起来。

还有一则故事，说一僧一道在街上走。僧指着一个院落说：“这家很和睦，弟兄好几个从来没有吵过嘴。”道于是从袖筒里拿出一块金子，隔着墙头扔到院子里，说：“信不信？一会儿就会吵起来！”

钱，好多人认为很好的东西，却在这儿打了折扣。

不过，一般来说，有钱还是好事。好比一棵植物，有肥有水，那会有多舒展。好比一座山，河缠树掩，那有多滋润。人有了钱，大概也如此，能够把自己的想法舒展开，能够做好多的事情，能够在给自己带来方便的同时，也能给好多人带来方便，能给自己带来成就感的同时，也会给好多人带来利益。如果没钱，则你纵有再好的想法，也不能变成现实。变不成现实的想法只能给人带来苦恼，那这想法还不如没有。在这个意义上说，发财是好事。

人在世上走一遭，来干什么？如果不来干什么，则人生就没了意义。干什么呢？用电视剧《士兵突击》里许三多的话说就是，要好好地活，好好地活就是做好多好多有意义的事。可是什么是人生意义呢？那天有人用这话问我，我也答不出。因此他很失望。看着他失望的样子，我明白了，人生意义有多种，但肯定不是失望。为什么说意义有多种，因为人的认识不一样，心灵宽窄不一样，个人情趣不一样，因此人生的意义也不一样。确切一点说，人生意义恰如人的脸面，一人一个，有可能相近但不会相同。正因为每个人各自抱着自己的人生意义去生活，才有了这形形色色的芸芸众生。有了这形形色色的芸芸众生，才有这万花筒般的社会形态。

这是一层意思。还有另一层意思。这意思我一般不跟人说，因为说了马上就有人觉得没意思。本来觉得人生非常非常有意思、非常非常有趣味、非常非常有意义，经我一说，立时愣住。其实我不说这层意思大家也都知道，虽说大家都知道，却总装作不知道。

这个意思就是：不管你成就多大，财富多多，名头多高，荣耀多显，你觉得意义有多深，但人必得死。人一死，无论什么都带不走。这是一个悲剧。这个悲剧人人逃不脱。对于一个强调人生意义的人来说，这是最致命的。

让我们在这里稍作停留，想想这个事情。想你的金银财宝，想你的功名利禄，想你的灯红酒绿，想你的快活美好……突然之间，这些东西都不存在了；不是这些东西不存在了，是你不存在了。你这个活体不存在了，余下的东西还有意义吗？你可能说意义在你的儿女那里，可是你的儿女最终也会像你一样不复存在。一切如梦如幻，如露如电，天大的意义，顿时化为天大的失落，如悬崖失足，碰不着的地方让你绝望，碰着的地方让你疼痛。正是这个东西让你原来的一切成为虚假，而这个东西不虚假。这也真可怕。正因为可怕，我们才往往装作看不见。你看不见它可以，但死神总能找到你。

明白了这层意思之后，然后我们再来说发财的事。

也许你不再觉得有意思，不再让我说了。虚幻已经知道，秧苗不能插在虚空。可是，你知道么，这一层撕破之后，里头还有一层。这一层好多人不知道。那么有人问：你知道吗？实话告诉你：我也不知道。虽然不知道，却有人告诉过我掀开这一层之后的大致情形。我以为好。能够救治虚妄，能够在原来一脚踏空的地方铺上五彩石，能够让你知道虚幻背后的真实，能够在真实的基础上建构新的理想。在这里，你会发现真的财富，因而你才会成为真正的富翁。

有一位僧人来到南京光宅寺，参礼慧忠禅师。慧忠禅师问：“你是做什么的？”僧人答：“我讲《金刚经》。”禅师问：“《金刚经》最初两字是什么？”答：“如是。”禅师问：“是什么？”僧无对。

我们天天活在日子里，好像却没有去想日子该怎么过。因为你不去想这些，日子也不会落下你。即便你去想了，也不见得就有结果。就如这僧，天天讲《金刚经》，却经不住禅师一问。

# 财与智

见到一本杂志，精美而大气，刊名《财智》。我想，办这本刊物的人，定然是有财兼有智。若无财，办事难见大气。若无智，又怎能有财？于是想说说财与智。

世人都想发财。不想发财的人不能说没有，但是极少。为什么呢？因为财能给人带来很大的方便。据说说相声的郭德刚没发迹之前，穷得只剩下了郭德刚。那天他饿坏了，心想着有一块钱才好，一块钱能买五个馒头。那时，五个馒头就等于郭德刚的一条命。还有我的一个朋友，他是书法家黄绮的学生。文革后期在大学里跟黄绮读书并学书法。黄绮病了住到医院，他去看望。师母为黄绮煮的鸡汤，让我这朋友趁热给黄绮送去。事不宜迟，我这朋友挤上公共汽车之后，才发现口袋里没钱。不能说没钱，是只有三分钱，离足额车票钱还差两分。这两分钱憋出他一身透汗。他不敢买票，也不敢逃票。就那么惶惶着心。他这神态早被明察秋毫的售票员看在眼里。快到站时，售票员过来像审贼一样问他："买票了吗？"他嗫嚅着，脸色红一阵白一阵，真的有几分小偷样。他把钱掏出来，悉数交给售票员。售票员说："还差两分！"我这位朋友在口袋里掏呀掏呀，除了几点碎纸屑之外，什么也没有。其实他早就知道差两分，若是不差这二分钱，他哪能这样委屈自己！结果呢，他像是被抓到的一个嫌犯，直接拉到终点站接受处罚。还用接受处罚吗？这件事正在狠狠地罚他：鸡汤凉了，饭食过了，老师还在医院躺着呢！他自己也早就狠狠地罚了自己：众目睽睽之下，他比狗盗鼠偷之辈还难堪！

还有我，曾因三毛钱而受窘。受窘倒也罢了，而且还因此而受羞辱。不是别人羞辱，是自己羞辱自己。那滋味到现在仍难忘怀，每当想起，便觉得羞愧无地。那时真的穷困，虽穷困，也不是一点钱没有，只是我没带。那是我回老家去收庄稼，我像个老农一样跟在我爹我弟弟身后，努力做。做活不多，但却很累，常是泥汗满身，几天下来，身体脏臭不堪。好在几里地外有个石油工人的居民区，人们喊它大站，大站里有浴池，有好多人到那里洗过澡，说是门口很好进，一般没人管，跟着进就行。这天我去了，浴池是一排平房，中间有个小门供人出入，有热气从里头冒出。还没进门，我就已经想象出被水冲洗过之后浑身的清爽，恨不能立即进去，泡进浴池。但是，当我随着人朝里走，到我这儿，有人拦住了：要票。因为这是职工浴池，不对外的。外面的人进来必须要票，没票就要掏钱。可能是要三毛钱，但我没有。没有这三毛钱，退回身子不洗就是了。如果是这样做，我真该为我自豪。但是，我没有。因为我太想洗掉浑身的泥垢了。我突然想到我认识石油的一个人，这个人是新认识的，是个领导，姓宋，宋矿长。我把他当成菩萨，想让他来救我一把。我说出了宋矿长这三个字。让我进去就进去，不让我进去我就不进去，我这最后一招只在说明我努力了。没有想到的是，宋矿长却在这里！只见那个年轻人一嗓子把宋矿长喊了出来："老宋，您看，认识不?"如海关验货，看看真伪。宋矿长一看是我，一摆手让我进去了。在我这里，却羞愧极了，狼狈极了，难堪极了，感觉脸面丢尽。在宋矿长那里，我不知道他会怎么想。不久前，因我在石油上的同学极力引荐，他还把我当成人才，欲把我调到油田。他肯定想，亏了没调此人来，此人委顿而小气，怯弱而无能，为区区小钱，竟拉大旗来做铺垫。而我，这一次澡净了身，却污了心，羞愧至今，却又难以表白。这便是因为钱。

例子不用多举，没钱的时候谁都经历过。大丈夫威武不能屈，富贵不能淫，有时却真的会被一分钱难倒。这大概就是人们都想着要发财的理由。

想发财没有错，这好比丑汉也会想美女，或者说正是因为是丑汉才更想美女。但美女却有脾气，有时对你莞尔一笑，这时你就该知趣离开。若是还紧跟着，就有可能从旁边跳出几条硬汉，挡了你的路。那时美女再一笑，大概你就惨了。

发财的事其实比丑汉追美女还可怕。有好多人想发财而赔掉了底，有好多人想发财而迷失了自己。有好多人想发财也真发了财，尔后发现不该发这个财，因此痛悔不已。有好多人想发财但根本没闹明白什么是财，以为是金条，抓到手之后才知是狗屎。

因此，有问题要问：一，什么人能发财？二，什么样的财能发？三，发了财之后该怎么办？

谁来给出答案？

一个僧人跟师父来讨佛法。师父说："鼻竖眼横。"这个僧人一下子就明白了。另一个僧人也跟师父来讨佛法。师父说："黄河九曲。"这个僧人想了半天也没想明白。

这里有一个现成的故事倒也有意思。儿子想跟父亲学偷窃。父亲说好吧，今晚就教你。这对父子在月黑之夜来到一户人家，来盗箱子里的东西。儿子在箱子里往外递，父亲在箱子外面接。突然门响，主人回来了！这老贼想也不想，叭的一声把箱子盖上，把锁锁上，然后翻窗逃走了。儿子在箱子里面这个恨呀，恨老爹太自私、太无情，也不管死活，把这么一个小贼雏锁在里面。儿子用尽伎俩终于逃回家，他愤愤地诘问父亲，父亲倒笑了，说："你毕业了。"

这故事虽不雅，但理却真。发财的事其实是比做小偷还难些。时机对吗？目标明吗？价值大吗？环境好吗？合伙人行吗？等等等等，这些问题有有形的也有无形的，在判断上出一点差错，都会殃及效果。到这些问题都不是问题了，才会轮到下面的问题。

所有的问题都有答案，但所有的答案都不在衣袋里。

因此有企业的人不一定是企业家，但企业家肯定有企业。

那天有一个人来问我，我想做这样一件事，你看行吗？我说不行。他说为什么不行？我说，不为什么。他就那么低着头走了，没有找到答案。其实不是事不行，也不是他不行，而是我不行。他来问不行的人，定然也难行。若是在他关上我的门之后，一咬牙，一瞪眼，一下子把事做成了，那时候，他或许会笑话我，或许不会，一切看他是不是成熟起来。

修佛有六度波罗蜜：布施、持戒、忍辱、精进、禅定、智慧。波罗蜜即是到彼岸的意思，六度即说有六种修行的方法。虽有六度，而“五度如盲，智慧为眼目”。大智慧为般若。《宗镜录》这样说：“若布施无般若，唯得一世荣，后受余殃债；若持戒无般若，暂生上欲界，还堕泥犁中；若忍辱无般若，报得端正形，不证寂灭忍；若精进无般若，徒兴生灭功，不趣真常海；若禅定无般若，但行色界禅，不入金刚定；若万行无般若，空成有漏因，不契无为果。”一切都须在般若的观照之下才有可能成功。苦修猛练，事倍功半。佛法如此，世法亦如此。

因此可以这样说，有财者必有智。若无智，那财便成了无源之水。在邢台英谈村，有“一滴泉”，常滴不竭。泉虽小，而也在说理：有一分智，做一分事；有十分智，做十分事。也如老汉我的脚，只能穿41码、42码鞋，再大再小都不该我穿。因此我羡慕那大脚之人，穿得起船样的鞋，一路走下去，留下些“大人迹”。

那么，有智者必有财吗？当然当然。不过，财不一定以钱的形式来表现。比如，你去问一条河：有水就能流到前面去吗？河不一定答你，但河水流着。可是你要以同样的问题去问大海，大海怎么说呢？你以流向问题问大海，本身就错了。

# 贫和富

历史上发生的事太多太芜杂，记不住的太多。但有的事情一看到便忘不了，比如“易子而食”这件事。人饿到没办法，就想到吃孩子，但又不忍心吃自己的，于是换着吃。这事太残忍，残忍到不忍说。不说可以，但这事毕竟发生过，而且不是一例，而且也不只是在中国这块土地上有。可见人在极度状态下，会发生质变，变成非人。这样极端的例子不该说，还是说点轻松点的吧。说，一位老板开着宝马轿车缓缓行驶在铺满鲜花的红地毯上，车停下之后，有美女过来，把车门打开。这时彩虹在远山上出现。一只仙鹤沿着彩虹的边沿飞了过去，鹤背上骑着一个人，那人宽衣博带，一看就知道是那位“腰缠十万贯，骑鹤下扬州”的古人。这老板重新把车门关上，掉转车头，沿着高速公路向着扬州方向驶去。

请猜：骑鹤的人先到还是开车的人先到？

言归正传，说贫和富。

有一个词叫嫌贫爱富，为贬义。其实人的这个嫌贫，看是嫌谁。嫌别人贫，当然不好。但是嫌自己贫，却一定不坏，谁不想早一天富起来呢？人其实往往不是嫌别人贫，而是嫌别人富，看那么多人都富了，唯独自己还贫着，就着急上火。

富起来的感觉真好。

人本来是在差别中活着，就像春天里的桃花、杏花、梨花、菜花……姹紫嫣红，各有模样。花知道这些，所以各自开着各自的，默默无言。人却不行，人不是不愿意有差别，而是总愿意自己比别人强。就像王胡看不起阿Q，而阿Q其实更看不起王胡。其实他俩不知道，还有更多的人无论是王胡还是阿Q都看不起。而这更多的人又被赵太爷看不起。而赵太爷又被阿Q小瞧。

人的差别是怎么来的呢？是心灵上的原因。外在看来，人都有四肢、五官、六腑、九窍，差异不大，但心灵上的差异可就大了。同样一颗心，有人能装得起大山大河，有的人却装不下一句话。我老家就有一个人，别人在背后骂了他一句，他受不了，拿着刀子去拼命。没等走到那家门口，一口气没上来，倒地而死。而有另外一个人，别人当着面骂他，他笑笑。人家问他为什么还笑。他说，他骂，是他心里不平，跟我有什么关系？

前边这个人，心眼窄。后边这个人，心眼宽。

人就在心的比量上而有差别。

发财不发财，其实该在心量上说。

心量窄的人，容不得别人发财。容不得别人发财的人，自己怎么能发得了财呢？听说在贫困山区有一家小药店，只卖几种药，还卖不出去，因此开了不多日子就关了门。周围的人不是不生病，而是没钱买药。只有大家都发了财，你在一个富有的环境里，才有财发。这也好比春天里，有一个开花的好气候，所有的花都开了，因此你也开。你因为有他，而更好看。他因为有你，而更自信。

心量窄的人，自己纵然发了财，也太把财当回事，整天惦着，放在哪里都不放心。患得患失，或者把事情弄乱，或者把自己弄病，最后只能是这样的结果：一，人在，钱没了；二，钱在，人没了。三，人钱都在，舒心日子没了。

心量宽的人，从他做事那一刻起，就想着好多人。他根本就不是为了自己而发财。发财不是目的，为大家做事才是目的。把事做好做大而让好多的人都有好日子过才是目的。他真的富了，却不以此为骄慢，而是更谦逊，更爱别人。不把财放在心上，为了别人随意取用，因而财会更多。你看山上的清水潭，永远不用，潭水也不多，潭水甚至会发污。天天汲取，潭水也不少，清亮甘甜，取之不尽，用之不竭。因为潭不自私。

心量宽，肩膀也宽，愿意担得起天下所有人的苦难，这才是大富之人。

因此看来，发财并不只是多赚钱，仅仅赚钱不一定算是发财，虽然发财跟赚钱有着密切的关联。

发财是发什么呢？发的是心。心量越来越大。心量大，能容事，能容人，因而也能容钱。

心量宽的人不一定有钱，但一定有快乐。心量宽的人不一定有钱，但一定肯帮人。有钱帮钱，没钱帮力气，没力气也会帮言，哪怕脸上的一朵微笑也愿意拿到大街上与人分享。而哭的时候却会躲到旮旯里，不让人看见。不是怕人，是怕带给人不愉快。

能够给人的人才是真富有。

总想着向人讨要的人，是贫人。你看贪官，总跟人要。这样的人在本质上等同于乞丐。心贫的人，是真贫，哪怕他守着金山。就因为他心眼小，只能容下自己。

贫和富，说到这儿，该总结一句话了：贫和富不是钱多钱少，而是心灵上的一种状态。宽绰，就愿意与别人分享。狭窄，就只想着把自己那个包袱紧紧裹起来。

我刚说了这句话，便看到香严智闲禅师那一段有关贫富的话："去年贫，未是贫；今年贫，始是贫。去年贫，犹有卓锥之地；今年贫，锥也无。"

还有虚云老和尚的一段："去年贫未是贫，大雄山上起白云。今年贫始是贫，殿堂剩下破沙盆。拈着东来失却西，唯有这个旧主人。去年富未是富，添得一条娘生裤。山中有个陈樵子，不知春秋多少数。遂竖拂子云：贫富贵贱，俭素奢华，都不出这里。”

忽然明白，我说了半天，其实没说到意思上。自己的心量越是宽大，自家的东西才越不占地方。自己的一己之私的东西那是越少越好，一点点这么“贫”下去，“贫”到无，也就富到了家。就像虚空，就像大地，阔大无边，没有一样东西是自己的，却又没有一样不是自己的。

贫和富，全在心灵里，如同乌云白云，全在虚空里。

# 老　本

小的时候我们玩杏核儿，这东西现在的孩子都不玩了，不屑于玩。现在的孩子会觉得我们那时怪可怜，但我们照样玩得淋漓尽致：双方各把一枚或者几枚杏核儿添到苹果大的一个小坑里，划拳分出先后，手捏一个铜板抡圆了胳膊朝坑里猛力掼去，靠铜板的力把坑里的杏核儿冲出来。这样玩的结果，是本来一样多的杏核儿，不断地发生变化。一会儿他多了，一会儿我多了。有时会把对方赢得一干二净。输净了的不甘，就会这样跟对方商量："借给我一个，只借一个，好吧?"这一个，就是本钱。没有了这一个，就没了玩的资本。这一个在这时候就变得非常重要。

做生意需要本钱投入，就好比我爹种蒜，把一瓣种下去，这一瓣就是本钱。再加上水肥人工，构成成本。几个月之后，一瓣蒜变成一头蒜，无数瓣蒜变成无数头蒜，抛却水肥人工等费用，余下的就是赚头。如果管理不好，或者水土有问题，蒜苗枯萎了，拔下来看，连那一瓣蒜也烂却。水肥人工白搭不说，老本也赔了。这时我爹就慨叹，说不如种姜了。如果种姜，即使不赚，也永远够本。种姜也如种蒜，把一块母本埋到土里。种下之后，母本之上滋长新姜。不管长出多少新姜，那块老姜却不烂不失，仍旧鲜亮如初。纵然一块新姜也没长，那块老姜仍在。

姜是个例。

因此做生意的人，都讲究成本核算。财会就是干这个的。当年在生产队，我也做过两年会计，刚上任时，不懂得算账，老会计手把手教我。说这个大数减去这个小数，会有个余数，这余数就是我们要的。原来的数大，就亏了，现在的数大，就赚了。我问，就这么简单吗？他说，本就这么简单。

本钱，是一个永远存在的数。本钱数小，就赚了，本钱数大，就赔了。

因此没有不讲成本的企业家，讲成本的企业，一般说是不会赔的。

台湾塑胶大王王永庆，活到92岁。死后留下好多金钱，也留下好多故事。他在16岁那年借了200元钱开了个小小的米店。巷深店小，生意冷清。谁也没想到他会火，偏偏他就火了。他是靠一份真心，把吃米者当爹当娘。一是将米里的沙子、秕糠等杂物细心拣干净；二是送米到门；三是送米时记下那家的米缸尺寸和吃完一次米的大致时间，到时候不等顾客上门就主动将相应数量的米送去；四是每次送米上门，不仅把米倒进米缸，若有剩米，会将剩米倒出来，将米缸擦干净，把剩米放到新米之上。

这样做的结果是，王永庆想不火都不行。

王永庆的本钱是借来的。但是还有一样本钱是他自己的，那便是他的真诚和细心。前一种本钱是有形的，后一种本钱是无形的。无形的本钱，就好比埋在土里的那块老姜，永远不坏不失。这块土不适宜，换一块土照样葱茏。若没有这无形的本钱，有多少有形的本钱也会赔干净。

做生意需要本钱，需要盈利，做人更是。为人一世，也讲投入和产出，也讲以最小的投入赢得最大的回报，赢得盆盈钵满才好：吃穿不缺，儿女不缺，钱财不缺，声誉不缺，身体不赖，心情不坏……从心所欲，而无障碍。这也真好。可是这也得有本钱。

什么是本钱呢？钱财是，聪明是，力气是，言语是，好人缘是，四肢百骸都是。这些都舍得投入，再加上其他必要的条件，才有可能获得丰厚的回报。这些是本钱，但还不是老本。老本是什么呢？是做人的那颗心。

做生意赢得第一桶金时，往往没有很多的资本可投，都是以小本开始，像幼芽那样，有一星星绿。谁也不知道长大后会是一丛蒿，还是一株松。其实是蒿是松，在胚胎里就有了分别。我们分辨不出来，是因为不懂。人不也说三岁看老？企业也是，从一开始，看它的经营方式，看它对顾客对员工的态度，就已经知道是蒿是松了。

僧问本寂禅师："古人说人人尽有，弟子我在尘蒙中，还有没有呢？"本寂禅师说："你把手拿过来。"弟子把手递过去。禅师便掰着他的手说："一二三四五，足数！"

真好禅师，一下子就说着根本。成佛的本钱，人人本有，足额足数。关键看你怎么对待。

做人比做佛简单，做佛都不缺，做人应该绰绰有余，别失了老本就行。

什么是做人的老本？心是。什么心是，真诚的心是，朴实的心是，干净的心是，清静的心是，一句话，简单的心是。人问：做人要简单吗？我反问：做人不要简单吗？

不说对别人该怎么怎么好，只说对别人像对自己一样。人对自己不简单吗？口对心，心对口，心口如一，知冷知热，知饱知饿，知苦知乐，知对知错，知道怎么疼自己，一个心眼就够了，连一个半心眼都用不着。"己所不欲，勿施于人"，怎么疼自己就怎么疼别人就是了。

当你以真诚对人时，定能赢得真诚的回报。不要说现在没赢来，早晚会赢来。当你以狡诈对人时，也定能惹来好些麻烦。不要说现在没惹来，早晚会惹来。不要心存侥幸，会计那里有清单。

真诚对人，就肯定有朋友；真诚对事，就肯定有事业上的成功；

真诚对天地，天地也会护佑你。真诚是埋到土里的那块老姜，纵暂时没收获，也永远不会亏本。这不会亏本的真诚一旦得了时机，就会有千百倍的真诚来回护，来拥簇。

真诚是做人的最低成本，花费最少，赢利最多。

如果你说一句谎话，为了使这一句谎话站住，就得用好多句谎话来圆它。谎话多了，难免有破绽。破绽一出，受损的是老本。说谎需要成本，甚至很高的成本。成本投入很多，回报却是负数。或者暂时不是负数，待尘埃落定之后，输掉老本的人就会像被拔光了毛的鸡那样难以见人。

我朋友他们村有一个人就赔了老本。此人不过是一个小偷，与其他小偷不同的是，他毫无顾忌，谁家的东西都偷，他爹有一铜烟袋，一天也被他偷来。他违背了“盗亦有道”的理，因此人人嫌他。后来他死了。此人一生落下两个好。一个是刚生下来，众人一看，白白胖胖一个男婴，说：“好！”再是死后，听说他死了，众口一词说：“好！”前一个好是夸他，后一个好是赞上苍。

# 谁能发财

谁都想发财，没有谁不想发财。谁要说不想发财，有两种可能：一是已经发过财了，对发财这事没了感觉；二是想得都身心疲惫了，也没见有发财的事发生，对自己失望了。但这两种人都不能算是不想发财的，因此这话等于没说。

既然都想发财，我便告诉你一个发财的秘密。多年来，你之所以没有发财，是没有得到这个秘密，一旦得到了这个秘密，你不想发财都不行。读到这里，我想很多人就要笑了，说，又来一个卖大力丸的。是，现在卖大力丸的的确不少，致富秘诀到处都有，就像电线杆上贴着的包治百病的灵丹妙药小广告，肯定有人试过，但没见过谁被治好过。先不要怪卖大力丸的，说句不好听的话，那都是你招来的。若是都不想发财，会有人来告诉你发财的方么？那卖大力丸的也是想发财，他发的是想发财的人的财。这句话太绕口，改为这么说更顺畅些：你想发财，他便来发你的财。他卖给你一个致富妙方，谁致富了？他致富了。谁让他致富了？你，无数的你。无数的想发财的你，让一个同样想发财的人发了财。仔细想来，也没有什么好抱怨的。若抱怨，就抱怨自己发财心太切，财迷心窍，让技高一筹的人给钻了空子。

我告诉你的这个致富方法，绝对可靠。为什么可靠？因为我不要你的钱，你不用花钱买，也不搞抽奖什么的小把戏。那么我为什么呢？是不是有更深的陷阱在？

前几天，我老伴到一个保健的地方去了，好多老头老太太都去。去了之后，由少男少女陪着，说柔软语，现微笑脸，不要钱，用仪器健身，好多种健身方式。去得次数多了，还有小奖品。我老伴就问：“你们这是为的什么呀？”人家就答了：“只要大家身体健康，我们就高兴，我们什么都不要。”我老伴还有与我老伴同等智商的人就非常高兴，说：“世上还有这么好的人，租了这么大的房子，买来这么好的仪器，雇了这么漂亮的年轻人，只是为了大家健康。”过了没多久，没等人家说什么，我老伴就把一台仪器买回家来了，说可好呢，可舒服呢，两千多块，不贵，好几个人都买了。我想人家这生意就做得好，微笑着就把钱赚了。

我这里也没仪器。我连微笑都不给你。因为我告诉你的方法，没在我这里，而在你那里。你说了，在我这里我能不知道吗？我自己都不知道的事，你又怎么知道？是的，在你那里你也不一定知道，而我不一定不知道。你若是知道就不会想发财的事了。或者说，你就更知道怎么样发财了。我若是不知道，我就不会来告诉你了。

《法华经》里有这样一则故事：一个人醉在亲戚家，亲戚有事急着走，走前把一枚无价宝珠系在醉者的衣服里，这个人也不知道。后来这个人游荡到国外，吃喝为难，困顿不堪，求得一点东西就满足了。后来被亲戚看到了，亲友怪他，说你干吗这样，你衣服里不是有宝珠吗？你是个豪富自己不知道吗？

我们就是那穷汉，身上藏有宝珠而不知，天天却闹着要发财。

因此我要告诉你找到自己宝珠的方法。找到这枚宝珠，自然富比天下。

有一件事要明白，《法华经》里的宝珠，比喻的是人人俱有的佛性，佛有佛性，我们也有佛性。我们不是跟佛要佛性，也不是佛给我们佛性，佛之所以是佛，就在于他发现了众生身上都有佛性，众生都能成佛，连佛都能成，还愁不能成富翁？

我就是在这里找到了你发财的妙方。

什么样的人能够发财呢？怎么发财呢？发什么样的财呢？我想这都是大家想知道的。我肯定都告诉你，但不会都在今天告诉你，那样于你发财并无大帮助。你得先沉下心来，让我分个次第，分个深浅。

我先告诉你什么样的人发财吧。

人人想发财，但不是人人都能够发财，这事不用我说你也知道。你看大街上开饭店的，有的人开一个火一个，有的人开一个赔一个。那火的，怎么干怎么火；那赔的，怎么干怎么赔。什么原因呢？当然有种种原因，比如地理位置。可是，同样的地理位置，人家火着呢，你却赔了；或者说就是同一个地理位置，你干时赔，换了个人却火了。比如人的智商也是一个原因。可是精明的人未必就火，傻了吧唧的人未必不火。你说是经验使然吧，可是有的人先前火过，后来却赔了。形形色色，千差万别，有内在原因，有外在原因，有内在外在混合在一起的原因。不过，原因虽多，但都不是主因。今天我告诉你的就是这个主因，主因变了，果才会跟着变。

什么样的人能发财呢？

我告诉你吧：模样俊的能。发财也如娶媳妇，模样是一个条件，且是个主要条件。我要是这样说，你得笑喷了饭。其实，我说的模样俊，不是指的脸面，而是指的心灵。就好比好鸟栖好树一样，财富这东西也喜欢好的心灵。好的心灵是什么样的呢？我不说你也知道。肮脏不是吧？狭隘不是吧？黯淡不是吧？明亮是，宽阔是，洁净是。

有一句话这样说："福大量大。"这句话反过来说也一样："量大福大。"这个量指的是心量。心量大的人，福气大；福气大的人，财富多。没有听说过一个福气大的人饿死了，福薄的人才会受苦厄。因此《心经》开篇即说："观自在菩萨行深般若波罗蜜多时，照见五蕴皆空，度一切苦厄。”“五蕴皆空”，一切有形的无形的东西，在我这里都没挂碍了，心量大不大？大到无可比拟。因此能度一切苦厄。为什么能度一切苦厄？因为苦厄没有地方安身。就好比太阳升起，阴影就退避一样。太阳升到最高，阴影就缩到最短。光明之处，没有阴影。阴影之所以存在，那是光明还没到达。

为什么量大福就大？这句问语讲半天也难以讲清楚，只好举例子。比方说，你只有巴掌大的一块田，种什么呢？只能种一两朵蘑菇，多了不行。虽说有在花盆里种榕树的，但那榕树还是榕树吗？真正的榕树，独木成林，可以绵延数十里，花盆里能长开么？因此你想发财没有错，就好比种榕树没有错，但用一只花盆种榕树就错了。但是，世上有好多人，却是在用花盆种榕树，即使精心种，也很难成活。即使成活了，也很难长大，最多长成盆景。可能你觉得好看，但对榕树来讲，却并不舒服。因此盆景不会存活很长时间。有百年盆景吗？因此想发财的人，先要把心量打开。心量没有打开，却想着发财，定然很难。即使发，也发不大。发不大还好，若是发大了，就会出事。不是有好多暴发户出事了么？报端上有好多例子，因为钱财招眼，被人抢了，甚至被人杀了。或者因为有钱，什么地方都去，什么东西都吃，结果染了病。钱还在，人没了。这就是俗话说的，担不住。为什么担不住？福气小。为什么福气小？心量窄。为什么心量窄？太自私。为什么太自私？没想明白。为什么没想明白？智慧不够。为什么智慧不够？心里好多的地方被龌龊的东西挤占了，智慧没地方放了。因此若想开智慧，就得把原来的那副心肠好好拾掇拾掇。至于怎么拾掇心肠，这是后面要说的。

# 发财的目的

心好比土地，也有瘠薄肥厚、狭小广博之别，因此心也称心地或心田。其实我们人无论经营什么，都是在经营心田。经营对了，没有不赢利的；经营错了，没有不赔本的。赢利之至，天地是我；赔钱之至，我属于谁？怎么叫经营对，怎么叫经营错呢？土地裸露在外，眼能看到，手能摸到，瘠薄肥厚、狭小广博一看便知。多施肥，勤耕耘，瘠薄也能变肥厚。心田可怎么看？

当年禅宗二祖慧可，慕名来到嵩山，参谒达摩大师。达摩在洞中面壁九年，等的就是慧可。慧可来时，达摩早已心知，但不露声色。他视而不见，听而不闻，继续面壁。慧可只身洞外，静静侍立。时在深冬，大雪飘布，不知过了多久，雪深三尺。此时达摩缓缓转过身子，看了慧可一眼，问道："你久立雪中，当求何事？"

慧可说："唯愿和尚慈悲，开甘露门，广度群品。"

达摩祖师道："诸佛无上妙道，旷劫精勤，难行能行，非忍而忍。岂以小德小智，轻心慢心所得？欲冀真乘，徒劳勤苦！"

达摩这样说，是在勘验慧可心地，看他有没有作佛的资本。就像生意人到工商局注册，先问资金多少。慧可听了，没有犹豫，拿过随身所带的刀，咔嚓一下砍断自己左臂，一时雪白血红，天地失色。

达摩一见，知道自己没有看错，遂问道："你有什么困惑？"

慧可说："我心不安，求师父给我安心。"

达摩祖师说："你把心拿来，我替你安。"

慧可沉吟半晌，回答道："觅心了不可得。"

达摩说："我与汝安心竟。"

慧可一听，当即豁然。

这是什么心地？成佛做祖的心地，广袤无边，肥厚无比，可栽无边菩提树。这样的人做不了小生意，只能做大生意。他要以心作成本，赢得整个世界。因此他在祖师面前，不惜臂膀。岂止是不惜臂膀，是连性命也不惜的。释迦牟尼佛在远劫前曾以身饲虎，在他眼中只有饿虎，没有自己。释迦牟尼佛为忍辱仙人时，在山中修忍辱行。这天歌利王看到他，起大嗔恨，用刀片割解其身体，对他百般侮辱，但他不曾生一念嗔恨心。非但不生嗔恨心，还说："我成佛后，先来度你。"这是何等心地！也如我们做生意，大生意大成本，小生意小成本。若无成本，休谈生意。生意的生，是生机之生；生意的意，是意味之意。生机勃勃而意味无穷。不要以为生意仅仅在钱上。生意能产生钱财，但钱财绝不等于生意。

因此，做生意的人不能不懂佛法。为什么？就因为佛家富贵。皇家拥有天下，佛家拥有的乃是宇宙。当年释迦佛陀出生之后，一手指天，一手指地，曰："天上天下，唯我独尊！"这我乃是大我，因此在佛陀眼中，所有众生都俱佛性，娑婆世界，处处金碧辉煌。因此无论是谁，只要懂得了佛理，贴近了佛心，马上就会变得富有起来，不一定是金钱富有起来，但一定是心灵富有起来，马上就有了一个好心态。好心态是金钱买不来的，这是人的最宝贵的一笔无形资产。有这笔无形资产与没有这笔无形资产是不一样的。这就是为什么凡是亲近佛的人都喜笑颜开的原因。因为他富贵了。富贵了之后有诸多表现，愉悦只是其中一种，其实连其中一种也不是，因为这愉悦就如春日里的花朵，自然而然，不是故意做出来给人看的。

在这种富有的心态下，做的都是富贵事。何为富贵事？慈悲心是。悲是“拔人以苦”，慈是“予人以乐”。见人处危厄，尽力而救；见人行善事，尽力而助。真心对人，真心对己，真心对事，真心对待一切。没有欺瞒，没有虚伪，没有故意造作，如风前一株花，无意将妩媚给人看，却因此妩媚更多。

做生意以何为目的？有人说发财。但发财的目的又是什么呢？恐怕每个人都经不住三句问。有好多人，甚至包括已经发了财的人，其实并没有把这件事想好就稀里糊涂地发了财。稀里糊涂地发了财之后，金钱带来的愉悦过劲之后，恐怕苦恼就来了。这就是为什么有钱人照样有苦恼的道理，有钱人的苦恼甚至比没钱人还多些。挣钱为了苦恼么？没有谁会这么承认。没有此理，却有此事。

有人会问：那么，投资做生意，发财不是目的么？那么，我就反过来问他：发财是目的么？如发财是目的，比尔·盖茨为什么要把钱捐出来？比尔·盖茨为天下首富，却要裸捐，连儿孙都不给留一点。此老盖是糊涂还是聪明？是糊涂透顶还是聪明到家？

其实我说发财不是目的不一定对，发财当然是目的。谁不愿自己富有呢？富有起来是何等的潇洒和自由。好多人就是因为穷困，让钱憋得难受，才向往发财。尤其中国人太有发财的理由了，这理由就是我们曾经太贫困。记得当年挨饿时，一位老人曾无限向往地说道：“什么时候能吃上不掺菜的净面饽饽呢！”在当时，这是一大梦想。当一个民族以能吃上净面饽饽为最大理想时，这个民族的眼界自然就窄了。人人都想着发财，人人都做发财梦，实实在在怪不得谁！

问题是，若以发财为目的，就能发财么？

若不以发财为目的，那么以什么为目的？

这都是大问题。

# 富人心态

有一句话我真的不知道是告诉好呢还是不告诉的好，于是我问朋友。朋友问：“什么话？”我说：“为什么有好多人想发财而发不了财，即便发了财而仍旧穷困？当然，这穷困已经不在金钱上，而是转移到了心灵上。”朋友问：“你知道答案？”我说：“我哪里知道答案。”朋友说：“不知道答案你告诉什么呢？”

我以这样的话回答朋友：“我告诉的不是答案，而是问题。”

朋友说：“你总有问题。”

我说：“若无问题，何来答案？”

不发财穷困倒还罢了，发了财仍旧穷困怎么办呢？那日读《法华经》，读到信解品，听舍利弗等讲穷孩子的故事。说是有豪富之人，儿子自小走失，周遭各国，百般寻找，多年不遇。此富豪之人，遂在一个地方居止下来。那个流浪多年的穷孩子，在一天误入豪富之门，其父见了，知是其子。那孩子却被其豪华富丽所惊，抱惧而走。老父为了改变其穷心，让人扮作穷人，与其接近，让他来这豪富之家做清洁工，干脏活累活，慢慢告知他：这是你的家，那个有钱的胖老头就是你的父亲。这穷孩子终于成为富豪的继承者。此故事当然不是在说发财的事，发财不过是比喻，但发财的事也可在此得到启发。

我们穷怕了，所以要发财。但下面还有一句：我们穷惯了，不知道怎么发财，更不知道发财后怎么办。我们即使不被财富吓住，也往往会糟践了财富。发财了，却依然“穷”着，这太可怕了。

因此我也要讲一个故事。

我老家有一个叫老万的人，那是相当穷。我老家的人形容穷，说屁股让瓦盖着。人都知羞，别处没遮挡还好，羞处不能没遮挡。因为穷，身无寸缕，只好用块破瓦来勉强遮盖一下。这也真穷得彻底了。但人们在说屁股让瓦盖着时，却不是在说老万，在人们眼里，老万其实比那瓦片盖屁股的人还穷。因为屁股盖瓦是形容，而老万不在这形容里，老万是实实在在穷。

老万虽穷，但生育能力旺盛，一连生下四个孩子之后，老婆的肚子又鼓起来。生孩子有如变戏法，说有就有。老万曾感慨，说老婆的肚子若是生产队的地才好，定能年产万斤粮。但老婆的肚子毕竟当不得土地用，而且孩子生下来就要吃东西。吃东西不怕，怕的是没东西可吃。老万就想尽办法弄东西来喂饱全家，说是想尽办法，其实也没办法可想。老万一不偷，二不抢，分外的事连想也不想。一天路过一草垛，拣到一枚鸡蛋。他一路小跑，高高兴兴回到家。刚想把鸡蛋亮给老婆看，突然改变主意，又悄悄地把鸡蛋放回到草垛那里。老万说过，人是不能吃昧心食的。

老万虽穷，每天却有一件豪华事：喝酒。这已是惯例，也成为村中一景。每日黄昏时分，夕阳压枝，树上鸟雀噪、树下孩子噪时，一个矮矮的身影从一条胡同里穿出来，着一件无扣棉袄，腰间随意拦一道草绳，飒飒然有魏晋之风。他来到柜台前，把一张脏兮兮的两毛钱的票子拍在柜台上，售货员早已把一只厚底小碗端在手上，用小巧的提器在小碗里注满二两山芋干酿的酒，推在老万面前。老万只手擎碗，一仰脖子，一饮而尽，据说连喉结都不动一下。喝完之后，转身便走。整个过程，柜台里外，彼此不交一言。

孩子竟然都健壮。

有人替他担心，说："老万，这样下去不是办法。孩子们都会大起来，要娶媳妇呀，要过日子呀，你怎么都不上一点愁呢?"

老万说了一句让全村人都吃惊的话："儿孙自有儿孙福，不为儿孙作马牛。"

老万的话说对了，改革开放之后，谁也没想到，首先富起来的是老万的儿子。

老万在儿子富起来之后，依然每天喝二两酒。

儿子要买一辆轿车，老万说："人穷的时候，身价不能低。人富的时候，身架不能高。"他压着不让买。

他先后让儿子出钱，把村里的五保户保起来，每月发二百元生活费。让儿子出钱，把张老汉将要倒塌的房子盖了起来。再后来，老万的儿子不用老万说就知道该怎么办了。

有人说："老万，你真怪。穷的时候，你不管孩子。富了之后，你倒要管孩子。"

老万说："穷的时候，穷就管了。富的时候，就得我管。"

有一个问题我曾问自己：老万穷过么？当然，老万不仅穷过，而且特穷，一家人三天不揭锅的时候也有。但我给出的答案是：老万没穷过。老万不仅没穷过，且应算在豪富之列。他心态宽阔，处事大度，即便在最穷困时，也没忘了帮人。

老万穷的是人，心从来没穷过。

由老万这里，我想到生意人，生意人辛辛苦苦，所为何来？有一个非常明确的目的，就是要发财。发财没错，关键是能不能发。不信你看，发财心切的人，有时反而发不了财，甚至还会被财咬一口。这是什么道理？一天，我遇到打太极拳的程师傅，程师傅跟我说："打拳这事，不能着急，须放松了心态。你不是在找一种劲儿么？但你这么急切，它不容易来。多会儿你不要它了，它就来了。"这是彻心之论，是很有境界的话。"运用之妙，存乎一心"，心态决定一切。一个老想着发财的人，是个什么心态？是穷人的心态，是企求的心态，甚至是乞求的心态，穷根怎么能发富贵芽呢？同声共振，同气相求，想要有凤凰来栖，先得栽下梧桐才是。非但不栽梧桐树，反而要挖个陷坑，颇具灵性的凤凰鸟只得惊惧而走。

好多人发财是靠侥幸，有的人也真由侥幸发了财。但有钱并不一定就是富人，有钱的穷人很多，不然的话不会有“穷得只剩下钱了”的感叹。因此这里要说一句：发财之前，先跟老万学，有钱没钱放在一边，心先富起来，就像种庄稼之前，先备好沃土一样。

# 无中生有

这句话源于老子。老子曰："万物生于有，有生于无。"佛家三藏十二部，讲的也是真空和妙有的形而上命题，"真空不空，妙有不有"。怎么个"真空不空，妙有不有"，不是我们今天要讨论的，应该说，也不是我们现在能够讨论的。我不过是借用一句话。

有和没有，是什么意思呢？你要以为有就是有，没有就是没有，也许就错了。其实有和没有就像是一枚硬币的正反面，没有正面不是硬币，没有反面也不是硬币，有正面必有反面，不信，你找一枚只有正面的硬币来给我看。有和没有不可分。平时我们总喜欢有，而忽略了没有。比如我们到果园里，眼里看的是苹果，而忽略枝叶，更忽略根须。在我们眼中它们属于没有，但是没有它们怎么能有苹果？你若说我已经注意到整株的苹果树，说不定你又忽略了土地。你说我连土地都注意了，那么你是不是忽略了漂浮大地的宇宙空间呢？你说你没忽略，那我就把你忽略掉算了。你不可能不忽略，我们都忽略。如果你不忽略，你就看不到苹果了。人的本能，见小忘大，知有忘无。也亏了见小忘大，如果不是这样，说不定会用自家车把宇宙拉到自家庭院。

其实，把眼睛略略放宽一点便知，没有的东西实在是比有的东西还有用的。不信的话，听我说一件事。

有一位朋友跟我说了他们单位评先进的事。每个单位每年都要评选先进，应该说这是一件好事，却也是一件很不好办的事，因为有指标。指标这件事不知外国有没有，反正中国有，且到处都有。据说当年反右，也是把指标分配下来，控制在百分之几，且都要完成任务。这就有戏看了，为了完成任务，就得把本不是右派不像右派的人也得打成右派。因此出好多笑话，笑话背后则是悲剧。评先进是小事一桩，但是如果评不好，也容易产生矛盾，滋生不利因素。该当先进的当了先进还好，若不该当先进的当了先进，大家就憋气。憋气的结果很严重，原有的积极性没了。因此这事很难办。朋友说他们单位评先进则很好办，选上谁大家都没意见。原因是他们有一个很高明的领导。这个高明的领导没来此单位之前，为评先进之事也常闹矛盾。这个高明的领导来了之后，在评先进的时候，先讲了一个故事。说人骑自行车，真有骑得好的，可以前轮轧后轮，骑出一条直线来，甚至还可以不扶把。这是在马路上，或者是在操场上。即便是这样高骑技的人，如果仅把他有用的地面留出来，他有用的地面不过两寸宽，不要说仅留下两寸宽，即使留出半米宽，然后把其余地方切成万丈深渊，你再让他骑骑看，绝对有好戏看。在这时候就知道原来看似没用的东西原来都是有用的。

就从领导讲了这个故事之后，评先进的事就解决了。得了先进的知道，我这个先进是靠了大家的托举，若没有大家的托举，单枪匹马能做什么？因此他不但不会骄傲，相反还会生出几分惭愧，觉得这先进实在是每个人都该得，如今自己得了，有点怪对不住大家。得不着先进的呢，也会觉得虽然我没走到前边，但我的作用也没有被忽略，整个事业有我的一份奉献，因此也不会有怨言。

这领导的确高明。

单位不论大小，都是一个整体，有的人占的位置显要，有的人占的位置平凡，但离开了那个平凡之处，显要的也就显要不起来了。头重要，脚丫子就不重要么？头想到哪里去，就得靠脚丫子带着。

红军万里长征，是头的功劳大，还是脚丫子功劳大?

身体如此，单位如此，世界也是如此。世界上没有没用的东西，看似没有，实则有大用。即便是远处的一棵树，以及高空中飞着的一只鸟，对我们来说都是有用的。他的用处有可能不是我们一下子能知道的，待我们知道时就已经晚了。

其实，这话老子在两千多年前就说了，“三十辐共一毂，当其无，有车之用。埏埴以为器，当其无，有器之用。凿户牖以为室，当其无，有室之用。故有之以为利，无之以为用”，无用之用乃是大用啊。

因此，想发财好说，先要在心里留出一块空地，长发财的树，不要让杂草丛生，不要让污水浸蚀。财富这东西，跟高贵在一处，跟洁净在一处。不跟高贵和洁净在一起的财富，绝不是财富，而是灾祸，或者是滋生灾祸的脏土秽地。这绝不是无端瞎说，不见有的人，没发财时好好的，一旦发了点小财，人变得不是他了。或是傲慢，或是狭隘。人一傲慢或者狭隘，就不能很好地把握自己了。人一旦失了把握，就像车的方向盘失了把握一样，会跌落到不该去的地方。

因此，看人不要只看他有多少钱财，有多大名气，这些有形资产不看也罢，而是要看他有多少无形资产。何谓无形资产？品德是，信誉是，人格是，纯净是。这样的人才是真朋友。如果你出门遇到了骗子，其实那不能怪骗子，而怪自己没看对人。骗子不骗人还是骗子么？在骗子面前是瞎子能不被骗么？为什么一向聪明的人在骗子面前成了瞎子？因为有一丝云翳遮了眼。哪一丝云翳？我想我不说你也已经猜到。俗话说一叶障目、不见泰山，眼尚如此，何况心灵！有无形资产的人，不仅可以做朋友，而且他若是想发财，那真发得快。老家有句话，没有千顷地，打不出万石粮。只有广有地产的人，才可以播百顷，收万斛。《易经》上说，“厚德载物”，没有如地的厚德，怎么能够有大树参天！一切的“有”，都不是凭空来的，而是在“无”里生出来的。没有这个“无”，不会有那个“有”。若想有那个“有”，先得有这个“无”。好多人没有这个“无”，却想有那个“有”，玩的不过是空手套白狼的把戏。归齐，那个“有”也会来，但来的不是你想要的那个“有”。很绕口是不是？但这绝不是绕口令。

道理极简单，简单到我们常常把它忽略掉。

行文似乎有点紧张，讲个故事轻松一下。婺州金华山有位俱胝和尚，凡有学者前来参禅，他都举起一根手指，这都被身边的小和尚看在眼里。遇到俱胝和尚不在的时候，这小和尚也学着师父的样子，对着来参的人举起一根手指。师父听说后，也不言声。这天师父把一只刀子藏在袖子里，上堂之后，他问小和尚：“听说你也会佛法？”小和尚答：“是。”师父问：“如何是佛？”小和尚举起一根手指。师父见了，“刷”一下子，把小和尚的手指齐崭崭削了去。小和尚哎哟一声抱着手朝外走。师父喊他，小和尚一回头，师父举起一根手指。小和尚见了，豁然而悟。

你也举手指，他也举手指，是同是异？

你也发财，他也发财，是同是异？

# 发财了么

在过去有一句问话几乎挂在嘴边上，且不分场合不分时间地在用着，这句话便是："吃了么?"哪怕是在厕所，遇到之后也往往是："吃了么?"你先别笑，其实这句话的内涵深刻极了，甚至可以说它体现着全部的人性。"吃了么?"因为人是要吃饭的，若是该吃饭了还没吃，一次两次尚可，若是总吃不到饭，人这生命体就有了很大的危机。生命不在，何谈人生？盖在那时真的是没饭吃啊，在没饭吃的背景下，"吃了么"这句问话就显得非常温暖，它是以关心对方的生命为前提，体现着人性关怀。这里还有一句潜台词是：若是还没吃，你告诉我，你可以到我这里来吃，或者我也正没吃，那么我来想办法。那么，这里就有了一个布施心：一是财布施，我把饭给你吃；或者把我的饭给你吃；二是无畏布施，不要怕，我有办法，或者我想办法。甚至两个人一块挨饿，也比一个人挨饿强些，起码精神上能够互相安慰，肚皮的渴求不能满足，精神上的渴求能得到满足也好啊。

这句话现在不大说了，见面之后再这么问就显得有点不入流，有点像前朝遗老。原因是现在吃饭已经不是问题，现在的问题是吃得过多，营养过剩，人们因为吃得了好多的富贵病。人见面之后不仅不好问"吃了么"，连"胖了"、"发福了"这样的话都不该说，因为胖已经不是“福”，而是“祸”了。可见经济基础真的决定上层建筑，说话自然属于上层建筑，吃饭时舌头往下卷，说话时舌头向上翻，把东西送下去，把声音送上来。肚子里有什么，舌头上就有什么，一点儿也不差。

但是现在好像不是肚子里有什么舌头上有什么了，而是心里有什么嘴上有什么了。这又是一大变化。这变化来自物质的极大丰富。物质丰富了，吃喝不再是问题，所有的生存问题都不再是问题，但还有一大问题始终解决不了，就是人的欲望并没有因此而减少，好像反而有越来越大之势，沟壑难填。为什么呢？因为人吃饱了，身体强壮，精神健旺，想法特多，该想的想，不该想的也想，这就好比土地肥沃了，一时不知种什么，于是上面荒草疯长，难以遏止。人的欲望是什么，无非是眼、耳、鼻、舌、身、意。眼要观色，耳要听声，鼻要嗅香，舌要尝味，身要触摸，由意想分别了好坏，然后各路寻觅。而要满足人的这些欲望，就要有钱，于是就又有了一句话，这句话也许不问，但人人心知肚明，那就是：“你发财了么？”

发财就预示着不仅是吃了，而且是吃得顺口，住得宽敞，行得快捷，家里摆了好多值钱却没用的东西，样样在人前显贵，满足了人的虚荣心、矫侈心。因此人人想着发财，甚至于笑贫不笑娼，只要有钱，不问来路。这就导致了人生目的的浅表化和直接性，那就是发财，只要能发财，什么也可以干。你看那贩毒的、走私的、贪污的、卖淫的、卖国的、抢劫的、捕猎珍禽异兽的、杀人越货的等等都有了，就为了一个财字。

人就这样变得浅薄和狭隘，变得自私和无耻，变得有罪和无聊。

发财不是坏事，但是，若是这样做，发财就不是好事了，等于是要钱不要命了。因为所做之事于道德不容，于仁义不副，于法律不合，于良心不符，于他人利益相背，别说来生下地狱，就在今生，有好多人已经进了监狱，有好多人已经被中止了生命，弄得家破人亡，痛苦不堪，好多人在法庭上痛哭流涕，但后悔已迟。你说发财为什么？难道不是为了心灵得到舒展么？难道不是为了活得好好的么？可是活得好好的了么？活得好好的应该说没感觉到，不过报应倒是感觉到了。这不是为了活得好，而是为了死得快。你说为了死得快的活法是好的么？这样的财发它做啥？

因此，发财首先要明确一些东西：一，是不是财？二，能不能发财？三，发财干什么？

先说是不是财。不要以为抓到篮子里的就是菜，有可能是一条菜花蛇。从未谋划发财之事时，一定要知道，这个行业对自己是不是有利，对家庭是不是有利，对别人是不是有利，对国家是不是有利。比如它污染严重，钱挣来了，身体也毁了，还不说伤害到别人，能干么？比如屠宰业，每日杀生，有好多鲜活的生命毁在你手里，能干么？你忍心么？比如乱开矿，的确能挣到钱，但却砸了子孙的饭碗，你活了，子孙没法活了，这事能干么？这是粗说，若细说，有种种的不能干。为什么不能干？因为这不是财，而是祸。你是发财的，不是惹祸的。这事你得有主心骨，主心骨一错，你就会犯万劫难复之罪。

再说能不能发财。经过审慎思考，觉得的确是财，且有好多人已经借此而发财，于是你也来赶潮。好不好？好。但是你得要认真估量自己，有没有这方面的特长和兴趣，能不能做得比别人好。如果不比别人做得更好，那你肯定就会遇到很大的难处。不要以为别人能发财，你也能。发财这事是一个系统工程，非表面几样事就能奏效。发财不能离了技术，但仅仅技术就行么？发财不能离了谋划，但仅仅会谋划就行么？发财如打仗，知彼知己，方能百战不殆。庄稼人有一句话说得好，要知道自己吃几碗干饭。

最后说发财干什么？这是个大问题，但好像没有人来想。有一个很陈旧的故事，说一个人在海边沙滩坐在安乐椅上优哉游哉玩着，一个人见了，欷歔不已，说你年纪轻轻，不该这样。这人忙欠起身子问："那么我该怎么办？"那人说："你该下海捕鱼赚钱。"这人问：“赚了钱后呢？”那人说：“有了钱，你就再买大船，捕更多的鱼，赚更多的钱。这样一条船一条船地发展，直到多年之后拥有了一支船队。”这人问：“然后呢？”那人说：“然后你就可以优哉游哉地在沙滩上玩了。”这人一笑，说：“我现在这不已经优哉游哉地在沙滩上玩了么？”

这故事其实很深刻，它涉及发财的目的。发财本身不是目的，如果仅仅为一家温饱，那其实用不了几个铜钿，剩下的事就是为别人了。我吃上饭了，还有别人没吃上饭，我要让那些没吃上饭的人吃上饭，这样的目的就是好的，这样的财值得发。如果仅仅是为了满足自己的一点虚荣心，只为了在众人面前把腰撑圆，这样的财不发也罢。

# 财在哪里

隔壁王二跟我诉苦，说好多人都发了财，唯独自己总也发不了。他的一个同学，一点也不勤快，或者还有几分懒惰，但是人家做起事来却很顺手，似乎很轻易就把钱赚了来，如探囊取物一般。可是自己呢，也不傻，也不呆，做起事来拼命三郎一般，费了九牛二虎之力，却赚不到钱。那钱真的像青蚨，明明看见闪着翅膀在前边飞，翩翩诱人，猛力扑过去，却扑个空；稍一愣神，却发现那青蚨仍旧在前边扇动着翅膀，等你再扑过去，它又闪开了。他说这事死怪死怪，怪死了。只好长叹一声“这都是命啊”。一句“命啊”，似乎把所有的扣都给解开了，于是松懈下来。是这么回事么？若让我说，也是，也不是。

何为命？何为运？命是你这粒个体生命区别于其他人的一个特质，就像牡丹花不是梅花，梅花也不是牡丹花一样，梅花和牡丹花有着各自的内在原因。你这个人之所有不同于其他人，就因为前因不同，从种子那里就有差别。这粒种子应该从心灵上溯源，正是心灵上的差异导致命的质量不同。而这个心灵差异的形成，由来已久，从无量劫就开始了，直到现在仍旧处在变化之中。而运呢，就是你的命在现实中遇到种种际遇，心灵与环境发生碰撞，导致你做出种种反应，从而形成一个走势。命运不是一个孤立的东西，它其实是一个因果链。比如一条河，从发源地开始，就会根据地势的高低和水流的大小等等因素，形成自己的一个走势。这个走势既有河流的主观努力，也有环境的影响，因此才有那么多弯曲和起伏。但是无论多么弯曲和起伏，河流都会百折不挠地向前流去。

河流不因前途曲折就放弃流淌，而人一句“命啊”，从此消极懈怠，就错了。命运不是个死东西，它一直在发展变化着，是个活的东西。它随遇而安，同时又随机应变，这么着不行便那么着，但是这么着和那么着，这里头有一个走向问题。如果没有走向，胡乱流动，那就坏了。不见河流都有堤坝么，堤坝就是归纳方向的。人也如此。人的一个想法，一个好想法与一个坏想法，都会影响到命运的走向，因此消极是不对的。你说，我不是不积极，就像隔壁王二那样，积极了半天而不奏效，想发财而发不了财。王二还是好的，还有想发财而反而把自己赔成光屁股鸡的。是哪里出问题了呢？不是积极错了，是积极的方向错了。方向错了就全错了，你没听说过南辕北辙的故事么？

就是说，从一开始，你就没闹明白方向，把没有财的地方当成有财了。你以为那里是一片森林，走过去却是一片戈壁滩。到了那里，你才知道，不仅你，好多人都已经被困在戈壁滩上，包括隔壁王二。所有迷失方向的人都会去那里垒自己的债台。有的人明白了，会幡然悔悟，从而调整自己的方向，向着绿洲；有的人会长吁短叹，抱怨命运不公，恼恨财神不顾；有的人以为是自己劲头还不够，学费交得还不够多，代价还不够大，于是东拼西凑，准备重振旗鼓，朝着原有的方向再试一把。

也真有侥幸的，就在原有的方向上努力，竟然挣到了钱，甚至挣到了大钱，从而更加坚定了自己的信念，以为方向从来对，挣钱的意识必须明确，说不想当将军的士兵不是好士兵，不想发财的老板不是好老板。其实，你不知道，悬崖边上也有鲜花，魔鬼为了引诱你，还会让鲜花开得格外艳丽。不是有好多发了财的老板已经身败名裂了么？不是有好多暴发户已经身陷囹圄了么？不是有好多的有钱人已经被人杀了么？在悬崖上跌落之后，那将是万劫不复。因此，没弄清方向就挣钱，赔了钱的倒不可怕，挣了钱的才可怕。为什么呢？因为挣钱的方向不对，花钱的方向也不会对。好多人发了财之后，就不可一世了。以为钱是大爷，而自己是大爷的主人，于是什么地方也敢去，什么钱也敢花，什么话也敢说，什么事也敢做，以为有钱垫底就可是为所欲为。结果怎么样呢？钱最后买来的只能是引魂幡。

悬崖底下森森白骨，敲打敲打哪个颅骨，也会发出空洞的声响。那是告诉你，在错误的方向真的发不了财，不要以为钱就是财，不要忘了钱还是祸呢。如果真的把钱当成财就等于认贼作父了。

话说到此，你就会问：钱不是财，那么真的财在哪里？这个方向不对，那么对的方向在哪里？

很简单，前行错了，回头便对。外求错了，内求则对。钱不是财，真正的财以金钱不能衡量。

我曾问隔壁王二：你想发财，可知财在哪里？

王二一笑，说：小孩子都知道。

我说：虽是小孩子都知道，还是说说看。

王二说：财在顾客那里。我得把他兜里的钱变成我兜里的，他的钱袋瘪了，我的钱袋就鼓了。

我说：这是物理学的办法，还有没有更好的办法？比如化学办法。

王二想了想，问：何谓化学办法？

我说：加上一点什么，使顾客与老板之间的关系发生奇妙的变化，变得你是他，他是你。

王二：这倒是好，可惜没有这样一个东西。

我说：不能说没有这样的一个东西，只是你没找到。

王二：你找到了？

我说：不是我找到了，是好多人已经找到了。

王二：是怎么一个东西？

我说：其实不是个东西，也用不着找。它就在你那里，也在我这里，也在他那里。人人有，但不是人人都知道有，有的人活了一辈子也不知道自己还有这个。

王二：是什么东西？

我说：良心。

王二：你老兄真会开玩笑！良心？现在还有靠良心赚钱的么？靠良心还能赚得了钱么？良心已经是无用的代名词了。都是心狠手辣，心狠手辣尚且赚不到钱，不心狠手辣就更不赚不到钱。良心多少钱一斤？老兄，你跟不上时代了，现在已经不是讲良心的时代了！

我问：那么现在是讲歹心的时代？

王二：我没那么说。反正讲良心的越来越少了，为富不仁，为仁不富。

我说：不对。为富者定然为仁，为仁者定然会富。只是这里的富不一定指金钱。

王二：没钱也算富么？

我说：钱多钱少只是一个比较的数字。钱能买来好多东西，但能买来健康么？能买来心灵上的安定、宁静、平和么？能买来幸福么？不能让心灵得到安稳的财富能算财富么？

王二：照你这么说，就用不着发财了。

我说：不，我还没说完。我并不主张人人都学颜回，居陋巷，喝凉水，甘居贫困。有德第一，有钱第二。为仁的富，才是真富；无祸的福，才是真福。如果钱与德不能兼得，那么取德而弃钱，宁可金钱上贫乏，也不能让良心残缺。因为良心才是生财的根。有良心在，不愁没钱财。今日没有，不等于明日没有；现在没有，不等于将来没有。若是良心上受损，就像马铃薯失了芽眼，埋到地下不仅发不了芽，定会烂掉的。今天不烂掉，不等于明天不烂掉；现在不烂掉，不等于将来不烂掉。这才是最可怕的。老话说得好，留得青山在，不愁没柴烧。若是为了烧一时柴，而把青山毁了，日后还有柴烧么？这样比起来，哪个才是真富有呢？

王二：这便是你说的方向么？

我说：你可真聪明。真正的财富，没在别处，就在自己这里。发财的事不用你管，你只管做事就是了。好比一株花，不能老想着开花的事，开花的事不能预支。一株花若老想着开花，定然是连叶子也长不好。长不好叶子，能开好花么？因此一株花自出土后，就不想别的，该长叶时长叶，该长茎时长茎，不分心他顾，也不想开花的事。待枝繁叶茂，开花的事是一种必然。牡丹就牡丹，芍药就芍药，它也不嫉妒山茶，它也不小瞧米兰。这样花才开得本分、自信和大度。难道人的聪明还不如一株花么？

花不外求，人更不需外求。不要紧盯着别人的腰包看，也不用一心想着发财，刚说了，发财的事不用你管。你只能管你自己，好好长本事。该学的都学到家了么？该会的都会了么？该到位的都到位了么？细心研究每一位顾客，把每一位顾客当成自己，或者把自己当成每一位顾客。我要是他，我喜欢这样的东西么？东西已经很好了，还能更好么？产品质量如是，服务态度如是。各种各样的顾客，脾性不一，要求不一，年龄不一，种种不一，你都能让他们满意么？他们若是挑剔你怎么办？他们若是刁难你你怎么办？他们提出无理要求你怎么办？所有这些都难不倒你，你就成熟了。其实当你把你变成他们，他们也会变成你。他们与你不再是对立的两方，而是一回事。这样，能做不好么？你做好了，顾客能不喜欢么？顾客喜欢了，你能不赚钱么？你赚了钱，能不为更多的自己服务么？你想着别人赚了钱，赚了钱会更加想着别人。不是想着别人的钱，而是想着别人的需求。这样就不就是富翁了么？仁德上不缺，金钱上也不缺，仁德上富有，金钱上也富有。就像是蓬蓬勃勃一丛花，栽花人亦是赏花人，这多好。

王二：我明白了，敢情为别人也是为自己。

我说：不是敢情，正是为别人，一心为别人，没想着为自己，结果自己也没吃亏。非但没吃亏，反而得了大利。这就叫在利他中实现利己，在尊人中建立自尊。有的人相反，一心想着损人利己，结果呢，损了人，害了己。因此真正的买卖，买卖双方都是赢家。如果有一方不是赢家，那这买卖是做不长的。

王二走了。王二是换了一个心态走的，相信他这回找着方向了，方向对了，大步小步都不会错。

# 钱　歌

没有钱的时候想钱，真的很想。为什么想？因为钱的确跟人的生活关系密切。时至今日，我仍然记得30多年前一位八十多岁的老翁给我念诵《钱歌》时的情景。我真的不知道钱对他的一生意味着什么。他被钱难住过吗？他曾经有过大钱吗？他是历经坎坷而将人生看淡，还是本就这样清静平和？我那时年轻，猜不透他的话音背后隐藏着什么，也没想到猜。他当时是坐在一个麦秆编的高高的草墩上，背后是一棵挂满果实的枣树，那枣半青半红。我蹲在他面前，他先有一段开场白，说："有一首《钱歌》我记了好多年了，一直想告诉给一个人，但老人的话没人爱听。你不嫌弃我，我就把它告诉给你。"他并且说："你一定要记住，以后会有用的。"我也不知道有用没用，也没用心想，但是尊重一个老人是起码的，于是我颔首。他的声音因衰老而颤抖，因颤抖而意味深长：

"钱，钱，你本是国宝流元，万事当先。堪羡你内方似地，外圆像天。"

他就这样开始了他的念诵。这里的钱以铜钱为事。古人讲象征，"一阴一阳之谓道"，钱在社会生活中不可或缺，就更不能潦草，因此外圆而内方，以像天地。做人亦如是，也须外圆内方。外不圆与人交往起来则不灵活，滞涩执拗，难以融入。内不方则自己易失原则，随曲就弯，容易滑入流俗。而把钱融入这样的寓意，钱就不再仅仅是钱了，而成了做人做事的比照物。

但钱毕竟是钱，因此老人唱道：

“有了你许多方便，没了你受尽熬煎。有了你精神刚健，没了你坐卧不安。有了你夫妻和好，没了你妻离夫散。有了你亲朋尊仰，没了你骨肉冷淡。”

钱的作用在这里显现，俗话说“有什么别有病，没什么别没钱”，钱是人生的润滑剂，的确有它的方便，这也便是人们急于想钱的原因之一。大家都没钱的时候，你穷，我也穷，穷反而不算什么。在有的人有了钱，而有的人还没钱，有的人钱多，有的人钱少的时候，钱的意思反而被凸现出来。人人盯着它看，它便有了天仙般的美丽和魔鬼般的狰狞。不信你看：

“见几个登山涉水，见几个鸡鸣看天。见几个抛妻别子，见几个背却椿萱。见几个游浪江湖，见几个千里为官。见几个为娼为盗，见几个昼夜赌钱。”

人就是这样，一旦把钱看得过重，为了得到这些，就会想尽千方百计。在想尽了各种办法仍旧不见显效的时候，有的人就会不择手段了。可以不顾爹娘，不顾妻子，还可以不顾脸面，甚至可以不顾生命，一切都为了钱。人到了这时候，就什么都可以忽略了：

“说什么学富五车、七步成篇；论什么文冲北斗、才高丘山；讲什么圣贤名训、诸子格言；道什么穷理尽性、学贯人天。有钱时人人钦羡，无钱时个个避嫌。钱，我恨你性太偏，喜富贵，恶贫贱，人人都被你牵缠。钱，你不似明镜不似金丹，你倒有些威力权衡，能使人掀天揭地，能使人平地登天；能使人顷刻为业，能使人不第为官；能使人到处逍遥，能使人陆地成仙；能使人颠倒是非，能使人痴汉作言。因此上人人爱，个个贪。人为你昧灭天理，人为你用尽机关；人为你败坏纲常，人为你冷灰起烟；人为你忘却廉耻，人为你无故生端；人为你舍死丧命，人为你凭空作颠。”

人说君子爱财，取之有道，前提是君子。君子是有所顾及的，君子不是不要钱，而是知道什么样的钱才是钱，什么样的钱是魔鬼。该要的钱要，不该要的钱不能要。该要的钱没要，至多是穷些；不该要的钱要了，会把人变疯变傻。你看有好多贪财的官和贪财的民，没因财生福，反而因财生了祸，有银铛入狱的，有丢官丢人兼丢命的，有做见不得人的事而得见不得人的病的，有子女仗财学坏的，凡此种种，不一而足。这是钱的过么？若是钱的过，何必死乞百赖弄钱？若是钱的过，为什么钱在别人手里却可以造福？不仅造一家人、几家人之福，而且能造一方百姓之福。若不是钱的过，那么过在哪里？

佛说一切唯心造，有什么样的心，便会有什么样的事。一味自私，不知私便是祸。因为人若自私，眼界必然窄；眼界窄，心地定然暗；心地暗，则只能招来魔鬼；而阳光下才有鲜花开。因为自私的人必多私事，心扉不好与人打开，阴暗潮湿，好多东西会发霉变质，渐渐心房则成藏污纳垢之地，而污垢只能招苍蝇、生蛆虫，若想飞来的是蝴蝶和蜜蜂，就得先栽鲜花才行。这些道理不难懂得，但好多人被钱迷了心窍，本来灵通的心被淤塞住了，由此变得愚钝，错把黄屎当金条了。也不是错把黄屎当金条，而是自私的人把金条紧紧握在手里之后，忽而就变为了黄屎，这有点像刘谦的魔术，甚至比魔术还不可思议。金条与黄屎，表面看来属于两极，其实却是一回事，它只是会变，在这个人手里黄屎变金条，在那个人手里金条变黄屎。为什么？在心地是否善良。心地也跟土地一样：肥沃，则撒豆得苗，遇风长穗，即便污秽处，也生蘑菇或野花；贫瘠，则百草不生，你埋下只天鹅蛋，却孵出条毒蛇出来。心地肥沃与贫瘠的原因，在于心灵深处铺的是福德还是罪恶。福德福德，有德才有福，若无德也能有福，那世界就成了个没因果的世界。人们常说求人不如求己，求己在哪里求？就在德上求。德上有了，别的自然会有。德上没有，别的有了也不一定是好事。这便是黄屎与金条互变的道理。

这些道理不是我想出来的，社会上好多好多的例子摆在那里，有好的，也有坏的。当时，那位老翁给我念诵《钱歌》时，我还没有意识到他的深深用意。这老翁虽是庄稼人，却读过孔孟之书，粗通文墨，每到年节便给人写对联。他性情平和，安安稳稳活到96岁。后来听说，他曾经卖过黑油，是那种用棉籽榨出来的食用油。这天炒棉籽的火候没把握好，榨出的油起沫冒烟，不好吃。但这样的油也得卖掉。他没有把次油当好油卖，而是对前来打油的人说：今天的油不好，不要多打，最多半斤，有好油的时候再多打。人们被他的真诚所感动，反而好多人都来打油，人们说：你的油从来分量足、质量好，这次没弄好，事所难免，大伙分着吃了就是了。就是这样一个人，来跟我说《钱歌》，看来他真的有深意在。《钱歌》在列举了人间种种因钱生出来的诸多现象之后，最后这样说：

"看来是你易我难，你去我不烦，你来我不欢。免被你颠神乱志废寝忘餐。从今后，休说那有钱无钱。成也是你，败也是你，何如止了思钱念。大限到了买不还，人人一般。倒不如学个居易俟命，随分安然，岂不闻得失有数，穷通由天?"

何谓"数"? 因果是。种瓜得瓜，种豆得豆，定然不移。何谓"天"? 规律是。顺之者昌，逆之者亡，定然不虚。因此在此奉劝一心想着钱的人，倒不如回转身来，观照自己内心，清净自己心地，培育厚土良田，多栽福德之苗，少撒罪恶之种，自然福报多多。

人有福根，亦有祸根，福根祸根全在心头一念。这么一念是福，那么一念便是祸。人之所以为人，其使命就在于止恶扬善，慢慢将坏念头转化为好念头。好念头的一端通向人间福报，而另一端，即连接着与佛菩萨无二无别的自性，这便是人的那个不动的东西。当年有一僧问白云禅师："旧岁已去，新岁到来，那么那个不动的东西在哪里呢?"白云禅师答："眉毛在眼睛上面。"因此蒋山月庭忠禅师颂道："罢钓归来不系船，江村月落正堪眠。纵饶一夜风吹去，只在芦花浅水边。"

这个东西不用一钱买。

# 祥云朵朵

与和尚结缘
路遇
上京
赵州茶
开车的禅僧
无恙柏

# 与和尚结缘

原来知道有和尚，是在传说中。在话语里，真的和尚没有见过，似乎也无缘见。因为我所经历的年轻时代，以批判为时尚，“横扫一切牛鬼蛇神”。所有神圣，所有能够通向神圣的场所和人物，都统统被砸烂和打倒。

我老家附近的一个村子有一座道观，叫台基寺，里面住着一位道长。及我见到他时，他正在寺前的石头上坐着，穿着一件蓝衫，与村子里的老头没了一点差别。小孩子的读书声在他背后的高墙内传出来，道观已经改为小学。他的仅存的一个徒弟已经还俗，并娶了媳妇，生了孩子。但依旧与老道长住在一起，与老道长一起成为公社社员。

晨钟暮鼓不再，本是“为道日损”，变成“为日损道”，这个“日”是过日子的日；本是“窈兮冥兮”与天地精神“和其光，同其尘”，变成了浑浑噩噩与地里稼禾一样灼其光、蒙其尘，“光”是阳光的光，“尘”是尘土的尘。心灵没有了向上一路的指归，因此众人坠落在苦难中。

到后来，天地重光之时，突然有和尚出现在人们的视野里。尘世是这样的嘈杂和龌龊，而佛国是那样的圣洁、明亮。嘈杂和龌龊就在脚下，而圣洁和明亮谁见过？这中间以谁为信？正是和尚们在实践着佛陀的教诲，一步步向着佛国迈进。他们在为人做榜样，怎么样舍了难舍的，行了难行的，得了难得的。我们舍不下呀，正因为舍不下，才更加钦敬他们。

记下几件与和尚结缘的事情，借以醒我。

# 路　遇

上世纪90年代，一个春天，桃花已经开过，地里是一片片金黄色的菜花和荼草的白色花穗，我从一个地方到另一个地方去，坐的是一辆面包车。车正要开时，车门暗了一下，躬身进来一位年轻的和尚。由于当时和尚见得少，本来嘈杂的人声，一下子静了下来，大家都用异样的眼睛看他。已经没了闲座，和尚坐到鼓起来的一个盖子上，盖子下面是机器。

那时，我对和尚的概念也不知，只是感到新鲜，敬而不仰，也不知把座位让给他。

车子开了，我的座位正与他对着，相距不过半米。这么近距离地看一个和尚，在我尚属首次。他是这么年轻，本来青春洋溢的脸上，却有着一种年轻人少有的安详和平静，除此之外，还有一种说不出来的什么。

这时我已经读过几则禅门公案，知道和尚们惯逗机锋，话语里大有意趣。但我哪里知道，其时我根本还读不懂公案，我是把禅师们证到的境界当故事读了。我也只能当故事读，直到现在好多人还当故事读，我们以为读懂了，其实根本没懂，也不可能懂。只有修行到那个地步，才有可能懂。不过，真到懂得了，也就不用看这些公案了。

一时兴趣，也只是兴趣，我与和尚对起话来。

我问："您从哪里来？"

他答："我也不知从哪里来！"

这正是我期望的，果然有禅意。反过来他问我："你从哪里来？"

我也学着古大德那样答："从来处来。"

和尚莞尔。

我也一笑。

现在看来，这和尚大概早已知道我要的是什么，因此才有他那一答。及到我这一答，他只能笑了。

后来彼此把话说随便了，知道他是从广东韶关一个佛寺来，共有四名僧人，行脚到北京。路过老家，因此绕道看望一下父母。问他出家因缘，说是本来在韶关打工，干活的地方离寺院不远，没事的时候便到寺里去。见到僧侣们的生活心生欢喜，索性出了家。问到寺里的生活，他也详尽跟我讲，讲内寮外寮诸多事务，每个人还发一定的生活费。他属内寮，每日诵经打坐等。

说着话，车停住，司机告诉他到了。他跟众人颔首，然后下车。

他是一袭干净的深灰色海青，很快，他便下了公路，走在了开满金色菜花的土路边。风把他的海青薄衫撩开，露出下面扎得很利索的绑腿。他脚步轻捷，无挂无碍。这时我注意到他没有带任何东西，除了一袭长衫，便是四野的春风，尘埃都不会粘到他身上。他不是看望父母的吗？怎么不带一点东西？他不是有生活费吗？当时真有这样的想法。

后来知道，和尚只舍小家，舍亲情，不是无情无爱，消极遁世。恰恰相反，他们是舍了一己之私，而担当起救度众生的责任。他们发菩提心，行普贤愿，潜心修行，一点点升华自己，以便像太阳那样升起，来照耀世间所有。他们没了小我，唯有大爱，爱所有众生，男人如父，女人如母，没亲没疏，没远没近，没大没小，没生没死，"若胎生若卵生若湿生若化生……"，十二类众生，没有分别，恒爱，恒顺，愿所有众生出离生死苦海，“虚空界尽，众生界尽，众生业尽，众生烦恼尽，我愿乃尽”，这便是大乘和尚的含义。

真修行才是真和尚，真佛子。

这一位是不是真佛子，我不知道，但正是他让我看到了出家人的庄严表相，行止威仪。他让我联想，出家人担当的是救度众生的道义，那么我们尘世中人，能不能把自己的心灵净化一些呢？能不能让自己的烦恼减少一些呢？我们没有能力救别人，能不能救自己呢？纵不能救自己，能不能尽量地把生死苦海中的自己移得离菩萨近些再近些，让他一把能捞起我们湿漉漉的灵魂呢？

# 上　京

应该是1998年的春天，已经成为佛门居士的文友郭淑敏跟我说，有一位和尚为了慈善事业办了一份《弘德》杂志，希望我去见一见，看能不能写点什么。我说好。我说好的意思是能够近距离地亲近一下和尚，至于给《弘德》写东西，我还不敢。于是就跟郭淑敏去了，坐小公共车，到石家庄最西北角的上京，那里有一座毗卢寺，和尚就在毗卢寺旁边的弘一佛堂。

一路上，郭淑敏怕我不懂规矩，嘱咐我说，这和尚法名常辉，今年32岁，我们要喊常辉师。我真的不懂，心想，他是这样年轻，为什么要称师呢？后来才知道，出家人难舍能舍，难行能行，担荷大法，意在灭生死，断轮回，救众生到不生不死的彼岸，因此，人一出家，即为人天师表，受到众人和天神的共同尊仰，和尚就有这样的高贵。但当时我没问，郭淑敏亦没说，于是我懵懂着一颗浑浑噩噩的心来见常辉师。

常辉师真的好年轻。他是湖北人，说一口带有南方口音的普通话。天乍暖还寒，他穿着一件袍子。他让我坐，我便坐，很随便地说话。我是我，和尚是和尚，不知他那里是我该皈依的地方。我这里表面上虽谦恭，骨子里却定有轻慢。我不知道有问题问他。在我这里哪里有问题？倒是有问题的人常来问我。更不知向他顶礼，也不知道有顶礼一说，纵是知道好像也不会做。那时就能傲慢成这样。

常辉师慈悲，不以我的慢相为意，他倒要领着我去参观毗卢寺。毗卢寺我是听说过的，说里面的壁画出自唐代大画家吴道子之手，有着非常高的艺术价值和文物价值，可以与敦煌莫高窟里的壁画比高下。毗卢寺是文物单位，由文物管理局管理。由于壁画已经非常脆弱，平时并不开门，游客只能到展览厅看复制品。毗卢寺对常辉师网开一面，特为我们开了殿门。常辉师领着我，到殿里看壁画。果然是好，佛、菩萨以及天人等画像，精美极了，颜色还极鲜亮，只是墙皮已经有好多脱落。人说吴带当风，佛像上的衣纹，果然如风吹拂那样，似在飘动。我禁不住伸手轻轻触摸了一下，常辉师立即用胳膊捅了我一下，说，碰不得。解说员曾说，此墙上的一块泥片，比金子还贵。常辉师这一触，令我一惊。

为修道得果，佛陀制定下一些戒律。佛陀临示寂，弟子曾问：您示寂后，后人以什么为遵循？佛陀答道：以戒为师。因为佛在世时，有佛教诲，行在当行，止在当止。佛不在时，徒众若是放逸，怎能证得菩提？因此戒律在修行中就显得尤为重要。戒行为戒心念，才能去污浊显净慧。当时我不懂这些，但世间规矩还是懂得。常辉师关键时的这一触，也如棒喝，让我止非生善。

后来我学了佛，学佛之后，才知今是而昨非。唯如此，不敢再见常辉师。倒也常听到他的消息，说他的慈善事业做得很好，救助了好多的失学儿童，且办有弘德家园，借此弘法利生。我请了一尊石佛，想到寺里开光，便想到常辉师。这时与初见他时，已近十年。想到他，不由心生感慨。当时郭淑敏慈悲，有意让我与常辉师结缘，其意定在引领我入佛门，可惜我蒙昧难凿，耽误了好几年。为此我写了一幅联送给常辉师：“一瞬间我发已白，十年里君心可安？”我又错了，应该是“师心可安”！我问师是假，问自己是真。人生若流水，我怎样才不放逸？怎样才有所进步？关键时候，我应该想到常辉师的那一触。

# 赵州茶

唐时，80岁的从谂禅师来到赵州观音院（今柏林寺），在这个离赵州桥很近的地方行云化雨，弘扬佛法，直到他120岁坐化。赵州塔里放有他的舍利。这位从谂禅师度人无数，人称赵州和尚，留下好多公案，其中一则吃茶公案到现在滋味依然。说的是僧人来到观音院问禅，赵州和尚见了，问一僧："到这里来过吗?"答："没有。"赵州和尚说："吃茶去。"问另一位："你到这里来过吗?""来过。""吃茶去。"院主见了，不明白，问老和尚："师父，没来过的让吃茶去则罢，怎么来过的也让吃茶去?"赵州和尚喊了一声院主，院主应声。赵州和尚说："吃茶去!"

所谓吃茶，在赵州和尚这里，早已与禅没有分别。搬砖运瓦，吃饭睡眠，行止坐卧，一切的一，一的一切，在老和尚眼里，都是平等无二。今天有茶吃，便来过的也让吃茶，没来过的也让吃茶。除了吃茶，世上没有别的事。

赵州茶的滋味就这样深。

上世纪80年代末，净慧禅师一袭衲衣从京华来到河北，从此河北重开禅境。在中兴赵州柏林寺期间，1993年举办首届生活禅夏令营，我无缘去，但是却有人给我捎来一件宽大的圆领衫，上面印着赵朴老题写的"生活禅"三字，让我欣喜非常。此后，我数次来到柏林禅寺，在这里闻梵音佛唱，常常法喜充满，然蒙蔽之心难启。直到2005年农历七月，我才真的算是迈进了佛门。老同学张志军善巧方便，趁我老父亲去世不久这个机缘，领我来参加为期七天的报恩法会。在这里，我见到了明海大和尚。明海大和尚是北京大学哲学系1991年的毕业生，1992年于净慧上人座下披剃出家，2000年得预临济宗第四十五代传承。在2004年9月23日他升方丈座那天，我也曾一睹他的威仪。但进方丈室，这才是第一次。志军在前我在后，匆匆走过满是阳光的庭院。他在方丈室门口迎着我们。坐下之后，志军简单介绍了一下我。然后我看着志军与大和尚说话。茶早端来，就在身侧茶几上。这是当年那盏赵州茶么？对于此茶，渴仰久矣，今时终于遇到。但此时的我，当喝么？敢喝么？会喝么？这一切都是问题。因此我看着茶，察其形色，思其深道，却没有端起来。

在这一周里，我跟着众居士参加各种法事活动，心灵得到从未有过的涤滤，如转蓬般盲目打旋的生命自此有了方向感。我深恨自己愚昧，为什么不早点来做这件事？当然原来也有理由，总觉得自己没有资格，乱草瞎麻不敢近净地。其实这想法错了，企图在喧嚣的尘世中独善其身，在并不知道方向和方法的情况下，谈何容易！也只有进了这个门，在师父们和同修们的教诲、指导、激励下，才有可能把路走得端正和快捷。晚了啊！虽是晚了，毕竟来了，这也值得庆幸。毕竟我也是有福的人，不然我也许依然会像我原来的好多朋友一样，至今还在门外，津津有味地活在生命的泥淖里，不知有汉，遑论魏晋。这是多可怕的事！

法会最后一天，有皈依仪式。我不再犹豫，当即皈依三宝。那天明海大和尚升座讲法，说三皈依：“尽形寿皈依佛，尽形寿皈依法，尽形寿皈依僧。”“皈依佛竟，宁舍身命，终不皈依自在天魔等，皈依如来至真等正觉，是我所尊，大慈愍故；皈依法竟，宁舍身命，终不皈依外道典籍，皈依如来所说三藏十二部一切经典，是我所尊，大慈愍故；皈依僧竟，宁舍身命，终不皈依外道邪众，皈依清静福田僧，是我所尊，大慈愍故。”明海大和尚领诵，我们跟诵。明海大和尚领拜，我们跟拜。此时五方佛以及千百亿佛无量无边的佛在万佛楼看着我们，相信他们微笑如莲花。我与信众一起在三宝前发下誓愿：“众生无边誓愿度；烦恼无尽誓愿断；法门无量誓愿学；佛道无上誓愿成。”可不要小看这四弘誓愿，有此弘誓在，则可称菩萨情怀。怎么样能够成佛？殷勤效法菩萨就是了。

转眼就是第二年秋天，我有幸参加了短期出家法会。在临剃除烦恼丝之前，还是与志军一起来到了方丈室谒见明海大和尚。一年多不见，明海大和尚一见我，即可喊出名字，这使我惊讶。他每天要见好多人，要理好多事的，怎么还能记得我这样一个平庸者？给大和尚顶礼之后，师父让我们坐下。侍者随即捧了茶来。碧螺春还是龙井？这都不重要，重要的是它是在柏林禅寺，在此寺无疑就是赵州茶，尤其是在大和尚面前，侍者听从他的嘱咐捧上来的，当然更是赵州茶。果然是，因为，就在我们就要告辞的时候，明海大和尚朗声说：“着什么急？吃了茶，去！”好一个“吃了茶，去”，当年赵州和尚的“吃茶去”三字真言，被他加一“了”字，轻灵一转，即成了我们的享用不尽的无上滋味。是啊，我们来过，亦已经不是一次，而这次又要短期出家，这些都是形式，这形式非常重要，但是如果只是形式一把，再重要又有什么用处？如果没有用处，它也就不重要了。来此柏林禅寺，柏林不是目的，禅寺也不是目的，而那盏法味无穷的“赵州茶”才是目的。“吃了茶，去！”，此是追问：你到此来干什么？是不是来吃赵州茶的？若不是来吃赵州茶的，何必来此？这问里还有一层：即来吃赵州茶的，可是，你见到了么？你吃到了么？见到了吃到了，可是你是否能分辨真假？此又是棒喝：这次来，且不可空回，定要吃了那盏茶再去！

我们唯唯，端起那茶一饮而尽。

# 开车的禅僧

2007年5月的一个中午，朋友马明博领我来到邢台玉泉禅寺。玉泉禅寺近年渐有名气，是因为净慧老和尚从柏林禅寺方丈位上退席之后，隐居于此。这个寺与柏林禅寺一样，也是经老和尚一手操持才使古刹重光。玉泉禅寺位于邢台市西的皇寺镇，像鸟巢一样依偎在众山之间。山门之外便是那口有名的泉，泉池大而圆，有如满月。飞过的鸟，飘来的云，周围的树，寺的楼阁倒影，还有每天的日月，也都印在里面。

进了寺院，见一个和尚骑了三轮车正在向外运垃圾。明博说这是寺里的监院崇珮法师，当家师目前在斯里兰卡，因此他便担起当家师的责任，负责全寺的事务。既然如此，为什么是他运垃圾？明博说，这些在崇珮师眼里没有分别，搬砖运瓦皆是禅嘛。虽如此说，崇珮师还是给我留下一个非常特别的风范。

也是该着与崇珮师结缘，就在这次决定了要写一个有关玉泉寺的小册子，因为总有游客索要，却是没有。这事本来该明博来做，他却把我推到前头。我想一个小册子，不会太难，遂答应下来。以此因缘，结识了居士刘顺超。他是研究先秦史的专家，于邢台的佛教史也有很深的研究，为写玉泉禅寺，他提供了大量翔实的资料。如果不是他，我恐怕是连小册子也写不成，何况写成一本书！写成书是崇珮师的意思，他说既然写，就大方些，像模像样地来一次。

一天，说到寺里当年被损毁的文物，刘顺超颇为遗憾。站在一旁的崇珮师说话了：“不遗憾，有什么可遗憾的？遗憾的是不能开悟！”说着他拍了拍自己的那身僧服。

这真是痛彻的话，在我听来也如棒喝。当然，他不是不知道文物的珍贵，但是，他更知道菩提心才是宇宙间最珍贵的。世界上所有事物，都会被损毁，哪怕保存得再完好，也有坏掉的一天。一切事物，缘生缘灭，成住坏空，念念迁流，如“梦幻泡影”，哪里有实体？而只有成佛的那个自性真我，才是不生不灭，虽经亿劫不失不坏。佛陀的话，句句是真，可惜众人不识。即使知道了有这回事，也往往是在理上，而在事上见不到，证不来，只是空口说白话。这才是最最遗憾的。而我们凡夫，却依着自己的爱好，而说这是那非，而视此贵彼贱，及到一口气上不来，所有的所谓的珍宝又到哪里去了？崇珮师深知此事，因此看得通透，一句话说到痛处。

千年以前，曹洞宗开山祖师洞山良价曾问弟子：“世间什么最苦？”弟子回答：“地狱最苦。”洞山禅师说：“不然！”弟子问：“师父的意思，什么最苦？”洞山禅师说：“穿着这身僧衣，而不明了生死大事，才是最苦的。”

玉泉禅寺恰是曹洞一脉，历史上一直传承的曹洞宗的法，谁说曹洞宗法失传，在崇珮师这里，我又窥到了其活泼泼的生机。

一日，众人围着崇珮师问这问那，一男人说到西边别墅之豪华，崇珮师立即打断他：“说，说！”那人还说，崇珮师说：“说是说非，一大堆废话！”一女人倾诉自己办企业之艰难，崇珮师说：“能不能放下？真要放下，你就知道它并不是最重要的。”这时有个女孩进来，站在菩萨像前准备磕头，她说：“给师父顶礼。”崇珮回应道：“看，又来一个说废话的。”

也许有人不适应崇珮师的直率和决断，但是，我却觉得崇珮师绝对是真心在帮我们觉悟，只是我们如老榆木般愚钝，做不出空灵的回应。是的，在妄心驱使下，我们整天说的做的，有多少是有用的呢？身业、口业、意业，自己不知造了多少，却仍不觉悟，仍在积极地造着，非但迷不知返，还以为这是成就，是光彩，从而乐此不疲。这真是可怕！

后来知道，崇珮师的出家因缘也很有意思。他中学毕业之后，先是当汽车兵，转业到地方后，开货车跑长途，如他所说，是什么事都见过，什么事都干过。母亲学佛，常在柏林禅寺小住。他常到寺里看母亲，从而遇到善知识，得以认识佛法。既然世界上还有如此的好事，他没有犹豫，2003 年过春节的时候，他跑到玉泉寺来给净慧老和尚拜年，就没再回去，剃度在净慧上人的座下。连出家他也是这样直截了当，真也令人艳羡。

有人问他有没有鬼，他说有啊。问他可见过。他说，谁都见过，你也见过呀。烟鬼、酒鬼、小气鬼、浪荡鬼等等，还有你这讨厌鬼，不都见过么？

是的，佛说心外无法，魔也罢，鬼也罢，仙也好，佛也好，都没在别处，在哪里呢？就在你的心里。世间种种所有，不过是你心灵的折射罢了。

一次，我们离开玉泉寺回石家庄，崇珮师亲自开车送我们。真的不敢当。他说是有事的，正好顺便。开车是他的本行，轻车熟路，一路潇洒。我想他不但会开车，还会开船，以般若之舟渡生死海，引众生到彼岸。

认识崇珮师，真是幸运！

# 无恙柏

邢台玉泉禅寺，除了山门外如月的泉池外，寺里还有三株唐柏。这三株千年老柏，一株是茶柏，一株是鸟柏，一株是普通柏。茶柏的叶子可以当茶饮，相当名贵。鸟柏呢，是说柏树上常有众鸟来集，柏树会把鸟的影子留下，如果解开柏树，木板上会见到鸟影。见此鸟柏，我会联想到佛在《阿弥陀经》上说的“彼国常有种种奇妙杂色之鸟，白鹤、孔雀、鹦鹉、舍利、迦陵频伽，共命之鸟。是诸众鸟，昼夜六时出和雅音，演畅五根、五力、七菩提分、八圣道分，如是等法……”。茶柏呢，则会联想到赵州茶。而三株古柏，也会自然而然想到赵州柏林禅寺内那一株株的古柏。为什么会有这联想?因为净慧老和尚。

净慧老和尚自来河北之后，为中兴道场，弘扬佛法，开演禅风，筚路蓝褛，万苦千辛，真是功德无量。数株老柏，一座古塔，大片废墟，全凭净慧上人智慧之力，几年时间，一座气势宏伟的柏林禅寺现在人前，成为北方颇负盛名的道场。没待稍息，邢台便来请，2002 年 9 月 21 日，他只身一人，来到玉泉寺旧址。为恢复道场，陆续整修旧殿，重奉金容，购地拓基，新建堂寮，遂使禅灯续焰，梵唱再起。就因为这一个人，而有现在这两处胜境。岂止两处，河北的佛事，湖北的佛事，都与他有好深的因缘。

因有山门外的泉和寺里的柏，净慧老和尚遂为三宝殿撰联曰：

清清流水万家天地有情泉一眼；

霭霭浮云千载江山无恙柏三株。

几次到玉泉禅寺都没有见到净慧老和尚。他是想退居下来静心修行，可是南方的好几座寺院等着他兴建。他到湖北建寺去了。

2008年9月中旬，有消息说，净慧老和尚从外地回到了玉泉寺，且要打一个禅七。有此机缘，我便去了。此前，曾在玉泉寺整理过材料，听刘顺超说，稿子已经给了老和尚，由他老人家审定，因此需要见一见他。多好的事，多好的理由！车上有好多人，这些人并不都是打禅七的，而是听说老和尚回来了，专程从石家庄赶到邢台玉泉寺，给老和尚磕头的。正是因为老和尚，这些人才知道了人生方向，从此善待心灵，他们是来报恩的。有一位老太太还给老和尚捎来一根龙头拐杖。是的，净慧长老76岁了，是老人了，可是他还在不遗余力地为大众弘法利生，不辞劳苦。

刘顺超先到，他把我引领到五叶堂，老和尚端身正坐，有好多人围他而坐，都是来看望他，并闻法喜的。我顶礼，他站起来，双手合十，说："不顶礼，不顶礼。"他让我坐到他的左首，静静看着我，听我说话。

与老和尚这样面对面，应是第一次。可是在我心中，他却早已是我的精神灯火。十多年前，有一次在石家庄弘一佛堂，净慧上人来了，好多人跟他一起站在院子里。我远远地看着，看他一袭长衫，满面春风，觉得他应是天上的人物。我自惭形秽，不敢近前。

2004年冬，老父亲去世，我到真际禅林做一佛事，超度先父亡灵。与一位小师父说此事时，小师父高兴地说："你真有福气，正巧老和尚在这里，今天的法事由他来做。"这真是不可思议之因缘！

2007年9月在真际禅林打七，也是他老人家主七，天天听他开示。最后一天，于静坐间，突然他下了座，他手持警策，轻轻走到大众中，从维那师那里开始，照着左肩，一人一板。"啪！啪！啪……”当板子打在我身上时，我禁不住涕泗横流。那一刻，我真的感到了心灵的净化。

今日我又来乎此，又要因他而得法财，沾法喜，获得福德资粮。我像是一只鸟飞来栖在鸟柏上吗？

我被安排在五叶堂前西厢，堂前有潇潇翠竹和曲折长廊。而打坐的般若堂就在前面，有小门相通。凌晨，到了该起床的时候，我就听到净慧老和尚隔了窗喊在东厢歇息的小侍者。那一声声压低了的声音，必须喊醒又不忍喊醒的情态，使我想到当年我的父亲喊我时。我每天是在这喊声里醒来，醒来之后，才知是谁在喊。我想到这七日禅修，不也是他在一声声呼喊我们从尘世的昏睡中醒来吗？

一天早饭后，天下起了小雨，甬道亮了，翠竹更翠。因读净慧长老的诗集《经窗禅韵》，受此激发，我也写了几首小诗。我见离上座还有一段时间，便把那几首小诗抄在纸上，放在衣袋里，到五叶堂来见净慧长老。他见了我，马上说：“有什么给我看？”这真让我诧异，他是怎么知道我有东西让他看呢？

他看了我的诗，说不错的，只是平仄上还有问题。然后一句一句地给我指出不对的地方。我于字之古韵从来没闹明白，也不大写旧体诗，写的话也用新韵。他说，古韵也应该掌握起来，写就写得像样。改一下，不错的。

我改了，但改得好不好，对不对，也不知道。为了记取与老和尚的这次因缘，后来我把此诗给了《禅》刊，由它发表了。

禅七之后，我们离开玉泉禅寺。在山门外等车的时候，老和尚出来了。他向着我们合十，然后他上了一辆小车。

别处的事仍在等着他。

我想他也是一株柏，一株能当茶吃、能栖众鸟的禅心老柏。

一株无恙柏。